石油化工设备技术问答丛书

设备腐蚀与防护
技术问答

刘小辉　编著

中国石化出版社

内 容 提 要

本书以问答的形式，系统介绍了腐蚀与防护的基础知识，设备、管道常用材料与选用，腐蚀失效分析与监检测方法，劣质原油特性与腐蚀特点，炼油装置的腐蚀类型、部位及原因，电化学腐蚀与防护，高温腐蚀与防护，储运系统的腐蚀与防护，防腐蚀技术管理等。

本书为石油化工行业设备管理人员、技术人员和工人编写，具有简单、易懂、实用的特点；对从事设备腐蚀与防护研究的技术人员也有一定的参考价值。

图书在版编目（CIP）数据

设备腐蚀与防护技术问答／刘小辉编著．
—北京：中国石化出版社，2014.5(2024.5重印)
（石油化工设备技术问答丛书）
ISBN 978-7-5114-2716-8

Ⅰ.①设…　Ⅱ.①刘…　Ⅲ.①石油化工设备-防腐-问题解答　Ⅳ.①TE98-44

中国版本图书馆CIP数据核字(2014)第052177号

中国石化出版社出版发行
地址：北京市东城区安定门外大街58号
邮编：100011　电话：(010)84271850
读者服务部电话：(010)84289974
http://www.sinopec-press.com
E-mail：press@sinopec.com
北京科信印刷有限公司印刷
全国各地新华书店经销
＊
787×1092毫米 32开本 11.25印张 225千字
2014年7月第1版　2024年5月第2次印刷
定价：30.00元

序一

设备是企业进行生产的物质技术基础。现代化的石油化工企业，生产连续性强、自动化水平高，且具有高温、高压、易燃、易爆、易腐蚀、易中毒的特点。设备一旦发生问题，会带来一系列严重的后果，往往会导致装置停产、环境污染、火灾爆炸、人身伤亡等重大事故的发生。因而石油化工厂的设备更体现了设备是企业进行生产、发展的重要物质基础。"基础不牢、地动山摇"。设备状况的好坏，直接影响着石油化工企业生产装置的安全、稳定、长周期运行，从而也影响着企业的经济效益。

确保石油化工厂设备经常处于良好的状况，就必须强化设备管理，广泛应用先进技术，不断提高检修质量，搞好设备的操作和维护，及时消除设备隐患，排除故障，提高设备的可靠度，从而确保生产装置的安全、稳定、长周期运行。

为了适应广大石油化工设备管理、操作及维护检修人员了解设备，熟悉设备，懂得设备的结构、性能、作用及可能发生的故障和预防措施，以提高消除隐患，排除故障，搞好操作和日常维护能力的需要，中国石化出版社针对石油化工厂常见的各类设备，诸如，各类泵、压缩机、风机及驱动机、各类工业炉、塔、反应器、压力容器，各类储罐、换热设备，以及各类工业管线、阀门管件等等，组织长期工作在石油化工企业基层，有一定设备理论知识和实践经验的专家和专业技术人员，以设备技术问答的形式，编写了一系列"石油化工设备技术问答丛书"，供大家学习和阅读，希望对广大读者有所帮助。本书即为这套丛书之一。

中国石化设备管理协会副会长　胡安定

序二

石油工业是迄今为止使用金属材料种类最多、腐蚀介质最复杂、承受大量各种高温高压和复杂载荷的工业体系，产生了大量的腐蚀事故和由腐蚀造成的重大次生灾害，带来了巨大的经济损失、环境污染甚至付出生命代价。石油工业是由勘探、钻井、开发、采油、集输、炼制和储存等环节组成的，各个环节均与金属材料，尤其是各种钢铁紧密相连，这些钢铁结构大都面临非常恶劣的环境和各种载荷。

石油工业是腐蚀的重灾区，自从有石油工业的那一天，其中的腐蚀就开始发生了！

采油工程的主要腐蚀环境为油气中的水分和 H_2S、CO_2、各种无机盐、有机酸等，还有土壤中的水分、O_2、CO_2、各种无机盐、各种有机酸、微生物(硫酸盐还原菌)等。油气输送管线钢的腐蚀环境可以分为管内环境和管外环境，由管壁分隔开来，主要腐蚀环境与以上采油工程中相同。石油炼制装备主要分为蒸馏、催化、加氢、焦化和辅助设备，以上装备的材料共同特征是受到高温高压强腐蚀环境作用，典型腐蚀环境很多，例如，轻油部位 $HCl+H_2S+H_2O$ 环境；在各馏分点都可能分解出腐蚀性很强的活性硫，构成很多硫化物腐蚀环境；常温氢脆和高温高压氢环境。另外，高温 H_2S+H_2 环境、$RN_2+CO_2+H_2S+H_2$ 环境、N_xO+H_2O 环境、$H_2S+NH_3+H_2+H_2O$ 环境及以上系统组成的复合环境都是常见的腐蚀系统。

石油深加工是油品转换为各种化工产品的过程，使用金属材料种类最多、腐蚀性介质和各种载荷也最复杂，几乎涉及到所有的工业腐蚀体系。例如：乙烯裂解装置的稀释蒸汽发生系统有硫化物、CO_2、H_2S 及有机酸性物质的产生；苯乙烯、苯酚丙酮、间甲酚装置中的高温盐酸腐蚀环境；异丁烯装置、丁腈、丁苯橡胶装置、粘胶生产装置中的高温硫酸、氟化氢与氢氟酸腐蚀环境；石油化纤设备的有机酸，如醋酸、马来酸、己二酸、对苯二甲酸和氢氧化腐蚀环境等。

作为国民经济和国防建设中重要支柱制造业所属的材料腐蚀与防护学科，具有跨地区、跨行业、跨部门的特征，社会发展和建设中的各部门和各方面都会涉及到该学科。随着近年来我国制造业规模位列世界第一，学科本身取得了突飞猛进的发展，基础研究空前活跃，发表论文数量和质量都明显提高，跃居世界第二位。表明我国腐蚀科学研究的发展已经进入一个全新的阶段，表明我国腐蚀与防护基础研究已经成为国际腐蚀与防护研究的重要部分，处于世界领先水平；新型耐蚀材料、缓蚀剂、新型涂层与涂料和电化学保护新技术大量出现，成为推动我国，乃至世界腐蚀与防护学科发展的重要推动力；腐蚀与防护产业不仅能解决我国出现的腐蚀问题，本身也形成为巨大的产业，市场容量雄踞世界第一。在我国，腐蚀与防护科技工作者在这方面发挥了重要作用，已经成为提高我国装备制造与管理水平不可或缺的一支力量。

但是，我国还不是腐蚀与防护学科强国，一方面，我国在基础研究上尚未形成足以引领世界腐蚀与防护学科研究方向的强势研究方向或贡献较大的基础研究方向，另一方面我国相关的防护技术综合水平仍然较低，原创性技术较少，高品质长寿命耐蚀结构材料、腐蚀研究所需的高档测试设备都需要进口，有关腐蚀与防护方法、技术涉及的标准体系建设也较薄弱，尤其是工业腐蚀检监测技术尤其落后。

这种战略需求就需要构筑政产学研用协同创新体系，围绕国家重大需求和国家的核心竞争力，组织社会各种力量进行协同创新。特别是在国家、各级政府和企业领导的强力支持下，以国家重点研究平台、大学等相关研究团队为主体，构建我国腐蚀与防护学科基础研究协同研发平台；以企业国家实验室、各行业腐蚀与防护重点实验室或中心、各地方或部委腐蚀与防护重点实验室或中心为主体，构建我国腐蚀与防护学科应用基础研究协同研发平台；以国有大型企业的腐蚀防护中心、中小型企业的腐蚀与防护工程技术人员为主体，构建我国腐蚀防护技术协同研发平台，形成以上三个平台内部协同创新研究与开发的局面，构建腐蚀与防护学科基础研究协同研发平台、腐蚀与防护应用技术协同研发平台和防护技术工程协同研发平台大协作大交流的新机制，推动腐蚀与防护学科的快速发展，同时加强腐蚀学科的科普和立法工作，为我国尽快成为腐蚀与防护学科强国提供基础和保障，满足我国制造业向国际一流水平发展的需要。

小辉是我的老朋友，我们相识于上个世纪80年代中期，已近30年了。当时我们都工作在我国炼油设备专业这个"圈子"里，在这个"圈子"里，有很多参加过我国石油大会战的白发老者，就连当时英姿勃发的年富力强者，现在也都退休甚至离世了，我俩属于其中最年轻者。在这个"圈子"里，我有幸感受到这些人对我国石油工业的满腔热心，有幸感受到他们的敬业态度、冲天忘我的干劲，见证了他们亲手建设的我国石油工业体系的发展过程。近年来，我幡然悟出，这原来就是石油的"铁人"精神，于是，我感觉自己非常幸运，竟然直接受到了"铁人"精神的教育与洗礼！小辉年长我6岁，其实他也是我受感动群体中的一员。小辉最大特点是敬业、实干和好学，他从一名现场技术人员，一路走来，成为了我国炼油腐蚀的首席专家，成为我国炼油企业腐蚀研究平台的领军人物，没有"铁人"精神的支撑，是不可能的。本书的出版就是最好的见证。

发展具有国际一流水平的耐蚀材料防腐蚀工程、表面处理与涂装防腐蚀工程、电化学保护防腐蚀工程、环境介质处理或工艺防腐蚀工程和防腐蚀专用设备工程中的新材料、新工艺、新技术、新设备，不断提升我国腐蚀与防护学科的原始创新和应用能力，才是发展我国腐蚀与防护学科的根本目的。相信石油的"铁人"精神一定会代代相传，结出丰硕成果！

北京科技大学腐蚀与防护中心教授，
中国腐蚀与防护学会秘书长　李晓刚

作者简介 刘小辉，男，1958 年 10 月生，毕业于中国石油大学(华东)化工设备与机械专业，教授级高级工程师，享受中国国务院颁发的政府特殊津贴，受聘中国石油大学(华东)研究生导师，中国石油化工集团公司高级专家，中国石化青岛安全工程研究院首席专家，中国腐蚀与防  护学会石油化工腐蚀与安全专业委员会主任委员，中国腐蚀与防护学报第四届编委会委员，中国机械工程学会压力容器分会第八届委员会委员。长期从事石化设备腐蚀与安全研究工作。

在石油化工领域已工作了 30 多年，历任：中国石化茂名分公司炼油厂技术员、车间副主任、炼油厂机动处副处长、炼油厂厂长助理，茂名石化润滑油公司副总工程师，茂名石化公司研究院副院长，茂名分公司设备监测研究中心主任。现任中国石化青岛安全工程研究院副总工程师、设备安全研究室主任。主要研究方向为：石化设备的腐蚀与防护技术、安全技术、设备完整性管理技术等。近年先后主持及主要参与完成了中国石化集团公司 30 多项科技攻关项目，获得部委级科技进步成果奖 11 项。

目　　录

1

13

15

18

19

20

第一章　腐蚀与防护的基础知识

1. 什么是腐蚀？

材料与其所处环境之间发生了物理化学反应，其结果是导致材料性能的降低或破坏，这种变化称之为腐蚀。钢铁的生锈是日常生活中最常见的腐蚀现象。但要注意的是，如果金属只因受到力的作用而产生的断裂，则不能称为腐蚀。

对于腐蚀，目前腐蚀界多数人采用的定义是："材料在环境作用下引起的破坏或变质称为腐蚀"。美国腐蚀工程师学会 NACE 对腐蚀的定义是这样的："……一种材料，通常是金属，因为与其环境发生反应而劣化变质。"这个定义是非常笼统的，其认为某些腐蚀形式不属于化学或电化学性质的。此定义还认识到除金属外，其他材料也会发生腐蚀。这些材料包括混凝土、木材、陶瓷、塑料。此外，以某些腐蚀形式，材料的特性和材料本身会劣化变质。虽然某种材料的重量可能没有改变或者没有肉眼可见的劣化变质，但由于腐蚀作用促成其性质的变化，这种材料会发生意想不到的失效损坏。

2. 金属为什么会发生腐蚀？

除极个别金属(如黄金)能以金属形式存在于自然界外，其余金属均是以其稳定的化合物存在于矿物中。当人们提供能量，使铁矿石经过高炉等熔炼炉熔炼生产时，铁便由矿物中的稳定态化合物变为金属态的铁。而金属态的铁在实用条件下是不稳定的，当它暴露在大气中时，会自发地释放出能量而转化成类似存在于矿物中的稳定化合物，即金属的腐蚀过程是向矿物态"回归"的过程。如钢的生锈是使铁转变成 Fe^{2+} 和 Fe^{3+} 的化合物氧化铁和氢氧化铁，这类似于磁铁矿（Fe_3O_4）或褐铁矿（$Fe_2O_3 \cdot xH_2O$）之类的矿物。因此，金属的腐蚀过程是自发的释放能量的过程。

3. 为什么说金属腐蚀是一个十分复杂的过程？

首先，环境介质的组成、浓度、压力、温度、pH 值等千差万别，其次金属材料的化学成分、组织结构、表面状态等也是各种各样的，再次，由于受力状态不同，也可能对腐蚀损伤造成很大的影响，有时甚至是决定性因素。因此，金属腐蚀是一个十分复杂的过程。

4. 金属腐蚀对日常生活和国民经济有多大的危害？

材料的腐蚀对日常生活和国民经济带来巨大的危害。如腐蚀造成地下水管的泄漏、自行车链条的生锈损害了自行车正常运行的可靠性，腐蚀泄漏污染环境等给人们的生活带来许多的不便。每年金属的腐蚀大约使 10%～20%的金属损失，消耗了有限自然资源的同时还浪费了大量的能源。

不仅如此，金属腐蚀所造成的灾难性事故，严重地威胁着人们的生命安全。近年来，随着加工劣质原油的增多，设备腐蚀泄漏着火事故时有发生，严重威胁炼油装置的安全生产。金属腐蚀给国民经济带来的经济损失是巨大的。统计表明，工业国家年腐蚀花费约为国民经济总产值的 5%左右。

5. 对金属腐蚀如何分类？

腐蚀分类方法有如下三种：

（1）按腐蚀反应机理分类：有化学腐蚀和电化学腐蚀。

（2）按腐蚀形态分类：有均匀腐蚀和局部腐蚀。而在局部腐蚀中，又根据形态和形成原因的不同分为点蚀、缝隙腐蚀、电偶腐蚀、冲蚀、应力腐蚀开裂、晶间腐蚀、磨蚀、选择性腐蚀等等。

（3）按腐蚀环境分类：有土壤腐蚀、大气腐蚀、海水腐蚀、高温硫腐蚀、环烷酸腐蚀、连多硫酸腐蚀等等。

6. 金属腐蚀受哪些因素影响？

影响金属腐蚀速度的因素可归纳为三个方面：

（1）材料因素——包括材料成分、组织、热处理状态、表面处理状态、工件结构状态、性状等；

（2）介质因素——包括介质成分、pH 值、介质状态等；

（3）运行因素——温度、压力、流速。

7. 什么是化学腐蚀？

化学腐蚀是指金属和非电解质直接发生纯化学作用而引起的金属损耗，如金属的高温氧化。或者说在干燥气体或无水有机液体作用下发生的腐蚀称之为化学腐蚀。如在炼制高硫原油时对金属构件产生的高温硫腐蚀和含硫气体的腐蚀、煤和有机燃料燃烧产生的 CO_2、CO 和 H_2O（汽）使金属材料发生的碳化等均属于化学腐蚀。化学腐蚀服从多相反应的化学动力学的基本规律。

8. 什么是电化学腐蚀？

电化学腐蚀是指金属和电解质发生电化学作用而引起的金属损耗，也就是说，金属材料在潮湿环境中（电解质溶液）通过电极反应而发生的腐蚀称之为电化学腐蚀。如炼油厂的常减压、催化裂化、焦化等装置的分馏塔顶部塔盘及其冷凝冷却系统；催化裂化稳定吸收系统；气体脱硫装置溶剂再生系统等低温部位腐蚀均属于电化学腐蚀。在电化学腐蚀过程中，同时存在着电位不同的区域，电位高的为阴极区，电位低的为阳极区，分别进行两个相对独立的反应过程——阳极反应和阴极反应，组成了腐蚀电池：阳极区发生金属损耗，有电流产生。如钢铁在水溶液（包括土壤）中的腐蚀。电化学腐蚀是最普遍的腐蚀现象，电化学腐蚀服从电化学动力学的基本规律。

9. 什么是干腐蚀（高温气体腐蚀）？

高温气体腐蚀（干腐蚀）为化学腐蚀（实际上最初是化学反应、但膜的成长则属于电化学机理），最常见的高温气体腐蚀（干腐蚀）有金属的高温氧化、高温硫化、环烷酸腐蚀、渗碳和脱碳、钒腐蚀等。

10. 什么是湿腐蚀（水溶液腐蚀）？

水溶液腐蚀（湿腐蚀）就是电化学腐蚀。

11. 什么叫腐蚀电位？

当金属发生电化学腐蚀时，电极表面上至少发生两个以上的电化学反应。一个是金属的阳极溶解，可表示成：$M \longrightarrow M^{n+} + ne^-$，其反应速度用阳极溶解电流 I_a 表示；另一个是氧化剂的还原反应，可表示为：$O + ne^- \longrightarrow R$。其反应速度为阴极还原电流 I_c 表示。在自然状态下，这两个反应速度大小相等，方向相反，既 $I_a = I_c$。此时电荷交换达到平衡，电极上建立了一个不随时间而变化的稳定电极电位，这称之为腐蚀电位。

12. 什么叫腐蚀电流？

在腐蚀电位下，于金属界面上发生的金属阳极溶解电流 I_a 或阴极还原电流 I_c 称之为腐蚀电流 I_k，可表示为 $I_k = I_a = I_c$。腐蚀电流表征了此时金属腐蚀速度的大小。

13. 如何表示腐蚀程度？如何区分腐蚀等级？

腐蚀的程度可用材料重量的变化、表层腐蚀深度或坑点深度、腐蚀产物的数量、腐蚀电流、材料的抗拉强度、屈服

4

强度或断裂应变的变化等来表示。这些量值在单位时间内的变化就是腐蚀速度的一种尺度。腐蚀速度的各种单位表示如表1.1所示。

表1.1 腐蚀速度的各种单位

腐 蚀 效 应	单 位
质量变化	g/(m² · a)[克/(平方米·年)]
	mg/(dm² · d)=mdd[毫克/(平方分米·天)]
腐蚀深度	μm/a，mm/a(微米/年，毫米/年)
腐蚀电流	mA/cm²(毫安/平方厘米)
极限强度、屈服强度或断裂应变的降低	%/a(%/年)

中国石油化工集团公司将石油化工系统的腐蚀分成四个等级，如表1.2所示。

表1.2 腐蚀速度等级

腐 蚀 等 级	腐蚀速度/(mm/a)	耐 蚀 性 比 较
1	<0.1	完全耐蚀
2	0.1~0.5	较耐蚀
3	0.5~1.0	尚耐蚀
4	>0.1	不耐蚀

14. 什么是高温氧化腐蚀？

金属的高温氧化从气体分子与金属表面化学反应生成氧化膜开始，因为没有任何一种金属或合金与氧不发生反应，所以金属表面生成的氧化膜、主要是其构造将决定此种金属抗氧化或不抗氧化。

以下是两种典型的情况：

假如氧化膜破裂或是多孔的，这就意味着腐蚀气体能够继续不断地迅速地扩散并且与基体金属发生反应，这样的锈层将无保护性，因而损害将继续进行下去，腐蚀速度将取决于腐蚀气体的有效作用。随着时间的延长，腐蚀速度并没有变化，氧化膜厚度(或重量)与氧化时间成直线关系。另一方面，假若形成的锈层是连续的，粘附性好，腐蚀气体通往基体内通道容易被阻塞，因而表现出相当好的保护作用，并且，随着锈层的加厚，保护性将增强。在这种情况下，腐蚀速度将不取决于腐蚀气体的有效作用。随着时间的延长，腐蚀速度将降低，氧化膜厚度(或重量)与氧化时间成抛物线关系。在特殊的情况下，尤其是在中温时，当初期的锈层形成后，氧化过程就基本上停止。经很长时期的观察，锈层的厚度或重量没有变化。这种现象的原因可认为是，当锈层达到某一最小厚度时，扩散速度基本上趋近于零，此时金属耐高温氧化。

15. 影响高温氧化腐蚀速度的因素有哪些?

氧分压、温度、其他气体介质均影响氧化速度。氧分压、温度增加一般加剧腐蚀。除氧气外，CO_2、H_2O、SO_2、H_2S 也引起高温氧化。除了空气和氧以外，有些金属在水蒸气、二氧化碳、甚至在一氧化碳中也有氧化的可能。其中水蒸气具有特别强的作用，在燃烧气体中耐热钢的耐氧化性之所以恶化，主要是水蒸气和燃烧气体共存所致。由水蒸气引起的氧化反应为：

$$Fe + H_2O \longrightarrow FeO + H_2$$
$$3FeO + H_2O \longrightarrow Fe_3O_4 + H_2$$

介质中含有少量的硫(如硫蒸气、SO_2 或 H_2S 等)常会加速金属的高温腐蚀，其主要原因有以下三点：

(1) 生成的金属硫化物膜比氧化物膜厚，内应力也就较大，导致膜的破裂而使保护性降低。

(2) 金属硫化物的晶体缺陷浓度比相应的氧化物要高得

6

多，导致反应(硫化或氧化)速度加快。

（3）和金属氧化物相比较，金属硫化物的熔点要低得多，特别是金属—金属硫化物的共晶点更低。由于硫化物的熔点比较低，故硫化物膜易变成液相而失去保护性。

正是由于以上三种原因的叠加性，因此当介质中含硫时，硫化腐蚀比氧化更为严重。

除硫之外，钒、钼等元素的存在也能导致低熔点(V_2O_5的熔点为674℃)和易挥发(MoO_3熔点为795℃，但未达熔点即已开始挥发)氧化物的生成而加速氧化。这些元素常作为合金元素加入到高温合金中，钒还可能存在于重油中而加速氧化，也称为钒腐蚀。

若空气中混有少量上述气体，对钢铁的高温氧化作用有明显的增强，但对不同的材质的影响不一样。这是由于合金元素的作用不同引起的。

由于合金元素可以改变氧化膜的性质，所以一些元素、特别是活性元素可以改善金属的抗氧化性。铬是铁或镍中广泛应用的抗氧化性元素，铝、硅等其他合金元素也常用。

当加入较多的铬，形成的氧化皮将基本上由铬的氧化物或富铬尖晶石构成，基体金属穿过较难熔的氧化层的扩散将大大降低。铬能如此改善铁基或镍基合金的抗氧化性，是因为铬比基体金属容易大量地氧化，形成的氧化膜更具有保护性。

16. 什么是高温硫化腐蚀？

金属在高温下与含硫介质(如：H_2S、SO_2、Na_2SO_4、有机硫化物等)作用，生成硫化物的过程，称为金属的高温硫化。

实际上硫化是广义的氧化。从狭义方面来理解，金属的高温氧化仅指金属与环境中的氧化合，在高温下形成氧化物的过程。但广义上讲，金属失去电子化合价升高的过程都叫做金属的氧化，因此从金属被氧化方面来讲，也可以把金属从表面开始逐渐向非金属化合物变化的现象统称为金属的氧化。所以从广义的方面来理解金属的氧化，它应包括硫化、卤化、氮化、碳化等高温腐蚀现象。因为在高温下各种气氛中工作的金属与含氧、含硫、含卤素等的气体接触时，发生反应，在其表面上生成氧化物、硫化物、卤素化物等固体膜，金属失去电子被氧化了。

高温硫化的腐蚀破坏程度远大于高温氧化。这是因为硫化速度一般比氧化速度高一至两个数量级；生成的硫化物具有特殊的性质，不稳定、容积比大、膜易剥离、晶格缺陷多、熔点和沸点低，易生成不定价的各种硫化物。此类硫化物与氧化物、硫酸盐及金属等易生成低熔点共晶，因此耐高温硫化材料不多。

虽然如此，硫化的基本机理还是类似于氧化。并且，在很大程度上可以采用类似的抗氧化合金元素——如铬、铝等来提高铁、镍合金的抗高温硫化性能。

增加合金中的铬、铝含量能显著提高铁合金、镍合金的抗高温硫化能力。含铬钢的铬在高温硫化过程中能在合金表面形成三层硫化锈皮，内层结构致密，起到保护作用，阻止硫化反应的进行。

这种锈层比在 H_2S 或有机硫(大多数能分解出 H_2S)以及硫蒸气中产生的硫化物锈层的保护性好。

硫的存在形式影响硫化腐蚀速度。参与硫化反应的硫可能以单质硫、SO_2、SO_3、H_2S 和有机硫化物等形态存在。当与氧同时存在时，如 SO_2 或 SO_3 的情况下，常形成氧化物与硫化物相混合的锈层，这种锈层比在 H_2S 或有机硫(大多数

能分解出 H_2S)以及硫蒸气中产生的硫化物锈层的保护性好。

17. 什么是全面腐蚀?

全面腐蚀旧称均匀腐蚀,也称整体腐蚀,是指与环境相接触的材料表面均因腐蚀而受到损耗。腐蚀的结果是金属表面以近似相同的速率变薄,重量减轻。但应当指出,绝对均匀的腐蚀是不存在的,厚度的减薄并非处处相同。

18. 什么是局部腐蚀?

局部腐蚀是指腐蚀的发生局限在结构的特定区域或部位上,即暴露于腐蚀介质中的金属表面,在很小区域内由于腐蚀而发生的局部破坏现象,如油罐底板的局部腐蚀穿孔。局部是相对于全面而言,尺寸可大可小。对这类腐蚀,金属损失的总量并不大,但由于局部的严重腐蚀常导致设备的突发性破坏,甚至引起灾难性事故。在化工装置中,局部腐蚀有时所占比例可高达80%,由此可见局部腐蚀的严重性。

19. 局部腐蚀都有哪些类型?

局部腐蚀包括有:点蚀、电偶腐蚀、缝隙腐蚀及其特例丝状腐蚀、晶间腐蚀及其特例焊缝腐蚀、选择性腐蚀、应力腐蚀开裂、氢脆、氢致开裂、氢鼓泡、氢腐蚀、腐蚀疲劳、磨损腐蚀、冲刷腐蚀及其特例空泡腐蚀、磨蚀磨损及其特例微动腐蚀。

20. 什么是点蚀?

它发生在金属表面极为局部的区域内,造成洞穴或坑点并向内部扩展,甚至造成穿孔。若坑口直径小于点穴深度时,称为点蚀;若坑口直径大于坑的深度时,又称坑蚀。实际上,点蚀和坑蚀没有严格的界限。铝和不锈钢在含氯化物的水溶液中所发生的腐蚀就是点蚀的典型例子。

21. 什么是点蚀系数?

蚀坑的最大深度和金属平均腐蚀深度的比值称为点蚀系数。点蚀系数越大表示点蚀越严重。

22. 从哪几个方面来评定点蚀引起的破坏?

评定点蚀引起的破坏作用要综合考虑单位面积的坑点数;坑点的直径;坑点的深度。

23. 点蚀形貌有哪些?

点蚀可能的形貌如图 1.1 所示。

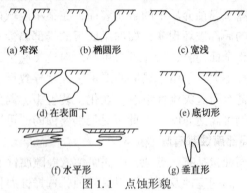

(a) 窄深   (b) 椭圆形   (c) 宽浅

(d) 在表面下   (e) 底切形

(f) 水平形   (g) 垂直形

图 1.1　点蚀形貌

24. 什么是缝隙腐蚀?

在金属构件的缝隙和其他的隐避区域,常发生较裸露区域更为严重的局部腐蚀,这称之为缝隙腐蚀。如图 1.2 所示。

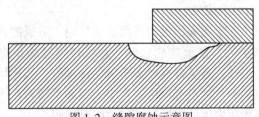

图 1.2　缝隙腐蚀示意图

腐蚀发生在缝隙处或邻近缝隙的区域。这些缝隙是由于同种或异种金属相接触，或是金属与非金属材料相接触而形成的。缝隙处受腐蚀的程度远大于金属表面的其他区域。这种腐蚀通常是由于缝隙中氧的缺乏、缝隙中酸度的变化、缝隙中某种离子的累积而造成的。缝隙腐蚀是一种很普遍的腐蚀现象。几乎所有的金属材料都可能发生缝隙腐蚀。法兰联接面、螺母紧压面、搭接面、焊缝气孔、锈层下以及沉积在金属表面的淤泥、积垢。杂质都会形成缝隙而引发缝隙腐蚀。

25. 什么是浓差腐蚀？

电池由于靠近电极表面的腐蚀剂的浓度的差异而导致电极电位不同所构成的腐蚀电池。差异充气电池就是浓差腐蚀电池的一种。引起腐蚀的推动力是由于溶液（或土壤）中某一处与另一处的氧含量不同导致电极电位不同而构成的腐蚀电池。氧浓度低的部位将成为阳极区，腐蚀将加速进行。实际上，缝隙腐蚀与浓差电池的腐蚀机理有雷同之处，但浓差腐蚀电池有更明显的阳极和阴极区。

26. 什么是垢下腐蚀？

在水垢、锈垢等沉积物下发生的严重局部腐蚀称之为垢下腐蚀。

27. 什么是电偶腐蚀？

当不同的金属材料、或金属材料相同但具有不同的热处理状态、或相同的金属材料但具有不同的表面状态互相接触时，金属在腐蚀介质中会因相互间的电位差而形成宏观腐蚀原电池，使电位负的金属成为阳极，腐蚀速度增加，这种现象称之为电偶腐蚀，如图 1.3 所示。也就是说当一种不太活泼的金属（阴极）和一种比较活泼的金属（阳极）在同一环境中相接触时，组成电偶并引起电流的流动，从而造成电偶腐蚀。

电偶腐蚀也称双金属腐蚀或接触腐蚀。当需要用不同金属彼此接触并在同一导电性溶液中使用时,作为一般性原则,应尽量选择在电位序中相靠近的那些金属。特别应指出的是面积的影响在电偶腐蚀中极为重要。大阴极和小阳极是最不利的面积比例。铜板上的钢铆钉比钢板上铜铆钉的腐蚀要严重得多。

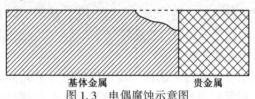

基体金属　　　　　　　贵金属

图 1.3　电偶腐蚀示意图

28. 什么是晶间腐蚀?

晶间腐蚀是在晶粒或晶体本身未受到明显侵蚀的情况下,发生在金属或合金晶界处的一种选择性腐蚀,如图 1.4 所示。晶间腐蚀会导致强度和延性的剧降,因而造成金属结构的损坏甚至引发事故。晶间腐蚀的原因是在某些条件下晶界非常活泼,如晶界处有杂质,或晶界区某一合金元素增多或减少。锌含量在黄铜的晶界处比较高,或不锈钢在晶界处贫铬时,将引起晶间腐蚀。

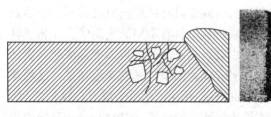

晶间腐蚀

焊缝

晶间腐蚀示意图　　　　　　晶间腐蚀形貌

图 1.4　晶间腐蚀

12

29. 什么是选择性腐蚀?

也称分金腐蚀或脱合金腐蚀。这种形式的腐蚀是指合金中某一组分由于腐蚀作用而被脱除,如图 1.5 所示。黄铜脱锌是选择性腐蚀最典型的例子。黄铜脱锌有两种类型,一种是塞型,一种是普通型。前者的形状像许多被脱锌塞堵住的小孔,后者则是在未受腐蚀的黄铜核心外面环绕着连续的腐蚀层。铸铁有时也会出现选择性腐蚀,铁被选择性浸出,剩下石墨网状体,这种现象也称之为石墨化。

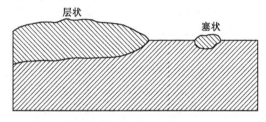

图 1.5 选择性腐蚀

30. 在力学和腐蚀共同作用下,可能发生什么腐蚀?

材料在使用过程中,所受应力可以是通过拉伸、压缩、弯曲、扭转,也可以通过与介质接触面的相对运动、高速流体的流动造成。

在应力与腐蚀的共同作用下的腐蚀破坏包括有:应力腐蚀开裂、氢致开裂、氢鼓泡、氢脆、氢腐蚀、腐蚀疲劳、冲刷腐蚀、腐蚀磨损等。

31. 什么是应力腐蚀开裂?

应力腐蚀开裂是指受拉伸应力作用的金属材料在某些特殊的介质条件下,由于腐蚀和应力的协同作用而发生的脆性断裂。

应力腐蚀是拉应力和特定腐蚀介质共存时引起的腐蚀破裂。此应力可以是外加应力，也可以是金属内部的残余应力。残余应力可能产生于加工制造时的形变。也可能产生于升温后冷却时降温不均匀，还可能是因内部结构改变引起的体积变化造成的。铆合、螺栓紧固、压入配合、冷缩配合引起的应力也属于残余应力。当金属表面的拉应力等于屈服应力时，肯定会导致应力腐蚀破裂。每种合金体系有其特定的产生应力腐蚀破裂的环境条件。冷作黄铜在氨中的破裂，钢在碱液中产生的碱脆破裂，就是应力腐蚀破裂的实例。

32. 应力腐蚀开裂的特点是什么？

应力腐蚀开裂有如下三个主要特征：必须有应力，特别是拉伸应力分量的存在；体系是特定的，只有某些金属—介质的组合才发生应力腐蚀断裂；腐蚀断裂速度约在 $10^{-3} \sim 10^{-1}$ cm/h 数量级的范围内。应力腐蚀断裂的断口一般为脆断型，断裂前事先没有任何特征，所以危害性极大。

33. 炼油设备中常发生应力腐蚀的情况有哪些？

在炼油厂中常见的应力腐蚀有：常减压装置塔顶冷凝冷却系统由氯离子引起的奥氏体不锈钢应力腐蚀；催化裂化装置的再生系统中奥氏体不锈钢的蒸发管氯离子引起应力腐蚀；烟道膨胀节波纹管氯离子引起的奥氏体不锈钢应力腐蚀开裂，吸收稳定系统由硫化物引起应力腐蚀；加氢裂化装置反应器的内件由连多硫酸引起的应力腐蚀，流出物冷却系统不锈钢氯离子应力腐蚀，循环氢压缩机系统设备和管道 H_2S 应力腐蚀开裂，脱丁烷塔顶冷凝冷却系统设备管道应力腐蚀开裂；催化重整装置预分馏塔塔顶及冷凝冷却系统奥氏体不锈钢设备、反应产物流出系统奥氏体不锈钢设备、重整产物冷凝冷却系统及脱戊烷塔冷凝系统奥氏体不锈钢设备应力腐蚀开裂;渣油加氢装置脱硫系统胺应力腐蚀开裂、酸性水系统湿 H_2S 应力腐蚀开裂;加氢精制装置反应物流换热器及管道由 CS_2 引起的硫化物应力腐蚀开裂;制氢装置中低变系统奥氏体不锈钢设备和管道由氯离子引起的应力腐蚀开裂;脱硫装置吸收塔胺应力腐蚀,贫液管道应力腐蚀开裂等

34. 什么是磨损腐蚀(磨蚀)?

在高速流体的冲击下,流体对金属表面同时产生磨损和腐蚀的破坏形态称之为磨蚀。磨损腐蚀是金属受到液流或气流(有无固体悬浮物均包括在内)的磨耗与腐蚀共同作用而产生的破坏。包括高速流体冲刷引起的冲击腐蚀;金属间彼此有滑移引起的磨振腐蚀;流体中瞬时形成的气穴在金属表面爆裂时导致的空泡腐蚀。

35. 什么是腐蚀疲劳?

金属材料受到交变应力(如振动、交变热应力)和腐蚀的共同作用而产生的腐蚀形态称之腐蚀疲劳。

36. 什么是氢致开裂?

氢侵入钢中,局部聚集,致使在钢材轧制方向发生台阶状开裂现象,称为氢致开裂。

37. 什么是氢腐蚀?

氢腐蚀包括氢鼓泡、氢脆和氢蚀三种模式(图 1.6),一般是指碳钢设备在含氢的环境中,由环境化学或金属与环境的电化学作用(包括腐蚀反应)所产生的原子氢扩散到金属内部引起的各种破坏统称为氢腐蚀。氢鼓泡是由于原子态氢扩散到金属内部,并在金属内部的微孔中形成分子氢。由于氢分子不能扩散,就会在微孔中累积而形成巨大的内压,使金属鼓泡,甚至破裂。氢脆是由于原子氢进入金属内部后,使金属晶格产生高度变形,因而降低了金属的韧性和延性,导

致金属脆化。氢蚀则是由于碳钢与高压高温含氢介质接触，氢原子在设备表面以及渗入到钢内与铁的不稳定碳化物反应生成甲烷，钢的脱碳使钢的机械性能受到永久性破坏，同时在钢的内部生成的甲烷气体无法外逸时，就集聚在内部形成局部压力高达几千个大气压，从而发展为严重的鼓泡开裂，这称之为氢腐蚀。例如，氢渗入碳钢并与钢中的碳反应生成甲烷而导致钢中脱碳，使钢的韧性和强度下降。

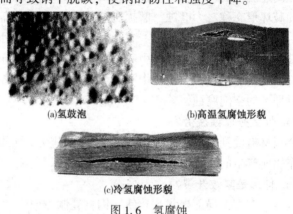

(a)氢鼓泡   (b)高温氢腐蚀形貌

(c)冷氢腐蚀形貌

图1.6 氢腐蚀

38. 什么是析氢腐蚀？

以氢离子还原反应为阴极过程的金属腐蚀叫析氢腐蚀。或者说金属在酸性较强的溶液里放出氢气的电化学的腐蚀叫做析氢腐蚀。

39. 析氢腐蚀有什么特点？它的影响因素是什么？

析氢腐蚀的特点：阴极反应的浓度极化较小，一般可以忽略。这是因为氢离子是带电的、半径很小，在溶液中有较大的扩散能力和迁移速度，去极化剂的浓度也较大；腐蚀速度主要取决于析氢过电位的大小。

16

它的影响因素主要是：

1）与溶液的 pH 值关系很大。由于 pH 值减小，氢离子浓度大，氢的平衡电极电位变正，极化率不变，腐蚀速率增大。

2）与金属材料的种类及表面状态有关。因为主要决定氢析出反应的有效电位的氢过电位受金属种类及金属中阴极相杂质的性质的影响。

3）与阴极的面积有关，阴极面积增加，阴极极化率减小，使氢反应加快，导致腐蚀速率增大。

4）与温度有关。由于温度升高，阴极极化率减小，阴极反应和阳极反应都加快，从而使腐蚀速率加剧。

40. 什么是吸氧腐蚀？

吸氧腐蚀是指金属在酸性很弱或中性溶液里，空气里的氧气溶解于金属表面水膜中而发生的电化学腐蚀。

41. 吸氧腐蚀有什么特点？

金属发生吸氧腐蚀时，多数情况下阳极过程发生金属活性溶解，腐蚀过程处于阴极控制之下。吸氧腐蚀速度主要取决于溶解氧向电极表面的传递速度和氧在电极表面上的放电速度。因此，可粗略地将吸氧腐蚀分为三种情况。

（1）如果腐蚀金属在溶液中的电位较高，腐蚀过程中氧的传递速度又很大，则金属腐蚀速度主要由氧在电极上的放电速度决定。

（2）如果腐蚀金属在溶液中的电位非常低，不论氧的传输速度大小，阴极过程将由氧去极化和氢离子去极化两个反应共同组成。

（3）如果腐蚀金属在溶液中的电位较低，处于活性溶解状态，而氧的传输速度又有限，则金属腐蚀速度由氧的极限扩散电流密度决定。

42. 析氢腐蚀与吸氧腐蚀的区别是什么?

析氢腐蚀与吸氧腐蚀的区别见表 1.3。

表 1.3 析氢腐蚀与吸氧腐蚀的区别

比较项目	析氢腐蚀	吸氧腐蚀
去极化剂性质	带电氢离子,迁移速度和扩散能力都很大	中性氧分子,只能靠扩散和对流传输
去极化剂浓度	浓度大,酸性溶液中 H^+ 放电,中性或碱性溶液中 H_2O 作去极化剂	浓度不大,其溶解度通常随温度升高和盐浓度增大而减小
阴极控制原因	主要是活化极化: $= \frac{2.3RT}{\alpha nF} \lg \frac{i_c}{i_o}$	主要是浓差极化: $= \frac{2.3RT}{nF} \lg \left(1 - \frac{i_c}{i_o}\right)$
阴极反应产物	以氢气泡逸出,电极表面溶液得到附加搅拌	产物 OH^- 只能靠扩散或迁移离开,无气泡逸出,得不到附加搅拌

43. 什么是空泡腐蚀?

空泡腐蚀(空蚀和气蚀)是一种特殊形式的冲刷腐蚀,是由于金属表面附近的液体中空泡溃灭造成表面粗化、出现大量直径不等的火山口状的凹坑,最终丧失使用性能的一种破坏,如图 1.7 所示。

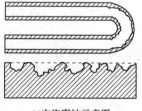 

(a)空泡腐蚀示意图　　　(b)空泡腐蚀形貌

图 1.7 空泡腐蚀

44. 什么叫露点？什么叫露点腐蚀？

早晨，人们常能在草地上看见露珠，特别是在湿度很大的南方，这种现象是经常可见。为什么会出现这种现象？其原因是空气中的湿度很高，而晚间的温度很低，因而空气中的水蒸汽遇冷冷凝成水珠。因此，所谓露点是指水蒸气开始凝结成水的温度。如果空气中不只含有水气，还含有其他气体如三氧化硫等，各个气体在空气中的含量不同、冷凝温度不同，则整个系统以露点最高的蒸汽的露点作为整个系统的露点。如既含有硫又含有氯的煤在燃烧时，其废气在140℃有硫酸结露，在55℃有盐酸结露，在40℃有水蒸汽结露，整个系统的露点为140℃。

露点腐蚀是指饱和蒸汽因冷却而凝结成液体对材料造成的腐蚀。因露点腐蚀是蒸汽结露才进行，因此腐蚀速度除受介质成分等因素的影响之外，很重要一点是它要受蒸汽凝结速度和腐蚀介值在凝结水中的传输速度的影响。在露点腐蚀中，其金属表面经常存在有腐蚀产物。

45. 硫酸露点腐蚀是如何产生的？

硫酸露点腐蚀是露点腐蚀中最常见的一种。一般炼油厂为实施节能，都装备有大量空气预热器、省煤器、预热锅炉等热回收系统。加热炉所用燃油、瓦斯等均含有硫及其化合物，燃烧时燃料中硫化物与空气中的氧发生反应生成三氧化硫和二氧化硫，并与烟气中的水蒸气生成硫酸蒸气，在换热冷却时冷凝成硫酸，产生硫酸露点腐蚀。

46. 如何防止硫酸露点腐蚀？

防止硫酸露点腐蚀的措施可归结为三个方面：一是尽量限制三氧化硫及水蒸气在烟气中的含量，从而减少生成硫酸蒸汽的数量；二是尽量提高温度，防止酸气结露；三是选用抗露点腐蚀钢材。

47. 什么是生物腐蚀?

我们知道,腐蚀按环境分类,可分为大气腐蚀,海水腐蚀,土壤腐蚀及化学介质腐蚀。在天然水体和土壤腐蚀中值得一提的是生物腐蚀。微生物的代谢活动会直接或间接地影响腐蚀过程,使金属受到破坏。代谢作用的后果是:①产生腐蚀环境;②在金属表面上造成电解液浓差电池;③改变表面膜的耐蚀性;④影响阳极或阴极的反应速度;⑤改变环境条件。

与腐蚀有关的微生物分为嗜氧性和厌氧性两类。嗜氧性微生物在含氧环境中易于生长,而厌氧菌则是在缺氧环境中易于繁殖。这类细菌所进行的化学过程是极为复杂的。有关硫酸盐还原菌(厌氧菌)对腐蚀的促进作用已进行过大量研究。在弱酸性或弱碱性土壤中,硫酸盐会被这些细菌还原为硫化氢或硫化钙。当这些化合物与埋地管道相接触时,铁被腐蚀而转变为硫化铁。在这种土壤条件下,随着这类细菌的大量繁殖,将不断促使钢铁转化,最终使管线发生破坏。如图 1.8 所示。

图 1.8　管道外壁微生物腐蚀形貌

48. 什么叫腐蚀裕度？

腐蚀裕度 = 设备的实际厚度 − 设备允许的最低厚度。

49. 如何评定腐蚀程度？

（1）均匀腐蚀

均匀腐蚀或全面腐蚀程度一般采用平均腐蚀速率表示。平均腐蚀速率又有腐蚀率和侵蚀率两种表达方法。单位时间内单位面积上的腐蚀量称为腐蚀率；单位时间内侵入的深度称为侵蚀率。腐蚀率对于同种金属的比较是很方便的，但对不同的金属，尽管腐蚀率相同，轻金属比重金属的侵蚀率要大得多。因此，异种金属的比较以侵蚀率为好。腐蚀速率因使用单位的不同而有多种表示法。

腐蚀率和侵蚀率之间的关系可以按表 1.4 进行换算。

表 1.4　平均腐蚀速率的表示方法

腐蚀率（D 为金属密度，g/cm^3）		
K_w 单位	简略号	折成 mm/a 换算系数
克/（米^2·时）[$g/(m^2·h)$]	gmh	$×8.76/D$
克/（厘米^2·时）[$g/(cm^2·h)$]		$×87600/D$
克/（米^2·日）[$g/(m^2·d)$]	gmd	$×0.365/D$
毫克/（分米^2·日）[$mg/(dm^2·d)$]	mdd	$×0.0365/D$
毫克/（米^2·日）[$mg/(m^2·d)$]	mmd	$×0.000365/D$
侵蚀率		
K_d 单位	简略号	换算系数
毫米/年（mm/a）	mmpa	1
微米/年（μm/a）		1000
英寸/年（in/y）	ipy	0.0394
密耳/年（mil/y）	mpy	39.4

① 按质量变化表示的腐蚀率根据腐蚀产物容易除去还是牢固地附着于试件表面的不同情况，可分别采用单位时间内单位面积上的失重或增重来表示。

最常用的是失重法：

$$K_w = (W_0 - W)/St$$

式中　K_w——腐蚀率，$g/(m^2 \cdot h)$；

　　　S——试件表面积，m^2

　　　t——试验时间，h；

W_0、W——试验前后试件的质量，g。

腐蚀率单位除克/（米²·时）[$g/(m^2 \cdot h)$]之外，也常用克/（厘米²·时）[$g/(cm^2 \cdot h)$]表示。国外常用毫克/（分米²·日）[$mg/(dm^2 \cdot d)$]，代号为 mdd。各种单位的腐蚀率之间的换算关系，也列于表 1.4 中。

② 按腐蚀深度（即厚度变化）表示的侵蚀率

按厚度变化表示的侵蚀率常称年腐蚀深度。最常用的单位是毫米/年（mm/a），英美国家也常用密耳/年（mil/a）代号 mpy 或英寸/年（in/y）代号 ipy（1 密耳 $= 10^{-3}$ 英寸 $= 0.0254$ 毫米）。美国腐蚀工程师学会（NACE）有时也采用微米/年（$\mu m/a$）表示侵蚀率。

根据金属的密度 D，由以质量变化表示的腐蚀率可以换算成年侵蚀深度，表 1.4 中也列出了换算系数。

$$K_d(mm/a) = 8.76/D \quad g/(m^2 \cdot h)$$

③ 由腐蚀电流换算成腐蚀速率

$$K_w = MI_c/nF \quad g/(cm^2 \cdot h)$$

式中　K_w——腐蚀率，$g/(cm^2 \cdot h)$；

　　　I_c——腐蚀电流，A/cm^2；

　　　M——金属原子量，g；

　　　F——法拉第常数，$26.8A \cdot h$。

（2）局部腐蚀

局部腐蚀程度评定较为复杂，没有统一的定量评定标准。金属的局部腐蚀形式很多，反映在物理和机械性能方面的变化也各不相同。例如小孔腐蚀，只在小孔处反映出腐蚀深度的变化，而其他部位并无明显改变。又如晶间腐蚀，虽然金属的质量和外形尺寸并没有发生多大变化，但其机械强度却下降很大。由此可见，评价局部腐蚀不能用简单的质量变化或外形尺寸的变化来进行评定，需要根据腐蚀形式采用合适的物理、机械性能变化指标来进行评定。目前对点蚀的评价采用点蚀密度、平均点蚀深度、最大点蚀深度等指标进行综合评价。晶间腐蚀和应力腐蚀则采用腐蚀前后机械强度的损失来进行评定。

50. 什么叫缓蚀剂？它有什么特点？

缓蚀剂是一种用于腐蚀环境中抑制金属腐蚀的一种添加剂，当加入此添加剂之后，它能有效地降低金属的腐蚀速度，因此缓蚀剂又称为腐蚀抑制剂。如蒸馏塔塔顶经常要注入成膜型胺类有机缓蚀剂、如天津炼油厂在油浆循环系统注入 $80 \sim 100 \mu g/g$ 的抗垢缓蚀剂，使油浆蒸汽发生器换热气管堵塞问题得到解决。

与其他防护方法相比缓蚀剂有如下几个方面的特点：加入缓蚀剂后，可以不改变金属构件的本性及外表；用量少，添加缓蚀剂后介质性质基本不变；施加缓蚀剂时一般无特殊的附加设施；工艺简便、成本低廉、适用性强；但只适用于腐蚀介质有一定限量的体系。

51. 什么叫缓蚀效率？缓蚀效率受什么因素影响？

缓蚀剂的缓蚀效率定义如下：

$$\varepsilon = (v_0 - v) \div v_0 \times 100\%$$

式中，ε 表示缓蚀剂的缓蚀效率；v_0、v 分别表示金属在有缓蚀剂和无缓蚀剂条件下的腐蚀速率。

缓蚀效率主要受以下几个方面因素的影响：缓蚀剂自身的成分、结构、浓度；腐蚀介质的性质；金属种类和表面状态；环境温度和介质流动速度；注入工艺和操作等的影响。

第二章 劣质原油的腐蚀性

1. 原油一般都有哪些性质？如何分类？

　　原油的主要成分是各种烷烃、环烷烃、芳香烃等。这些介质本身并不腐蚀金属设备，但原油中还含有一些杂质，如无机盐、硫化物、氮化物、有机酸、氧、二氧化碳等。这些杂质含量虽然不高，但它们对金属设备的腐蚀却危害极大。原油的主要性质包括有：密度、黏度、盐含量、硫含量、氮含量、酸值、水分、灰分、蜡含量、胶质、沥清质、残炭、各个蒸馏温度和凝固点。原油的产地不同和化学元素组成不同，其性质就有很大差异。

　　原油分类是由轻、重两种馏分的 API 度决定。分类标准见表 2.1。

表 2.1　原油的分类

原油类别	轻　馏　分 250~275℃，101.3kPa（1atm）		重　馏　分 275~300℃，5.33 kPa（4mmHg）	
	API 度	馏分类别	API 度	馏分类别
石蜡基	≥40.0	石蜡基	≥30.0	石蜡基
石蜡—中间基	≥40.0	石蜡基	20.1~29.9	中间基
中间—石蜡基	33.1~39.3	中间基	≥30.0	石蜡基
中间基	33.1~39.9	中间基	20.1~29.9	中间基
中间—环烷基	33.1~39.9	中间基	≤20.0	环烷基
环烷—中间基	≤33.0	环烷基	20.1~29.0	中间基
环烷基	≤33.0	环烷基	≤20.1	环烷基
石蜡—环烷基	≥40.0	石蜡基	≤20.0	环烷基
环烷—石蜡基	≤33.0	环烷基	≥30.0	石蜡基

除此之外，还可按原油的密度、含硫量、含氮量、含胶量等来分类。

2. 何谓劣质原油?

(1) 美国 NPRA 对原油轻重的分类为：API 度大于 38 为轻质原油，API 度小于 22 为重质原油，API 度 22~38 为中质原油。但是在商品原油贸易中有一些习惯性的分类，例如阿拉伯重质原油 API 度为 27.9 等。因此，目前按 API 度大于 36 为轻质原油、API 度小于 27 为重质原油、API 度 27~36 为中质原油，也是可行的。

(2) 商品含硫原油一般分类为：硫含量小于 0.5% 为低硫原油，硫含量大于 1.5% 为高硫原油，硫含量 0.5%~1.5% 为中等含硫原油。

(3) 原油总酸值(TAN)小于 0.5mgKOH/g 为低酸原油，TAN 大于 0.5mgKOH/g 为含酸原油，TAN 大于 1.0mgKOH/g 为高酸值原油。

由此得出，符合 API 度小于 27、硫含量大于 1.5%、TAN 大于 1.0mgKOH/g 任何一项指标的原油，可称为劣质原油。

3. 含硫原油如何分类?

按照国际惯例，通常将硫含量低于 0.5% 原油称为低硫原油，中国的原油多属于低硫原油；硫含量高于 2.0% 的原油称为高硫原油(贸易上，也有将硫含量高于 1.5% 的原油称为高硫原油的)，许多中东原油都属于高硫原油；硫含量在 0.5%~2.0% 之间的原油称为含硫原油。

4. 含硫原油有什么特点?

含硫原油包括中东原油、北美、拉美、俄罗斯以及中国新疆的含硫原油，与中国大多数原油(包括中国含硫原油，如胜利、塔河原油)相比，其共同特点是硫含量高、轻烃和轻馏分多、重金属含量高，特别是钒含量高、倾点低等。

5. 加工高硫原油首先遇到是问题是什么？

加工高硫原油首先遇到的问题就是设备腐蚀问题。原油中含有的或在加工过程中产生的活性硫，特别是硫化氢，会对设备造成严重腐蚀。例如某炼油厂加工大庆、胜利原油时，初、常顶冷凝水中 H_2S 含量为 $100 \sim 200\mu g/g$，而在加工伊朗原油时，初、常顶冷凝水中 H_2S 含量竟高达 $2300\mu g/g$，因此在加工高硫原油时，必须采取严格的防腐蚀措施，如采用抗腐蚀能力强的合金材料制造设备和在加工过程中采取"一脱三注"等措施。

6. 原油中的硫一般以什么形式存在？

原油中的硫多以有机硫化物和硫化氢的形式存在。有机硫化物是以硫醚、噻吩、硫醇等形式存在。原油中的硫化氢有的是原来溶解于原油中，有的是工艺过程中生成的。原油中很少有元素硫存在，但在工艺过程中可能生成元素硫。

7. 原油中有哪些硫化物？

原油中或多或少地含有一定的硫化物。原油中的硫化物主要是元素硫(单质硫：S)、硫化氢(H_2S)、硫醇($R-SH$)、硫醚($R-S-R$)、二硫化物($R-S-S-R$)、多硫化物(R_mS_n)等。

8. 什么叫活性硫？什么叫非活性硫？

按照硫化合物对加工装置以及储存和运输设备产生腐蚀的严重程度，可将硫化合物粗略分成活性硫和非活性硫化合物。活性硫是指有可能产生腐蚀的硫化合物中的硫，而有些硫化合物尽管在高温下也能分解成腐蚀性较强的硫化合物，但这些化合物分解前腐蚀性相对较弱，一般将这类化合物称为非活性硫化合物，其硫含量称为非活性硫。由于元素硫、硫化氢、硫醇、二硫化物等有可能对石油加工装置产生腐蚀，因此将它们称为活性硫，并将这四种不同类型的活性硫的总量称为总活性硫。而将在一定条件下能对试验材料产生腐蚀的硫称为腐蚀性硫。由于不同类型的活性硫与装置材料反应的机理、反应进行的深度不完全相同，因此了解各种活性硫在石油及其馏分中的分布是十分重要的。

9. 为什么说原油中的总含硫量与腐蚀性之间并无精确的对应关系？

一方面石油和石油产品中硫含量和硫化合物的类型并不完全相同。即使是硫含量相同的原油，其硫化合物的类型分布可能差别很大。尤其是当原油中热稳定性较差的硫化合物较多时，由于在加热的过程中这些硫化合物易分解成低沸点的低分子硫化合物，低馏分段的硫含量将会增加很多。从腐蚀的角度来讲，了解石油和石油馏分中硫化合物的类型比了解石油和石油馏分中总硫含量更重要。

另一方面原油的腐蚀性主要取决于单质硫化物的种类、含量和稳定性，如果原油中的非活性硫化物易于转化为活性硫，即使含硫量很低的原油，也将对设备造成严重的腐蚀。这种变化使硫化物的腐蚀发生在低温及高温各部位。因此说原油中的总含硫量与原油腐蚀性之间并无精确的对应关系。

10. 元素硫、硫醇、硫化氢、二硫化物在原油中是如何分布的？它们的腐蚀性怎样？

元素硫、硫醇、硫化氢、二硫化物在原油中的分布以及腐蚀性具有下面的一些规律。

（1）元素硫

原油中虽然有元素硫存在，但含量很少。大部分元素硫是在原油加工时由不稳定硫化合物发生热分解，产生硫化氢后又被氧化成元素硫而形成的。

在常温下，元素硫不活泼，无腐蚀性，但在高温下则对炼油设备产生腐蚀作用。在大于310℃时，元素硫可侵蚀普通钢材生成硫化铁。在蒸馏装置中，元素硫的腐蚀也可能发生在加热炉管、烟囱等高温富氧的部位。

元素硫在烃类油中有良好的溶解性。当温度高于150℃时，元素硫能与某些烃类反应，生成新的硫化合物和硫化氢等，硫化氢经空气氧化又可生成元素硫。

（2）硫醇类

原油中的硫醇一般集中在较轻的馏分中，在轻馏分中硫醇一般占硫含量的40%～50%，甚至达70%～75%。随着馏分沸点的升高，硫醇的含量急剧下降，在300℃以上的馏分中硫醇的含量已极少。硫醇不溶于水，低分子的甲硫醇和乙硫醇具有强烈的臭味。硫醇在300℃时可分解为硫酸和硫化氢，在更高的温度下，硫醇还可以分解成烯烃和硫化氢，在有氧存在的情况下，硫醇还可以氧化成二硫化物。硫醇具有弱酸性，反应活性较强。在温度超过100℃后，对铜、铝等有色金属产生强烈的腐蚀作用，硫醇也能直接与铁作用生成硫醇铁而腐蚀设备。燃料中有硫酸时不仅造成发动机输油系统的腐蚀，还能加速燃料的生胶作用。如果汽油中含有较多硫醇时，不仅使汽油产生恶臭味，且起腐蚀和加速某些塑料容器溶胀。

（3）硫化氢

虽然在有些原油中发现有硫化氢，但大多数硫化氢来自石油加工中脂肪族硫醚、硫醇等硫化合物的热分解和催化分解；此外在加氢过程中，噻吩类硫化合物可能加氢分解生成硫化氢。硫化氢属弱酸性气体。具有较强的反应活性。硫化氢能很好地溶解在烃类化合物中，尤其在芳香烃类化合物中的溶解性更好。

在加工含硫原油时常产生硫化氢气体，并对炼油设备造成腐蚀。硫化氢对碳钢的腐蚀速度受温度的影响较大。在260℃时，1000h 的腐蚀速度是 0.05mm，在 482℃ 时，1000h 的腐蚀速度是 6.4mm。在较高的温度下（260～550℃），元素硫与一些有机化合物作用，也可生成硫化氢。硫化氢的腐蚀部位比较普遍，当每立方米含有0.037m^3 以上的硫化氢时，即可产生严重腐蚀。

在低温下，硫化氢腐蚀只在有水和强酸或与氧同时存在时才会发生。硫化氢呈弱酸性，在水中可电离出 HS$^-$，促使阴极的放氢加速。在硫化氢的水溶液中，含有 H$^+$、HS$^-$、S^{2-}离子和 H$_2$S 分子，对金属的腐蚀为氢去极化过程。由硫化氢引起的腐蚀，一般表现为非均匀腐蚀、氢鼓泡、氢脆和硫化物应力腐蚀开裂。

当有液相水存在或在介质的露点以下时，在介质中的硫化氢分压>343Pa 下，硫化氢可引起应力腐蚀开裂，这在蒸馏设备上虽不常见，但在石油产品储罐中却常发生。

硫化氢的腐蚀随时间变化，在腐蚀开始时腐蚀速度很快，400h 后腐蚀速度明显减慢，这与生成 FeS 防护膜有关。

硫化氢的腐蚀特征，是使金属表面受到非均匀性的电化学腐蚀，形成层状的剥落和局部的蚀坑。而最危险的是使设备发生应力腐蚀开裂和氢鼓泡，造成突然性的破裂事故。

在低 pH 值下硫化氢的溶解度很小，随着 pH 值的增高，硫化氢的溶解度也增加，当 pH 值达到 8 左右时，硫化氢的腐蚀作用最大。

硫化氢和盐酸的腐蚀作用是相互促进的。在水溶液中，当有氯离子存在时，硫化氢的腐蚀作用大大加强。

（4）硫化物及多硫化物

这类化合物的特点是随着分子中硫原子数目的增加，其稳定性急剧下降，而化学活性却因此增强。二硫化物受热后可分解成硫化氢等。如含有三个以上硫原子的多硫化合物，其性质与元素硫的性质相似。因此，二硫化物与多硫化物对燃料及润滑油的使用性能具有不良的影响，能使燃料的不溶胶质增加。

11. 高温硫化物的腐蚀环境指的是什么？

高温硫化物的腐蚀环境是指 240℃ 以上的重油部位硫、硫化氢和硫醇形成的腐蚀环境。

12. 炼油装置典型的高温硫化氢腐蚀环境有哪些？

典型的高温硫化物腐蚀环境存在于蒸馏装置常、减压塔的下部及塔底管线，常压重油和减压渣油换热器等；流化催化裂化装置主分馏塔的下部，延迟焦化装置主分馏塔的下部及其管线等高温硫化物的腐蚀环境部位。在加氢裂化和加氢精制等临氢装置中，由于氢气的存在加速 H_2S 的腐蚀，在 240℃ 以上形成高温 H_2S+H_2 腐蚀环境，典型例子是加氢裂化装置的反应器、加氢脱硫装置的反应器以及催化重整装置原料精制部分的石脑油加氢精制反应器等。

13. 高温硫腐蚀机理是什么？

在高温条件下，活性硫与金属直接反应，它出现在与物流接触的各个部位，表现为均匀腐蚀，其中硫化氢的腐蚀性很强。化学反应如下：

$$H_2S+Fe \longrightarrow FeS+H_2$$
$$S+Fe \longrightarrow FeS$$

$$RSH + Fe \longrightarrow FeS + 不饱和烃$$

高温硫腐蚀速度的大小，取决于原油中活性硫的多少，但是与总硫量也有关系。

14. 高温硫腐蚀的影响因素是什么？

（1）温度的影响

当温度升高时，一方面促进活性硫化物与金属的化学反应，同时又促进非活性硫的分解。

温度低于120℃时，非活性硫化物未分解，在无水情况下，对设备无腐蚀。但当含水时，则形成炼油厂各装置低温轻油部位的腐蚀，特别是在相变部位(或露点部位)造成严重的腐蚀。

温度在120~240℃之间时，原油中活性硫化物未分解。

温度在240~340℃之间时，硫化物开始分解，生成硫化氢，对设备也开始产生腐蚀，并且随着温度的升高腐蚀加剧。

温度在340~400℃之间时，硫化氢开始分解为H_2和S，S与Fe反应生成FeS保护膜，具有阻止进一步腐蚀的作用。但在有酸存在时(如环烷酸)，FeS保护膜被破坏，使腐蚀进一步发生。

温度在426~430℃之间时，高温硫腐蚀最为严重。

温度大于480℃时，硫化氢几乎完全分解，腐蚀性开始下降。

高温硫腐蚀，开始时速度很快，一定时间后腐蚀速度会恒定下来，这是因为生成了硫化亚铁保护膜的缘故。而介质的流速越高，保护膜就容易脱落，腐蚀将重新开始。

（2）环烷酸的影响

环烷酸形成可溶性的腐蚀产物，腐蚀形态为带锐角边的蚀坑和蚀槽，物流的流速对腐蚀影响更大，环烷酸的腐蚀部位都是在流速高的地方，流速增加，腐蚀率也增加。而硫化氢的腐蚀产物是不溶于油的，多为均匀腐蚀，随温度的升高而加重。当两者的腐蚀作用同时进行，若含硫量低于某一临界值，其腐蚀情况加重。亦即环烷酸破坏了硫化氢腐蚀产物，生成可溶于油的环烷酸铁和硫化氢，使腐蚀继续进行。若硫含量高于临界值时，硫化氢在金属表面生成稳定的 FeS 保护膜，则减缓了环烷酸的腐蚀作用。也就是我们平常所说的，低硫高酸比高硫高酸腐蚀还严重。

15. 高温硫腐蚀的防护主要靠什么？

高温硫腐蚀主要靠材料防腐，可用铁素体和奥氏体不锈钢或不锈钢复合板。

16. 什么是低温硫腐蚀？

原油中存在的硫以及有机硫化物在不同条件下逐步分解生成的 H_2S 等低分子的活性硫，与原油加工过程中生成的腐蚀性介质(如 HCl、NH_3、CO_2 等)和人为加入的腐蚀性介质(如乙醇胺、糠醛、水等)共同形成腐蚀性环境，在装置的低温部位(特别是气液相变部位)造成严重的腐蚀。

17. 炼油装置中典型的低温硫腐蚀环境有哪些？

典型的有蒸馏装置常、减压塔顶的 $HCl+H_2S+H_2O$ 腐蚀环境；催化裂化装置分馏塔顶的 $HCN+H_2S+H_2O$ 腐蚀环境；加氢裂化和加氢精制装置流出物空冷器的 $H_2S+NH_3+H_2O$ 腐蚀环境；干气脱硫装置再生塔、气体吸收塔的 RNH_2(乙醇胺)$+CO_2+H_2S+H_2O$ 腐蚀环境等。

18. $HCl+H_2S+H_2O$ 型腐蚀环境主要发生在什么部位？应如何应对？

该腐蚀环境主要存在于常减压蒸馏装置塔顶及其冷凝冷

却系统、温度低于120℃的部位，如常压塔、初馏塔、减压塔顶部塔体、塔盘或填料、塔顶冷凝冷却系统。一般气相部位腐蚀较轻，液相部位腐蚀较重，气液相变部位即露点部位最为严重。

在 $HCl+H_2S+H_2O$ 型腐蚀环境中碳钢表现为均匀腐蚀，0Cr13 表现为点蚀，奥氏体不锈钢表现为氯化物应力腐蚀开裂，双相不锈钢和钛材具有优异的耐腐蚀性能，但价格昂贵。在加强"一脱三注"工艺防腐的基础上，制造的换热器、空冷器在保证施工质量的前提下，采用碳钢+涂料防腐的方案也可保证装置的长周期安全运转。

19. $HCN+H_2S+H_2O$ 型腐蚀环境主要发生在什么部位？应如何应对？

催化原料油中的硫和硫化物在催化裂化反应条件下反应生成 H_2S，造成催化富气中 H_2S 浓度很高。原料油中的氮化物在催化裂化反应条件下约有 $10\%\sim15\%$ 转化成 NH_4^+，有 $1\%\sim2\%$ 则转化成 HCN。在吸收稳定系统的温度（$40\sim50℃$）和水存在条件下，从而形成了 $HCN+H_2S+H_2O$ 型腐蚀环境。

由于 $HCN+H_2S+H_2O$ 型腐蚀环境中 CN^- 的存在使得湿硫化氢腐蚀环境变得复杂，它是腐蚀加剧的催化剂。对于均匀腐蚀，一般来说 H_2S 和铁生成 FeS 在 pH 值大于 6 时能覆盖在钢表面形成致密的保护膜，但是由于 CN^- 能使 FeS 保护膜溶解生成络合离子 $Fe(CN)_6^{4-}$，加速了腐蚀反应的进行；对于氢鼓包，由于碳钢和低合金钢在 $Fe(CN)_6^{4-}$ 存在条件下，可以大大加剧原子氢的渗透，它阻碍原子氢结合成分子氢，使溶液中保持较高的原子氢浓度，使氢鼓包的发生率大大提高；对于硫化物应力腐蚀开裂，当介质的 pH 值大于 7 呈碱性时，开裂较难发生，但当有 CN^- 存在时，系统的应力腐蚀敏感性大大提高。

催化裂化装置的吸收稳定系统的耐蚀选材，由于系统中湿硫化氢环境的存在，而且 CN^- 存在时可大大提高应力腐蚀开裂敏感性，因此目前吸收稳定系统的设备以碳钢为主，要注意焊后热处理，塔体也有用 $0Cr13$ 复合钢板。在催化裂化吸收稳定系统加注缓蚀剂，也取得较好的防腐效果。

20. RNH_2(乙醇胺)+CO_2+H_2S+H_2O 型腐蚀环境主要发生在什么部位？应如何应对？

腐蚀部位发生在干气及液化石油气脱硫的再生塔底部系统及富液管线系统（温度高于 $90℃$，压力约 $0.2MPa$）。腐蚀形态为在碱性介质下，由 CO_2 及胺引起的应力腐蚀开裂和均匀减薄。均匀腐蚀主要是 CO_2 引起的，应力腐蚀开裂是由胺、二氧化碳、硫化氢和设备所受的应力引起的。

MEA 和 DIWA 溶液的装置的所有碳钢设备和管道要进行消除应力处理；DEA 装置碳钢金属温度大于 $60℃$ 和 MDEA 装置碳钢金属温度大于 $82℃$ 要消除应力处理。确保热处理后的焊缝硬度（HB<200），防止碱性条件下由胺盐引起的应力腐蚀开裂。

21. NH_4Cl+NH_4HS 结垢腐蚀环境主要发生在什么部位？应如何应对？

加氢装置高压空冷器 NH_4Cl+NH_4HS 腐蚀环境主要存在于加氢精制加氢裂化装置中反应流出物空冷器中，由于 NH_4Cl 在加氢装置高压空冷器中的结晶温度约为 $210℃$，而 NH_4HS 在加氢装置高压空冷器中的结晶温度约为 $121℃$，在一般加氢装置高压空冷器的进口温度和出口温度的范围内，因此在加氢装置高压空冷器中极易形成 NH_4Cl 和 NH_4HS 结晶析出，在空冷器流速低的部位由于 NH_4Cl 和 NH_4HS 结垢浓缩，造成电化学垢下腐蚀，形成蚀坑，最终形成穿孔。

目前工程设计空冷器管子选材的准则是依据 K_p 值的大小进行的。

$$K_p = [H_2S] \times [NH_3] (干态)$$

式中　K_p——物流的腐蚀系数；

　　$[H_2S]$——物流中硫化氢的浓度，mol%；

　　$[NH_3]$——物流中 NH_3 的浓度，mol%。

$K_p < 0.07\%$：材料为碳钢，最高流速控制在 9.3m/s；

$K_p = 0.1\% \sim 0.5\%$：材料为碳钢，流速适应范围为 4.6～6.09m/s；

$K_p > 0.5\%$：当流速低于 1.5～3.05m/s 或流速高于 7.62m/s 时，选用 825 或 2205 双相钢。

在加氢装置运行期间应加强高压空冷器物料中 $[H_2S]$、$[NH_3]$ 和流速的监测，通过 K_p 预测高压空冷器的结垢和腐蚀情况。由于 NH_4Cl 和 NH_4HS 均易溶于水，因此增加注水量能有效地抑制 NH_4Cl 和 NH_4HS 结垢，在注水的过程中应注意注入水在加氢装置高压空冷器中的分配，避免造成流速滞缓的区域。在加氢装置高压空冷器注水点处加入水溶性缓蚀剂，缓蚀剂能有效吸附到金属表面，形成防护膜，从而起到较好的防护作用。再者可以考虑加入部分 NH_4HS 结垢抑制剂，能优先与氯化物和硫化物生成盐类，这种盐结晶温度高于 200℃，并且极易溶于水中，能有效抑制 NH_4Cl 和 NH_4HS 结垢，从而达到减缓腐蚀的作用。

22. $CO_2+H_2S+H_2O$ 型腐蚀环境主要发生在什么部位？应如何应对？

该腐蚀环境存在于气体脱硫装置的溶剂再生塔顶及其冷

凝冷却系统，温度为 40~60℃ 酸性气体部位。其腐蚀主要是酸性气中 CO_2、H_2O 遇水造成的低温腐蚀。

在该腐蚀环境中，碳钢为均匀腐蚀、氢鼓泡、焊缝应力腐蚀开裂。奥氏体不锈钢焊缝会出现应力腐蚀开裂。

$CO_2+H_2S+H_2O$ 腐蚀环境采取的防腐措施以材料为主。溶剂再生塔顶内构件采用 0Cr18Ni9Ti，塔顶筒体用碳钢+321复合板。塔顶冷却器壳体用碳钢，管束用 0Cr18Ni9Ti。酸性气分液罐用碳钢或碳钢+0Cr13Al。

23. H_2S+H_2O 型腐蚀环境主要发生在什么部位？应如何应对？

该腐蚀环境存在于液化气球罐、轻油罐顶部、气柜，加氢精制装置后冷器内浮头螺栓等部位。在该腐蚀环境中，对碳钢为均匀腐蚀、氢鼓泡、焊缝硫化物应力腐蚀开裂。

H_2S+H_2O 腐蚀环境中采取的防护措施：

球罐：球罐用钢板应做 100% 超声波探伤，严格执行焊接工艺进行焊接；球罐焊后要立即进行整体消除应力热处理，控制焊缝硬度 $HB \leqslant 200$；液化气中的 H_2S 含量应 <50ppm。

加氢精制后冷器内浮头螺栓应力值不应超过屈服极限的75%；控制螺栓硬度 $HB \leqslant 200$；采用合理的热处理工艺，如 30CrMo，淬火后采用 620~650℃ 回火，可防止断裂。

24. 停工期间连多硫酸腐蚀主要发生在什么部位？应如何应对？

连多硫酸应力腐蚀开裂最易发生在石化系统中由敏化不锈钢制造的设备上，一般是高温、高压含氢环境下的反应塔器及其衬里和内构件、储罐、换热器、管线、加热炉炉管，特别在加氢脱硫、加氢裂化、催化重整等系统中用奥氏体钢制成的设备上。这些设备在高温、高压、缺氧、缺水的干燥条件下运行时一般不会形成连多硫酸，但当装置运行期间遭受硫的腐蚀，在设备表面生成硫化物，装置停工期间有氧（空气）和水进入时，与设备表面生成的硫化物反应生成连多硫酸($H_2S_xO_6$)，即使在设备停工时通常也存在拉伸应力（包括残余应力和外加应力），在连多硫酸和这种拉伸应力的共同作用下，奥氏体不锈钢和其他高合金产生了敏化条件（在制造过程的敏化和温度大于 $427\sim650℃$ 长期操作会形成敏化），就有可能发生连多硫酸应力腐蚀开裂（SCC）。

由于连多硫酸应力腐蚀开裂在设备的停工时发生，因此当装置由于停车、检修等原因处于停工时应严加防护，防止外界的氧和水分等有害物质进入系统。对于 18-8 不锈钢来说，介质环境的 pH 值不大于 5 时就可能发生连多硫酸应力腐蚀开裂，因此现场要严格控制介质环境的 pH 值，碱洗可以中和生成的连多硫酸，使 pH 值控制在合适的范围。氮气吹扫可以除去空气，使设备得到保护。

装置停工时的操作可参照 NACE RP0170—2004《奥氏体不锈钢和其他奥氏体合金炼油设备在停工期间产生连多硫酸应力腐蚀开裂的防护》。

25. 高温烟气硫酸露点腐蚀主要发生在什么部位？应如何应对？

加热炉中含硫燃料油在燃烧过程中生成高温烟气，高温烟气中含有一定量的 SO_2 和 SO_3，在加热炉的低温部位，SO_3 与空气中水分共同在露点部位冷凝，生成硫酸，产生硫酸露点腐蚀，严重腐蚀设备。在炼油厂多发生在加热炉的低温部位如空气预热器和烟道；废热锅炉的省煤器及管道、圆筒加热炉炉壁等位置。

硫酸露点腐蚀的腐蚀程度并不完全取决于燃料油中的含硫量，还受到二氧化硫向三氧化硫的转化率以及烟气中含水量的影响。因此正确测定烟气的露点对确定加热炉装置的易腐蚀部位、设备选材以及防腐蚀措施的制定起着关键作用。

由于烟气在露点以上基本不存在硫酸露点腐蚀的问题，因此在准确测定烟气露点的基础上可以通过提高进料温度达到预防腐蚀的目的，但这种方法排放掉高温烟气，造成能量的浪费。

为了解决高温烟气硫酸露点腐蚀的问题，国内 90 年代开发了耐硫酸露点腐蚀的新钢种–ND 钢，在钢中加入了微量元素 Cu、Sb 和 Cr，采用特殊的冶炼和轧制工艺，保证其表面能形成一层富含 Cu、Sb 的合金层，当 ND 钢处于硫酸露点条件下时，其表面极易形成一层薄的致密的含有 Cu、Sb 和 Cr 的钝化膜，这层钝化膜是硫酸腐蚀的反应物，随着反应生成物的积累，阳极电位逐渐上升，很快就使阳极钝化，ND 钢完全进入钝化区。该钢种在几家炼油厂的加热炉系统应用，取得了较好的效果。要注意的是 ND 钢在 pH 值偏酸性环境下使用有一定效果，如果硫酸的 pH 值太低，防腐效果与碳钢区别不大。

26. 停工期间硫化亚铁自燃主要发生在什么部位？应如何应对？

随高硫原油加工企业的不断增多，在装置停工检修期间打开人孔以后，往往会发现硫化亚铁 FeS 自燃，有的甚至出现火灾。硫化亚铁自燃一般会出现在气体脱硫和污水装置、硫磺回收装置、减压塔，焦化装置、储罐的部位，其中以填料塔最严重。

硫化亚铁自燃的原因为：当装置停工时，由于设备内部油退出，其内部腐蚀产物 FeS 逐渐暴露出来。由于蒸汽吹扫，FeS 表面的油膜气化、挥发，失去了与 O_2 接触的保护膜，设备停工检修时，由于大量空气进入设备内，其氧化反应不断放出热量，引起油气导致造成局部温度超出残油的燃点，引起着火事故。

对易发生硫化亚铁自然的设备，先用清洗剂清洗后，再打开设备即可避免局部自燃。

27. 含酸原油有什么特点？

与普通原油比较而言，含酸原油普遍具有密度大、轻组分少、重金属含量高、多为环烷基或环烷中间基重质原油，会引起设备的严重腐蚀等特点。

28. 含酸原油有哪些加工模式对规避腐蚀较为有利？

高酸原油以其低廉的价格被人们称为"机会原油"。然而，其油质差、腐蚀性高的特点使得许多炼厂望而却步。含酸原油的的这些特性决定了不能采取常规的加工模式。目前，国内外主要采取的加工模式有：①对装置材质进行升级的集中加工；②蒸馏装置集中加工、二次装置混合加工；③与低酸原油混合加工；④接进二次装置加工。

29. 含酸原油如何分类？

含酸原油的分类通常是以酸值来划分的，原油的酸值是原油中酸性物质总含量的参数，以中和 1g 原油中的酸所用的 KOH 的质量来表示。酸值 ≤ 0.5mgKOH/g 的原油为低酸原油或正常原油，绝大部分原油在遭受生物降解前都为正常原油；酸值为 0.5～1.0mgKOH/g 的原油为含酸原油，这类原油一般是由海相原油在经过一定生物降解后形成的，或是陆相原生含酸原油，对炼油设备有直接的腐蚀作用；酸值 1.0～5.0mgKOH/g 的原油为高酸原油，绝大部分是海相原油严重降解和陆相原油中度降解的产物；酸值>5.0mgKOH/g的原油为特高酸值原油，一般是陆相原油严重降解的产物。

30. 环烷酸是什么?

环烷酸是一种存在于石油中的含饱和环状结构的有机酸，其通式为 RCH_2COOH，石油中的酸性化合物包括环烷酸、脂肪酸、芳香酸以及酚类，而以环烷酸含量最多，环烷酸的含量通常占石油酸性氧化物的90%左右，含量随产地不同变化很大。一般将石油中的有机酸统称为环烷酸。其含量一般借助非水滴定测定的酸度(mgKOH/100mL油，适用于轻质油品)或酸值(mgKOH/g油，适用于重质油品)来间接表示。石油中的环烷酸是非常复杂的混合物，其分子量差别很大，可在180~700之间，由以300~400之间居多，其沸点范围大约在177~343℃之间。低分子量的环烷酸在水中的溶解度很小，高分子量的环烷酸不溶于水。

31. 酸值的含义是什么? 酸值的大小对设备腐蚀有何影响?

原油中常含有一些酸性氧化物，如脂肪酸、环烷酸等，这些通称为石油酸。其中环烷酸占石油酸总量的90%。表征环烷酸浓度的标准是酸值。而酸值的度量是以中和1g原油所需的氢氧化钾毫克数来表示。通常将酸值≥0.5mgKOH/g时的原油称之为高酸值原油。我国的胜利油田、辽河油田、克拉玛依油田均属于高酸值油田。新开发的渤海埕北、锦州JE93、蓬莱-193等原油也属于高酸值原油。

酸值越高，环烷酸含量越高。在高温下，环烷酸对设备有严重的侵蚀性。其腐蚀产物溶于油中，易于从金属表面上解离下来，因而能使腐蚀向纵深发展，其腐蚀程度与酸值、温度和流速有关。一般酸值越大，腐蚀性越强。如某炼厂减压塔壁进料段局部腐蚀深度可高达 14mm。

由环烷酸引起的腐蚀主要是在常减压装置和转油线上，特别是浮球、压料角钢、重油洗涤部位的格栅、添料、轻油洗涤段的升气管、塔盘等内构件及减压炉的弯头等以及与之配接的阀、泵、弯头、焊缝等。根据经验，原油酸值在 0.5mgKOH/g 原油时，能造成设备显著腐蚀，超过 1mgKOH/g 原油时腐蚀作用极为严重，只有酸值低于 0.3 时才不引起明显腐蚀问题。

32. 环烷酸腐蚀机理是什么?

环烷酸在石油炼制过程中，随原油一起被加热、蒸馏，并随与之沸点相同的油品冷凝，且溶于其中，从而造成该馏分对设备材料的腐蚀。

目前，大多数学者认为，环烷酸腐蚀的反应机理如下：

$$2RCOOH+Fe \longrightarrow Fe(RCOO)_2+H_2$$

环烷酸腐蚀形成的环烷酸铁是油溶性的，再加上介质的流动，故环烷酸腐蚀的金属表面清洁、光滑无垢。在原油的高温高流速区域，环烷酸腐蚀呈顺流向产生的锐缘的流线沟槽。在低流速区域，则呈边缘锐利的凹坑状。

33. 影响环烷酸腐蚀的因素有哪些?

(1) 酸值的影响

原油和馏分油的酸值是衡量环烷酸腐蚀的重要因素。经验表明，在一定温度范围内，腐蚀速率和酸值的关系中，存在一临界酸值，高于此值，腐蚀速率明显加快。一般认为原油的酸值达到 0.5mgKOH/g 时，就可引起蒸馏装置某些高温部位发生环烷酸腐蚀。

由于在原油蒸馏过程中，酸的组分是和它相同的沸点的油类共存的，因此，只有馏分油的酸值才真正决定环烷酸腐蚀速率。在常压条件下，馏分油的最高酸值浓度在 371～426℃至 TBP 范围内。在减压条件下，原油沸点降低了 111～166℃，所以，减压塔中馏分油的最高酸值应出现在 260℃ 的温度范围内。

酸值升高，腐蚀速率增加。在 235℃ 时，酸值提高 1 倍，碳钢、7Cr-1/2Mo 钢、9Cr-1Mo 钢的腐蚀速率约增加 2.5 倍，而 410 不锈钢的腐蚀速率提高近 4.6 倍。

（2）温度的影响

环烷酸腐蚀的温度范围大致在 230～400℃。有些文献认为：环烷酸腐蚀有两个峰值，第一个高峰出现在 270～280℃，当温度高于 280℃ 时，腐蚀速率开始下降，但当温度达到 350～400℃ 时，出现第二个高峰。

（3）流速、流态的影响

流速在环烷酸腐蚀中是一个很关键的因素。在高流速条件下，甚至酸值低至 0.3mgKOH/g 的油液也比低流速条件下，酸值高达 1.5～1.8mgKOH/g 的油液具有更高的腐蚀性。现场经验中，凡是有阻碍液体流动从而引起流态变化的地方，如弯头、泵壳、热电偶套管插入处等，环烷酸腐蚀特别严重。

（4）硫含量的影响

油气中硫含量的多少也影响环烷酸腐蚀，硫化物在高温下释放的 H_2S 与钢铁反应生成硫化亚铁，覆盖在金属表面形成保护膜，这层保护膜不能完全阻止环烷酸的作用，但它的存在显然减缓了环烷酸的腐蚀。

34. 如何控制环烷酸腐蚀？

（1）混炼

原油的酸值可以通过混合加以降低，如果将高酸值和低酸值的原油混合到酸值低于环烷酸腐蚀的临界值以下，则可以在一定程度上解决环烷酸腐蚀问题。

（2）选择适当的金属材料

材料的成分对环烷酸腐蚀的作用影响很大，碳含量高易腐蚀，而 Cr、Ni、Mo 含量的增加对耐蚀性能有利，所以碳钢耐腐蚀性能低于含 Cr、Mo、Ni 的钢材，低合金钢耐腐蚀性能要低于高合金钢，因此选材的顺序应为：碳钢→Cr-Mo钢（Cr5Mo→Cr9Mo）→0Cr13→0Cr18Ni9Ti→316L→317L。目前国外较多采用 AISI316SS。

（3）注缓蚀剂

使用油溶性缓蚀剂可以抑制炼油装置的环烷酸腐蚀。

（4）控制流速和流态

① 扩大管径，降低流速。

② 设计结构要合理。要尽量减少部件结合处的缝隙和流体流向的死角、盲肠；减少管线震动；尽量取直线走向，减少急弯走向；集合管进转油线最好斜插，若垂直插入，则建议在转油线内加导向弯头。

③ 高温重油部位，尤其是高流速区的管道的焊接，凡是单面焊的尽可能采用亚弧焊打底，以保证焊接接头根部成型良好。

35. 什么是湿硫化氢腐蚀环境？

湿硫化氢腐蚀环境，即 H_2S+H_2O 型的腐蚀环境。是指水或水物流在露点以下与 H_2S 共存时，在压力容器与管道中发生的开裂的腐蚀环境。

36. 湿硫化氢腐蚀环境主要存在于炼油厂的哪些部位？

湿硫化氢环境广泛存在于炼油厂二次加工装置的轻油部位，如流化催化裂化装置的吸收稳定部分、产品精制装置中

44

的干气及液化石油气脱硫部分、酸性水汽提装置的汽提塔、加氢裂化装置和加氢脱硫装置冷却器、高压分离器及其下游的过程设备。

37. 湿硫化氢的腐蚀机理是什么?

腐蚀机理:

在 H_2S+H_2O 腐蚀环境中,下面反应对设备造成腐蚀:

硫化氢在水中发生电离:

$$H_2S \longrightarrow H^+ + HS^-$$
$$\longrightarrow H^+ + S^{2-}$$

钢在硫化氢的水溶液中发生电化学反应:

阳极过程: $Fe \longrightarrow Fe^{2+} + 2e$

$$Fe^{2+} + HS^- \longrightarrow FeS \downarrow + H^+$$

阴极过程: $2H^+ + 2e \longrightarrow 2H$

$$\longrightarrow 2H(渗透到钢材中)$$

从上述反应过程可知,湿硫化氢对碳钢设备可以形成两方面的腐蚀:均匀腐蚀和湿硫化氢应力腐蚀开裂。湿硫化氢应力腐蚀开裂的形式包括 HB(氢鼓泡)、HIC(氢致开裂)、SSCC(硫化物应力腐蚀开裂)和 SOHIC(应力导向氢致开裂)。

38. 何谓 HB(氢鼓泡)?

氢鼓泡(HB)硫化物腐蚀过程析出的氢原子向钢中渗透,在钢中的裂纹、夹杂、缺陷等处聚集并形成分子,从而形成很大的膨胀力。随着氢分子数量的增加,对晶格界面的压力不断增高,最后导致界面开裂,形成氢鼓泡,其分布平行于钢板表面。氢鼓泡的发生并不需要外加应力。

39. 何谓 HIC(氢致开裂)?

氢致开裂(HIC)在钢的内部发生氢鼓泡区域,当氢的压力继续增高时,小的鼓泡裂纹趋向于相互连接,形成阶梯状特征的氢致开裂。钢中 MnS 夹杂的带状分布会增加 HIC 的敏感性，HIC 的发生也无需外加应力。

40. 何谓 SSCC(硫化物应力腐蚀开裂)？

硫化物应力腐蚀开裂(SSCC)湿硫化氢环境中产生的氢原子渗透到钢的内部，溶解于晶格中，导致氢脆，在外加应力或残余应力作用下形成开裂。SSCC 通常发生在焊缝与热影响区等高硬度区。

41. 何谓 SOHIC(应力导向氢致开裂)？

应力导向氢致开裂(SOHIC)是在应力引导下，在夹杂物与缺陷处因氢聚集而形成成排的小裂纹沿着垂直于应力的方向发展。SOHIC 通常发生在焊接接头的热影响区及高应力集中区如接管处、几何突变处、裂纹状缺陷处或应力腐蚀开裂处等等。

42. 中东高硫原油的特点是什么？

中东地区石油储藏量占全球的 66.38%，产量占 30%，世界上出口原油中大部分来自中东地区的含硫和高硫原油，而中东含硫原油的95%来自沙特阿拉伯、伊朗、伊拉克、阿联酋、科威特等国家。我国能源消耗愈来愈大，加工进口原油逐年增多，且主要进口中东含硫和高硫原油。因此，我国炼油企业特别是沿海炼厂将面临由炼制中东高含硫原油带来的设备及管线硫腐蚀的严重威胁。中东原油特性如下。

硫含量：1.09%～4.7%

含盐量：2.3～115mg/L

含水量：0.05%～0.30%(质)

总酸值：0.01～3.65mgKOH/g

密　度：API 19.0～40.9(0.9402～0.8208g/cm^3)

中东原油中主要的腐蚀介质有硫及硫化物、氯盐、环烷酸、酸性水、H_2、氰化物。中东原油性质见表 2.2，其特点是含硫量高，酸值不高，同时含有钒、镍等重金属。

表 2.2　中东原油性质

| 原油品种 | 原油性质 | | | | | |
| | 总 S | 总 N | 酸值 | Ni | V | 密度 |
	%(质)	ppm(质)	mg KOH/g	ppm(质)	ppm(质)	g·cm⁻³
沙特阿拉伯轻质	1.86	930	0.07	4	17	0.8602
沙特阿拉伯重质	2.98	1390	0.22	15	42	0.8821
沙特阿拉伯中质	2.5	1220	0.13	13	40	0.8735
迪拜(阿联酋)	1.93	1600	0.1	14	45	0.8670
伊朗轻质	1.44	1460	0.2	11	30	0.8571
科威特	2.53	1210	0.15	10	32	0.8718
米尔巴(阿联酋)	0.82	410	0.05	0.8	28	0.8270
阿曼	1.01	860	0.35	6	7	0.8534
扎库姆 (阿布扎比)	1.05	250	0.16	>1	>1	0.8227
哈浮吉	2.88	1400	0.22	18	56	0.8855
卡塔尔	1.18	390	0.09	>1	2	0.8208

43. 典型中东高硫原油的硫分布是怎样的?

典型中东原油在不同馏份中的含硫量和硫分布见表 2.3；中东原油不同馏程的硫化物类型分布见表 2.4。

表 2.3　典型含硫原油的硫分布　　　　　　　%

| 序号 | 原油 | | 汽油 | | 煤油 | | 柴油 | | 蜡油 | | 减渣 | |
	名称	含硫	含硫	分布	含硫	分布	含硫	分布	含硫	分布	含硫	分布
1	胜利	1.00	0.008	0.02	0.012	0.05	0.343	6.0	0.68	17.9	1.54	76.0
2	伊朗轻	1.35	0.06	0.6	0.17	2.1	0.18	15.5	1.62	16.9	3.0	65.4
3	伊朗重	1.78	0.09	0.7	0.32	3.1	1.44	9.4	1.87	13.5	3.51	73.9

47

序号	原油		汽油		煤油		柴油		蜡油		减渣	
	名称	含硫	含硫	分布	含硫	分布	含硫	分布	含硫	分布	含硫	分布
4	阿曼	1.16	0.03	0.3	0.108	1.4	0.48	8.7	1.10	20.1	2.55	69.5
5	伊拉克轻	1.95	0.018	0.2	0.407	4.4	1.12	7.6	2.42	38.2	4.56	49.6
6	北海混合	1.23	0.034	0.7	0.414	5.2	1.14	10.2	1.62	34.3	3.21	49.5
7	卡塔尔	1.42	0.046	0.8	0.31	3.7	1.24	10.3	2.09	33.8	3.09	51.4
8	沙特轻质	1.75	0.036	0.4	0.43	3.9	1.21	7.6	2.48	44.5	4.10	43.6
9	沙特中质	2.48	0.034	0.3	0.63	3.6	1.51	6.2	3.01	36.6	5.51	53.3
10	沙特重质	2.83	0.033	0.2	0.54	2.4	1.48	4.9	2.85	32.1	6.00	60.4
11	科威特	2.52	0.057	0.4	0.81	4.3	1.93	8.1	3.27	41.5	5.24	45.7

表 2.4　中东原油馏分油的硫化物类型分布(占馏分油中硫%)

原油	馏分范围/℃	馏分中硫含量/%(质)	S	H_2S	RSH	RSSR	RSR(I)	RSR(II)	残余硫
伊朗 Darius S= 2.43	<38	0.0100	0.00	0.00	84.00	0.00	0.00	0.00	16.00
	38~110	0.0410	0.98	9.76	46.34	0.00	39.02	0.00	3.90
	110~150	0.1137	3.52	7.04	50.15	7.04	27.26	2.20	2.81
	150~200	0.1780	2.13	3.37	18.87	5.00	50.56	13.87	6.18
	200~250	0.3650	0.00	0.00	1.26	0.63	51.51	14.24	32.35
	250~300	1.1800	0.00	0.06	0.40	0.34	25.33	5.43	68.44
	300~350	1.7600	0.00	0.04	0.06	0.07	19.31	7.24	73.27
沙特特质 S= 1.17 沙特轻质	20~100	0.090	0.00	0.00	0.56	53.56	3.29	22.97	16.67	2.95
	100~150	0.070	0.00	0.00	1.57	59.14	4.29	14.57	17.57	2.81
	150~200	0.100	0.00	0.00	0.40	33.80	2.60	36.00	21.21	6.10
	200~250	0.210	0.00	0.00	0.19	13.10	1.14	21.37	30.00	34.20
	250~300	0.620	0.00	0.00	0.19	3.63	0.25	15.60	11.29	69.20
	300~350	0.840	0.00	0.00	2.62	0.00	12.40	11.38	73.60

原油	馏分范围/℃	馏分中硫含量/%(质)	S	H₂S	RSH	RSSR	RSR(I)	RSR(II)	残余硫
S = 1.75	20~100	0.031	1.61	1.16	52.36	20.00	9.64	12.26	2.59
	100~150	0.035	5.71	3.14	29.17	16.29	16.52	14.28	14.35
	150~200	0.095	2.10	0.05	11.16	5.05	14.55	18.95	48.14
	200~250	0.250	0.00	0.00	1.91	0.64	18.09	22.71	56.75
	250~300	0.720	0.00	0.00	0.50	0.08	15.70	13.60	70.06
	300~350	0.960	0.00	0.00	0.41	0.00	14.08	10.52	74.99
沙特中质 S = 2.48	20~100	0.050	0.00	2.14	49.00	9.00	12.05	23.40	4.45
	100~150	0.070	0.00	1.80	43.60	4.29	15.70	18.29	16.32
	150~200	0.110	0.00	0.36	16.36	2.27	28.19	26.36	26.45
	200~250	0.410	0.00	0.00	0.73	0.12	23.86	24.39	50.90
	250~300	1.060	0.00	0.00	0.28	0.00	16.50	8.78	74.44
	300~350	1.460	0.00	0.00	0.18	0.00	14.04	7.19	78.59
沙特重质 S = 2.83	20~100	0.010	0.00	0.00	3.00	1.70	20.00	23.00	52.30
	100~150	0.029	0.00	0.00	0.69	0.30	27.59	13.79	57.63
	150~200	0.157	0.00	0.00	0.13	0.05	23.12	23.57	53.13
	200~250	0.680	0.00	0.00	0.06	0.01	16.62	20.44	62.87
	250~300	0.945	0.00	0.00	0.11	0.00	15.03	19.89	64.95
	300~350	1.100	0.00	0.00	0.22	0.00	17.36	18.09	64.32

注：S—元素硫；H₂S—硫化氢；RSH—硫醇；RSSR—二硫化物；RSR(I)—烷基或环烷基硫醚硫；RSR(II)—噻吩及其他硫醚硫；残余硫主要是噻吩硫。

从表2.3、表2.4可看出，硫分布于整个加工流程中，影响产品质量并可能腐蚀设备。

从表2.3硫分布可看出，中东原油中的硫随馏分变重，馏分中所含的硫的比例更大，大约有73.6%硫集中在常压渣油中。

从表 2.4 可看出，100℃之前原油及各馏分中主要有硫醇和硫醚；100~150℃馏分中除去上述硫化物外，还有烷基噻吩和少量二硫化物；150~250℃以上则主要是二苯并噻吩和苯并噻吩，多以环状硫醚为主；200~400℃馏分中多为富含多芳环硫化物，如苯并噻吩、二苯并噻吩、苯并噻吩等复杂硫化物。随着石油馏分沸点升高，含硫化合物结构越来越复杂，越来越稳定。但硫主要集中分布于重油中，重组分的脱硫是一个关键的技术问题。

原油在高温重油部位腐蚀率的大小取决于原油中含活性硫量的多少（不是总含硫量），活性硫含量增加，将提高腐蚀率。温度提高，一方面促进了硫、硫化氢及硫醇与金属的化学反应，另一方面温度升高会促使非活性硫的分解。而在重组分中占很大比例的噻吩硫在多少度温度下会分解成活性硫，目前的看法还不一致。一种说法是噻吩在 800℃以上才会分解，因此不会对设备造成腐蚀；还有的看法认为噻吩在 375℃（甚至 175℃）就会分解，因而重油中较多的噻吩组分会给设备造成威胁。究竟如何还有待进一步的研究工作来明确。但从委内瑞拉原油加工经验，噻吩并未发生严重设备腐蚀。比如，委内瑞拉炼油厂炼当地原油，含总硫 3.0%，酸值 2.5mgKOH/g，减压塔底抽出线碳钢管线用了 40 年。因为 90%的硫化物是噻吩硫，不但不分解而且对环烷酸腐蚀起缓蚀效果。

不过日本、韩国炼油企业对于总硫中的活性硫的比例问题并不关注，他们也只掌握原油中的总硫含量，按最苛刻条件来进行腐蚀防护。

44. 高含硫原油主要的硫腐蚀形态有哪些?

硫几乎分布于原油的炼制过程中的各馏分中，不同介质的存在可能的腐蚀形态也不同，可分为高温硫腐蚀和低温硫腐蚀两大类。

50

高温型：高温硫腐蚀（化学腐蚀）、H_2S/环烷酸腐蚀
低温型：低温 $H_2S-HCl-H_2O$ 腐蚀（电化学腐蚀）

　　　　湿 $H_2S-HCN-H_2O$ 腐蚀

　　　　湿 H_2S+H_2O 腐蚀

　　　　$CO_2-H_2S-H_2O$ 型腐蚀

45. 高温硫腐蚀特点和机理？

高温硫腐蚀通常指 $\geq 240℃$ 的硫腐蚀，其特点是发生在钢材表面的均匀腐蚀。设备开始操作时腐蚀较快，但随着操作时间的延长，腐蚀速度逐渐减慢。

高温硫腐蚀属化学腐蚀，介质直接与金属发生化学反应如：

$$Fe+2HCl（气体）\longrightarrow FeCl_2+H_2$$

$$Fe+H_2O（蒸气）\longrightarrow 氧化铁+H_2$$

$$Fe+H_2S \longrightarrow 硫化铁+H_2$$

$$R-COOH+Fe \longrightarrow R-COOFe$$

$$Fe+O_2（空气）\longrightarrow 氧化铁$$

$$Fe+S \longrightarrow FeS$$

46. 原油中硫的形态有哪些？

原油含硫在 0.5% 以下时硫的腐蚀性较弱，在 0.5%~1.0%（质）以上的高含硫原油腐蚀性增强。但也有含硫在 0.5% 以下的原油，由于活性硫含量高，而具有较强的腐蚀性。

原油中硫的形态：

原油中的硫在不同温度可能存在元素硫、硫化氢、硫醇、硫醚、二硫化物、噻吩类化合物及更复杂的硫化物。

47. 中东原油的硫化物大体是如何分布的？

中东油的硫化物分布大体如下。

<100℃：硫醇、硫醚

100~150℃：硫醇、硫醚、烷基噻吩、少量二硫化物

150~250℃：环状硫醚为主的二苯并噻吩、苯并噻吩

200~400℃：多芳环硫化物为主的苯并噻吩、二苯并噻吩

130~160℃：硫醚和二硫化物开始分解，其他硫化物在250℃分解，343~371℃分解成 H_2S-最快，超过427℃减慢，480℃分解完毕。噻吩在450℃以上才分解。

100℃之前原油及各馏分中主要有硫醇和硫醚；100~150℃馏分中除上述硫化物外，还有烷基噻吩和少量二硫化物；150~250℃以上则主要是二苯并噻吩和苯并噻吩，多以环状硫醚为主；200~400℃馏分中多为富含多芳环硫化物，如苯并噻吩、二苯并噻吩、苯并噻吩等复杂硫化物。随着石油馏分沸点升高，含硫化合物结构越来越复杂，越来越稳定，大约在130~160℃硫醚和二硫化物开始分解：

$$R-CH_2-CH_2-S-CH_2-CH_2-R \longrightarrow$$
$$R-CH_2-CH_2-SH+R-CH=CH_2$$

温度升高，分解加剧：

$$CH_3-CH_2-S-CH_3 \longrightarrow H_2S-2H_2-2C+C_2H_4$$
$$CH_3-CH_2-CH_2-CH_2-SH \longrightarrow H_2S-2H_2-2C+C_2H_4$$
$$R-CH_2-CH_2-S-S-CH_2-CH_2-R \longrightarrow$$
$$R-CH_2-CH_2-S-CH_2-CH_2-R+S$$
$$R-CH_2-CH_2-S-S-CH_2-CH_2-R \longrightarrow$$
$$R-CH_2-CH_2-SH+S+R-CH=CH_2$$

其他硫化物的分解在250℃开始，如：

$$R-CH_2-CH_2-S-S-CH_2-CH_2-R$$

$$\begin{array}{l} R-C-CH \\ \qquad\qquad S-H_2S+2H_2 \\ R-C-CH \end{array}$$

52

在 343~371℃分解生成 H_2S 最快，而在超过 427℃高温分解减弱，约在 480℃分解完毕，噻吩在 450℃ 也不分解。随着温度升高，分解生成的硫化氢、硫醇、元素硫与金属的反应加剧，在 240~500℃高硫腐蚀特别严重。

简单来说，大约在 260℃，石油中的硫化物开始分解，对碳钢变得有腐蚀性，到 345~400℃腐蚀性非常强烈。到 480℃时分解接近完全，腐蚀开始下降。原油有不同的硫组分，高温下二硫醚腐蚀最严重。高温硫腐蚀一般发生在含硫油接触的 230℃ 以上的部位，伴随温度的升高，腐蚀加剧。甲硫醇是主要的腐蚀介质。

260℃以上高温时原油中硫化物如表 2.5 所示。

表 2.5　高温时原油中硫化物

260℃	316℃	371℃	427℃	482℃
硫醚	元素硫	硫化氢	硫化氢	硫化氢
元素硫	元素硫	硫醇	硫醇	硫醇
硫化氢	硫醚	元素硫	元素硫	硫醚
硫醇	硫醇	硫醚	硫醚	元素硫
二硫化物	二硫化物	二硫化物	二硫化物	二硫化物

一些硫化物的腐蚀性有如下规律：

二硫化物>烷基硫>硫化氢>硫醇>元素硫和噻吩。

48. 低温硫腐蚀特点和机理是什么?

（1）低温 $HCl+H_2S-H_2O$ 腐蚀

此类腐蚀主要是原油含盐引起的，不论含硫高低，只要含盐均可引起本部位的严重腐蚀。

加工过程中，原油的 $MgCl_2$ 和 $CaCl_2$ 加热水解生成强烈

53

的腐蚀介质 HCl。

$$MgCl_2 + H_2O \xrightarrow{120℃} Mg(OH)_2 + 2HCl \uparrow$$

$$CaCl_2 + H_2O \xrightarrow{175℃} Ca(OH)_2 + 2HCl \uparrow$$

生成的 HCl 和硫化物加热分解生成的 H_2S 随挥发油气进入分馏塔顶部及冷凝冷却系统。

腐蚀反应过程：HCl、H_2S 处于干态时，对金属无腐蚀。当含水时在塔顶冷凝冷却系统冷凝结露出现水滴时，HCl 即溶于水中成盐酸。此时由于初凝区水量极少，盐酸浓度可达 1%~2%，成为一个腐蚀性十分强烈的"稀盐酸腐蚀环境"。若有 H_2S 存在，可对该部位的腐蚀加速，HCl 和 H_2S 相互促进构成循环腐蚀。反应如下：

$$Fe + 2HCl \longrightarrow FeCl_2 + H_2$$

$$FeCl_2 + H_2S \longrightarrow FeS \downarrow + 2HCl$$

$$Fe + H_2S \longrightarrow FeS \downarrow + H_2 \uparrow$$

$$FeS + 2HCl \longrightarrow FeCl_2 + H_2S$$

（2）低温湿硫化氢开裂

与含 H_2S 水溶液接触的碳钢会受到氢的渗透引起金属反应：硫化物应力腐蚀开裂（SSCC）、氢鼓泡（HB）、氢致开裂（HIC）、应力导向型氢致开裂（SOHIC），连多硫酸应力腐蚀开裂 RASCC。

含氰氢酸的湿润硫化氢将促进上述破坏形态的发生。

氢原子渗入钢中，在钢的缺陷部位聚集反应生成氢分子，结果产生内压，引起钢材内部发生开裂。

反应式如下：

$$H_2S \longrightarrow H^+ + HS^-$$

$$HS^- \longrightarrow H^+ + S^{2-}$$

54

$$Fe \longrightarrow Fe^{2+} + 2e(阳极反应)$$

$$Fe^{2+} + S^{2-} \longrightarrow FeS \downarrow$$

$$Fe^{2+} + HS^- \longrightarrow FeS \downarrow + H^+$$

$$2H^+ + 2e \longrightarrow 2H \longrightarrow H_2 \uparrow (阴极反应)$$

└──→向钢中扩散　　　均匀腐蚀

　　　　　　　　　　氢鼓泡

　　　　　　　　　　HIC，SSCC，SOHIC

49. 日本、韩国炼油企业加工中东原油的硫控制指标是多少？

根据产品的质量要求和环保、设备腐蚀的允许值，日、韩炼油企业各厂都有一套完整脱硫和控制硫含量的工艺措施。首先经蒸馏装置蒸馏，原油中73.6%的硫集中于减压油渣中，其他馏分中的硫含量如表2.6。各馏分油需要进一步脱硫处理，以满足质量和环保要求，日本和韩国企业馏分油脱硫控制指标分别见表2.7和表2.8所示。

表 2.6　其他馏分中的硫含量

干气	400ppm(质)
LPG	20~100ppm(质)(H_2S 二硫化物)
轻烃	300~900ppm(CH_3-SH，二硫化物)
石脑油	总硫 500~1500ppm(CH_3-SH 二硫物)
煤油	总硫 0.08%~0.7%
轻柴油	总硫 0.15%~0.35%低硫；1.1%~1.4%高硫
常压渣油	总硫 2.5%~4.0%

表 2.7　日本企业馏分脱硫后的大致允许值

产品	脱硫工艺	运行条件 温度、压力	脱后含硫
瓦斯气	Armim		
LPG	MEROX	40℃　2.0MPa	$H_2 < 1ppm$ RSH<5ppm
石脑油	加氢脱硫	315℃	0%(质)
喷气燃料	MEROX	40℃	RSH<30
煤油	加氢脱硫	290℃	总硫<15ppm
柴油	加氢脱硫	340℃	总硫<35ppm
常渣	ARVS	390℃	0.3%~1.0%(质)
减渣	VRVS	390℃	

表 2.8　韩国企业馏分脱硫后的大致允许值

产品	馏程温度	含硫/%(质)	脱硫温度/℃	脱后硫含量/%(质)
石脑油	30~140℃	0.01~0.02	315	0
煤油	140~250℃	0.05~0.44	320	0.003
轻柴油	250~360℃	0.93~1.84	340	0.05
减压轻柴油	330~520℃	1.5~3.0	350	0.24
重油	360℃以上	2.5~4.5	390	0.3

第三章 炼油装置的腐蚀类型、部位及原因

1. 炼油装置可能发生的电化学腐蚀有哪些?

炼油设备低温部位的腐蚀是普遍存在而且是较严重的。在炼油厂装置中的低温部位,即在温度低于230℃,且有水存在的部位,可能发生电化学腐蚀。常见的有:$HCl-H_2S-H_2O$ 的腐蚀,H_2S-H_2O 的腐蚀,$HCN-NH_3-H_2S-H_2O$ 的腐蚀,$CO_2-H_2S-H_2O$ 型腐蚀,RNH_2(乙醇胺)$-CO_2-H_2S-H_2O$ 型腐蚀,低温烟气的硫酸露点腐蚀,连多硫酸的腐蚀。

2. $HCl-H_2S-H_2O$ 的腐蚀主要由什么引起?

此类腐蚀主要是原油含盐引起的,不论含硫高低,只要含盐均可引起严重腐蚀。

3. $HCl-H_2S-H_2O$ 的腐蚀是怎样进行的?

原油中除含有硫化物外,一般还含有不同数量的盐和水,而绝大多数的盐都溶解在水中形成盐水,这些无机盐和硫化物在加工过程中都会形成活性腐蚀介质。盐的主要成分一般为70%左右的 NaCl 和30%左右的($MgCl_2$、$CaCl_2$),除此之外,有些原油中还含有少量硫酸盐和碳酸盐。如蒸馏装置在加工原油过程中,虽然 NaCl 不水解(800℃以下),但 $MgCl_2$ 和 $CaCl_2$ 很容易受热水解,生成具有强烈腐蚀性的 HCl,反应式如下:

$$MgCl_2+H_2O \longrightarrow Mg(OH)_2+2HCl$$

$$CaCl_2 + H_2O \longrightarrow Ca(OH)_2 + 2HCl$$

随着温度上升水解率增加，形成了 pH 值达 1~1.3 的强酸腐蚀环境。原油中存在天然的或采油中加入的有机氯在加温过程也会分解出 HCl，加氢过程的氢与原料中的有机氯反应也会生成 HCl。生成的 HCl 和 H_2S 随同轻组分一同挥发，在没有液态水时(高温气相状态)，它们对设备腐蚀很轻，或基本无腐蚀(如常压塔顶部封头及常顶馏出线汽相部位)。但在冷凝区出现液体水以后便形成腐蚀性很强的 $HCl-H_2S-H_2O$ 体系。其腐蚀过程可用下列反应表示：

$$2HCl + H_2O \longrightarrow 2HCl \cdot H_2O$$
$$2HCl \cdot H_2O + Fe \longrightarrow FeCl_2 \cdot H_2O + H_2 \uparrow$$

在没有水和氯化氢存在时，H_2S 与铁反应：$Fe + H_2S \longrightarrow FeS + H_2 \uparrow$ 生成的硫化亚铁附着在钢铁表面上，对基材有一定的保护作用。

但有 HCl 存在时，则发生 $FeS + 2HCl \longrightarrow FeCl_2 + H_2S$ 反应，此反应破坏了 FeS 保护膜的保护作用。

生成的 $FeCl_2$ 是溶解于水的，可被水冲走。失去保护膜的金属再次被 H_2S 和 HCl 腐蚀生成 FeS 和 $FeCl_2$，而 FeS 又再次被 HCl 分解失去防护作用，如此反复循环，大大促进了金属的腐蚀。这表示 HCl 和 H_2S 相互促进形成一个循环腐蚀。

4. $HCl-H_2S-H_2O$ 体系腐蚀部位主要集中在哪里？腐蚀最为严重的部位在哪里？

$HCl-H_2S-H_2O$ 体系腐蚀的典型部位在常减压塔上部五层塔盘、塔体及部分挥发线、冷凝冷却器、油水分离器等部位，主要集中在常压塔顶塔盘、空冷出口等。因各厂的原油种类不同、操作条件不同，腐蚀情况会有差别，但腐蚀规律基本相同。一般汽相部位腐蚀轻微，液相部位腐蚀严重，特别是在汽液相转变部位，即露点部位最为严重。

5. HCl-H$_2$S-H$_2$O 体系的腐蚀形态是什么？

HCl-H$_2$S-H$_2$O 体系的腐蚀形态主要为均匀腐蚀和坑蚀，对 1Cr18Ni9Ti 钢则可能发生氯化物应力腐蚀开裂。

6. 影响 HCl-H$_2$S-H$_2$O 腐蚀的主要因素是什么？

影响 HCl-H$_2$S-H$_2$O 腐蚀的主要因素是 HCl，其次是酸值、H$_2$S 和温度。

7. HCl 来源于哪里？

HCl 来源于原油中的氯盐，特别是最易水解的 MgCl$_2$。虽然原油中 MgCl$_2$ 的含量远比 NaCl、CaCl$_2$ 少，但 NaCl 不易水解，而 CaCl$_2$ 水解温度又比较高，因此在相同温度下 MgCl$_2$ 的水解率比 CaCl$_2$ 的水解率要大的多。HCl 的生成量与原油的酸值和含有的杂质有关。原油中的有机酸能促进氯化物的水解，在一定条件下，甚至不水解的 NaCl 也要与原油中的酸性物质作用生成氯化氢。因此凡酸值高的原油就更易发生水解反应。原油中某些微量的重金属化合物（如铁、镍、钒等）对盐的水解有一定的催化作用。因此，对低温原油腐蚀性的判断，不仅看其含盐量的多少，而且要注意钙镁盐的相对含量和水解率的大小。

8. 什么叫不可抽提的氯化物？

进入炼油厂的原油中的大多数氯化物盐都是无机盐（氯化钠、氯化镁、氯化钙），可以在电脱盐被有效去除。不可提取氯化物在电脱盐无法去除，但是可以在下游分解形成 HCl，有时会带来腐蚀和结垢问题。这些氯化物的形成仍不清楚，但是可能包括有机氯（天然的或添加到原油中的）；包裹在高熔点蜡或沥青中的无机氯；或在上游中加入的含氯的溶剂。

9. 不可抽提的氯化物有什么危害？

即使只有1%的不可抽提氯化物在蒸馏装置分解，常顶HCl和氯化物含氯会明显升高，导致严重的腐蚀和结垢问题。一家炼油厂新的塔顶冷凝器管束使用不到14h就泄漏，腐蚀速率高到1000mm/a。在加氢装置，所有的氯化物都通过加氢反应转化为HCl。一家在加氢装置发生不可抽提氯化物腐蚀的炼油厂，在原料/馏出物换热器的管程和壳程发生5~30mm/a的腐蚀，换热器使用寿命仅33天。

10. 原油中有机氯的来源主要是什么？

①在上游操作中使用的含氯溶剂；原油中的有机氯通常是油田使用化学清洗溶剂的结果。②炼油、化工、或采油污水（尤其是含有阳离子聚合物的）；油田和炼油厂使用的阳离子聚合物通常被送到污水加工厂，然后加入到原油中。污水的可能来源包括含氯的有机化合物。③通过船舶运输过程中舱底水带入的杂质；船舶在中途停靠的港口有时会加入污水。这会使原油含有不可提取的氯化物。一个炼油厂检测入厂的燃料油。④原油自身含有有机氯（或在生产过程中形成的）。⑤不相容原油的混合。⑥重复使用的变压器油和润滑油。⑦催化重整装置氢。

11. 在低温下，H_2S 腐蚀仅发生在什么环境？

在低温下，H_2S 腐蚀仅发生在有水和强酸或和氧同时存在的环境。

12. 为什么由 H_2S 引起的腐蚀一般都表现为非均匀腐蚀？

由 H_2S 引起的腐蚀有均匀腐蚀，但一般表现为非均匀腐蚀，形成层状的剥落和局部的蚀坑以及硫化物应力腐蚀开裂或氢鼓泡。这是因为阴极反应生成活性很强的[H]向钢中扩散，在各类冶金缺陷或焊接缺陷中集聚，产生氢鼓泡(HB)，氢致开裂（HIC）。在高强钢中出现应力导向氢致开裂（SOHIC）或应力腐蚀开裂（SSCC），连多硫酸应力腐蚀开裂（RASCC）。

13. H_2S-H_2O 的腐蚀机理是什么？

H_2S-H_2O 的腐蚀机理如下：

H_2S 为弱酸，在水中发生电离式为：

$$H_2S \longrightarrow H^+ + HS^-$$

$$HS^- \longrightarrow H^+ + S^{2-}$$

在 H_2S-H_2O 溶液中含有 H^-、HS^-、S^{2-} 和 H_2S 分子，对金属腐蚀为氢去极化作用。其反应式为：

阳极反应 $\qquad Fe \longrightarrow Fe^{2+} + 2e$

$$Fe^{2+} + S^{2-} \longrightarrow FeS$$

或 $\qquad Fe^{2+} + HS^- \longrightarrow FeS + H^+$

阴极反应 $\qquad 2H^+ + 2e \longrightarrow 2H \longrightarrow H_2 \uparrow$

所以，钢铁在 H_2S-H_2O 溶液中，不只是由阳极反应生成 FeS 发生均匀腐蚀，而且阴极反应生成的氢，还能向钢中渗入并扩散，引起钢的氢脆和氢鼓泡，同时也是发生硫化物应力腐蚀开裂的主要原因。

14. 湿硫化氢对钢的均匀腐蚀有什么特点？

含水硫化氢对钢的腐蚀，一般来说，温度提高则腐蚀增加。在 80℃ 时腐蚀率最高，在 110~120℃ 时腐蚀率最低。在 H_2S-H_2O 溶液中，碳钢和普通低合金钢的腐蚀速率开始很快，最初几天可达 10mm/a 以上。但随时间增长腐蚀迅速下降，到 1500~2000h 后，腐蚀速度趋于 0.3mm/a。故装置经常开停工会加速设备的腐蚀。

硫化氢和铁生成的硫化铁和硫化亚铁在 pH 大于 6 时，钢的表面为硫化亚铁所覆盖，有一定的保护性能，腐蚀率会逐渐下降。但是当有 CN^- 存在时，氰化物将溶解此保护膜，产生有利于氢渗入的表面和增加腐蚀速度。

15. 氢鼓泡和氢脆是如何发生的？

H_2S 的腐蚀为氢去极化腐蚀。吸附在钢表面上的 HS^- 促使阴极放氢加速，同时硫化氢又能阻止原子氢结合为分子氢，因此使氢原子聚集在钢材表面上，加速氢向钢中渗入的速度（HS^- 可使氢向钢中扩散速度增加 10~20 倍）。

当氢原子向钢中渗透扩散时，遇到裂缝、空隙、晶格层间错断、夹杂或其他缺陷时，氢原子在这些地方结合成分子氢，体积膨胀约 20 倍。由于体积膨胀而在钢材内产生极大的内应力，致使强度较低的碳钢发生氢鼓泡；而强度高的钢材不允许有大的塑性变形，在钢材内部发生微裂纹致使钢材变脆，是为氢脆。

在不同的 pH 值下，硫化氢产生的氢渗透率也不同。在低 pH 值时（pH<7.5），pH 值愈低，氢渗透率愈大。pH 值为 7.5 时，氢渗透率最小。当 pH 值大于 7.5，且有氰离子存在时，随着氰离子浓度的增加，氢渗透率迅速上升。

16. 硫化物应力腐蚀开裂发生的条件是什么？

当钢材有残余应力（或承受外拉应力）和钢材内部的氢致裂纹同时存在时，则发生硫化物应力腐蚀开裂。

17. pH 值与硫化物应力腐蚀开裂的关系是什么？

pH 值对硫化物应力腐蚀开裂的关系为：在低 pH 值下，迅速开裂，pH 值为 4.2 时最严重；pH 值为 5~6 时不易破裂；pH 值大于等于 7 时，不发生破裂；但是在有 CN^- 存在时，即使在 pH 值大于 7 时，对硫化物应力腐蚀开裂也能产生促进作用。

18. 影响低温 H_2S-H_2O 型硫化物腐蚀开裂的因素有哪些?

影响低温 H_2S-H_2O 型硫化物腐蚀开裂的因素很多。首先，由于硫化物应力腐蚀破裂是一个 H_2S 水解的电化学反应，为此，水的存在是先决条件。除含水以外，介质中的其他杂质如氯离子 Cl^-、CO_2 的存在都增加溶液的腐蚀性，因此也有助于硫化物应力腐蚀开裂的发生。但有时 Cl^- 和 CO_2 的存在也会使腐蚀机理改变，而由 Cl^- 及 CO_2 作为应力腐蚀开裂的主要因素。硫化物应力腐蚀开裂一般是在酸性溶液中产生。在碱性溶液中，由于硫化膜的保护作用，pH 值大于或等于 6 的情况下，一般不发生破裂。但是有 CN^- 存在时，可在碱性溶液中发生硫化物应力腐蚀开裂。硫化物应力腐蚀开裂一般发生在室温下，高于 65℃后，产生的事例极少。低合金钢设备发生的硫化物应力腐蚀断裂大多与焊接有关，主要是强力组装及焊接时产生残余应力。因此要求在有应力腐蚀断裂的部位进行焊后消除应力退火热处理，且控制焊缝硬度低于 HB200。

硫化氢对碳钢的腐蚀速率还受温度的影响，温度越高，腐蚀速率越大；随着 pH 值的增高，硫化氢的溶解度也增加，腐蚀性加强，一般在 pH 值为 8.0 时，腐蚀性最强；溶液中氯离子的存在可大大加强硫化氢的腐蚀速率；在腐蚀刚开始时，腐蚀速率很大，随着硫化亚铁膜的生成，腐蚀速率显著减慢。

19. $HCN-NH_3-H_2S-H_2O$ 腐蚀介质是如何形成的?

随着原油的深度加工，原油中的硫化物、氮化物也不断分解生成更多的硫化氢、氨和氰化氢，在冷凝系统形成 HCN–NH₃–H₂S–H₂O 腐蚀介质。

20. 氰离子在 H₂S–H₂O 溶液中起什么作用？

氰离子在 H₂S–H₂O 溶液中有两种作用：氰化物溶解保护膜 FeS，从而加速了 H₂S 对钢材的腐蚀；同时氰离子阻碍了原子氢结合成分子氢，即提高了氢的过电位，从而产生有利于氢向钢渗透的表面，促进了氢的渗透。

HCN 的存在对 H₂S–H₂O 的腐蚀是起促进作用的。

21. 氰化物在催化装置的吸收解吸系统中是如何促进腐蚀的？

在吸收解吸系统，随着 CN⁻ 的存在和浓度的增加，对设备的腐蚀影响也增大。当催化原料中总氮量大于 0.1% 时，就会引起设备的严重腐蚀，当 CN⁻ 大于 500ppm 时，促进腐蚀作用明显存在。同样发现流速有一临界速度，当流速高于这一速度时，腐蚀速度迅速增加。并发现吸收解吸塔汽油泵被蓝色固体所堵塞，其生成过程如下：

$$FeS + 6CN^- \longrightarrow Fe(CN)_6^{4-} + S^{2-}$$

$$Fe(CN)_6^{4-} + 2Fe_2^+ \longrightarrow Fe_2[Fe(CN)_6] \downarrow$$

$$6Fe_2[Fe(CN)_6] + 6H_2O + 3O_2 \longrightarrow Fe_4[Fe(CN)_6]_2 \downarrow + 4Fe(OH)_3$$

亚铁氰化铁 Fe₄[Fe(CN)₆]₂ 就是普鲁士蓝色，也正是氰化物促进氢渗透的作用产物之一。

CN⁻ 破坏硫化铁的反应是 HCN–NH₃–H₂S–H₂O 体系腐蚀过程的控制反应。如果介质中 CN⁻ 含量很少，因为反应速度与反应物的浓度有如下关系：

$$V = K \cdot C_A^a \cdot C_B^b$$

FeS 溶解的反应速度应表示为：

$$V = K \cdot C_{CN^-}^6$$

式中，K 是速度常数，C_{CN^-} 表示 CN^- 的浓度。由上式可见，反应速度与 CN^- 浓度的 6 次方成正比。所以 CN^- 浓度的变化，对 FeS 溶解的反应速度的影响很大。

22. HCN–NH$_3$–H$_2$S–H$_2$O 的腐蚀主要发生在什么部位？腐蚀特征是什么？

HCN–NH$_3$–H$_2$S–H$_2$O 的腐蚀主要发生在催化裂化、延迟焦化、加氢裂化等装置塔顶冷凝冷却系统以及催化稳定吸收解吸系统。其腐蚀的特征表现为，对设备厚度减薄和局部坑蚀穿孔，同时还会引起氢脆及硫化物应力腐蚀开裂。

23. 炼油装置的 CO$_2$ 来源有哪些？

在油田的开采中，如用压裂—酸化措施来达到增产原油的目的，或用水驱油层法进行采油，或用 CO$_2$ 强制挤压法进行采油都可能使入炼原油中带入一定量的 CO$_2$，使蒸馏塔顶馏出物中 CO$_2$ 的浓度，可由通常的 100ppm 提高到 2000 ~ 3000ppm。

如所用循环水中带入碳酸氢盐，在较高温度下（50 ~ 100℃），也可受热分解放出 CO$_2$：

$$2HCO_3^- \longrightarrow CO_3^{2-} + H_2O + CO_2 \uparrow$$

另外，脱硫装置原料气本身带来的 CO$_2$，制氢装置产生的 CO$_2$ 等。

24. CO$_2$ 腐蚀机理是什么？

CO$_2$ 的腐蚀，通常造成点蚀和坑蚀。

CO$_2$ 溶解于水生成碳酸，使水的 pH 值降低而加速盐酸的腐蚀作用。同时 CO$_2$ 腐蚀金属可生成可溶性的 Fe(HCO$_3$)$_2$ 和 FeCO$_2$，其腐蚀反应如下：

$$Fe + 2CO_2 + 2H_2O \longrightarrow Fe(HCO_3)_2 + H_2$$

$$Fe(HCO_3)_2+O_2+2H_2O \longrightarrow Fe(OH)_3+8CO_2 \uparrow$$
$$Fe(HCO_3)_2 \longrightarrow FeCO_2+CO_2+H_2O$$

25. 脱硫装置的再生塔顶的冷凝冷却系统主要腐蚀因素是什么?

脱硫装置的再生塔顶的冷凝冷却系统(管线、冷凝冷却器及回流罐),其温度为 $40\sim60℃$。塔顶酸性气的组成为 $H_2S(50\%\sim60\%)$、$CO_2(30\%\sim40\%)$、烃(4%),在此条件下也发生 CO_2 腐蚀,但主要腐蚀因素是 H_2S-H_2O。在此部位的腐蚀形态表现为,对碳钢为氢鼓泡及焊缝开裂;对 Cr5Mo、1Cr13 及低合金钢而使用不锈钢焊条则为焊缝处的硫化物应力腐蚀开裂,其腐蚀机理为 H_2S-H_2O 型的腐蚀及开裂。

26. 为什么在主要处理 CO_2 的装置(如干气脱硫)比主要处理 H_2S 装置(如液化石油气脱硫)的腐蚀要严重?

在干气脱硫的再生塔、富液管线、再生塔底重沸器及复活釜等部位,其温度为 $90\sim120℃$,压力约 0.2MPa,腐蚀主要由 CO_2 引起,发生 $RNH_2-CO_2-H_2S-H_2O$ 型腐蚀。

这是由原料气中的酸性气体引起的腐蚀,在高温以及有水存在下,原料气中的 CO_2 与铁发生如下反应:
$$Fe+2CO_2+H_2O \longrightarrow Fe(HCO_3)_2+H_2$$
$$Fe(HCO_3)_2 \longrightarrow FeCO_3 \downarrow +CO_2+H_2O$$
$$Fe+H_2CO_3 \longrightarrow FeHCO_3+H_2O$$

腐蚀主要由 CO_2 引起,在主要处理 CO_2 的装置(如干气脱硫)比主要处理 H_2S 装置(如液化石油气脱硫)的腐蚀要严重,即腐蚀随着原料气中 CO_2 含量的增加而加剧。游离的或化合的 CO_2 均能引起腐蚀,严重的腐蚀发生于有水的高温部位($90℃$以上),当 CO_2 含量为 $20\%\sim30\%$ 时,腐蚀速率可达到 0.76mm/a。

H_2S 也同样腐蚀设备生成不溶性的硫化亚铁。但有资料表明，H_2S 和 CO_2 混合物的腐蚀比相应浓度 CO_2 的腐蚀要轻，并随着 H_2S 浓度的增加而降低，即 H_2S 有抑制 CO_2 腐蚀的作用。但 H_2S 与 CO_2 的比例与腐蚀率的关系还不是很清楚，因发现在某些比例时，它们有相互促进腐蚀的作用。

腐蚀虽主要由 CO_2 引起，但乙醇胺溶液中的污染物也对铁与二氧化碳的反应起着显著的促进作用。腐蚀性污染物主要有胺降解产物、热稳定性盐、氧、烃类物质以及腐蚀的固体产物。

27. RNH_2（乙醇胺）$-CO_2-H_2S-H_2O$ 型腐蚀主要形态是什么？

腐蚀的主要形态是局部腐蚀穿孔及由于由 CO_2、胺和设备焊后的残余应力共同作用而引起焊缝处的应力腐蚀开裂。这是一种碱性介质下由碳酸盐引起的应力腐蚀破裂。特别是在操作温度超过 90℃时的部位更易产生此种脆裂。

28. 低温烟气的硫酸露点腐蚀多发生在什么部位？

这类腐蚀多发生在加热炉、锅炉空气预热器的低温部位。加热炉、锅炉用的原料中含有硫化物，一般含量在 1.0%~2.5%，在燃烧中生成 SO_2、SO_3。温度较低时，遇过冷的金属壁，SO_2、SO_3 便与水形成亚硫酸、硫酸，引起设备的腐蚀。另外硫酸和亚硫酸还会粘附烟气中的灰尘，凝结后形成不易除去的黄垢，堵塞空气预热器的管束。

29. 连多硫酸是怎样产生的？

在高温高压 H_2S-H_2 环境下，极易生成硫化亚铁，而在停工检修时，在水和氧的作用下则生成连多硫酸，其反应式可表示为：

$$3FeS+5O_2 \longrightarrow Fe_2O_3 \cdot FeO+3SO_2$$
$$SO_2+H_2O \longrightarrow H_2SO_3$$
$$H_2SO_3+1/2O_2 \longrightarrow H_2SO_4$$
$$H_2SO_3+FeS \longrightarrow H_2S_xO_6+Fe$$
$$FeS+H_2SO_4 \longrightarrow FeSO_4+H_2S$$
$$H_2SO_3+H_2S \longrightarrow H_2S_xO_6$$

30. 什么情况易发生连多硫酸腐蚀?

当装置运行期间遭受硫的腐蚀,在设备表面生成硫化物,装置停工期间有氧(空气)和水进入时,与设备表面生成的硫化物反应生成连多硫酸($H_2S_xO_6$),在连多硫酸和这种拉伸应力的共同作用下,就有可能发生连多硫酸应力腐蚀开裂(SCC)。

31. 连多硫酸腐蚀最易发生的部位是什么?

连多硫酸应力腐蚀开裂最易发生在不锈钢或高合金材料制造的设备上,一般是高温、高压含氢环境下的反应塔器及其衬里和内构件、储罐、换热器、管线、加热炉炉管,特别在加氢脱硫、加氢裂化、催化重整等系统中用奥氏体钢制成的设备上。

32. 连多硫酸应力腐蚀开裂与什么有关?

连多硫酸应力腐蚀开裂往往与奥氏体钢的晶间腐蚀有关,首先引起连多硫酸晶间腐蚀,接着引起连多硫酸应力腐蚀开裂。由于连多硫酸应力腐蚀开裂在设备的停工时发生,因此当装置由于停车、检修等原因处于停工时应参照 NACE 推荐执行标准RP 0170—2004《炼厂停工期间奥氏体不锈钢及奥氏体合金设备连多硫酸应力腐蚀开裂的防护》。

33. 炼油装置可能发生的高温腐蚀有哪些?

炼油装置可能发生的高温腐蚀有:S-H_2S-RSH(硫醇)

型腐蚀；环烷酸的腐蚀；$H_2-H_2S(300\sim500℃)$的腐蚀；高温$H_2-CO_2-H_2O$系统的腐蚀；高温氢腐蚀；高温烟气的腐蚀等。

34. 系统中 $S-H_2S-RSH$（硫醇）型腐蚀环境是怎么构成的？

原油中所含硫化物除硫化氢、低级硫醇和元素硫以外，还存在大量的有机硫化物，如高级硫醇、多硫化物、硫醚等。在二次热加工或催化加工中，这些有机硫化物一般能分解出活性较强的其他硫化物，在系统中构成 $S-H_2S-RSH$ 的腐蚀环境。

35. 硫化物的高温腐蚀实质是什么？

硫化物的高温腐蚀实质上是以硫化氢为主的活性硫的腐蚀，即有机硫化物首先转化为硫化氢和元素硫，然后才是硫化氢和元素硫对金属表面直接作用产生腐蚀。高温硫腐蚀属化学腐蚀，介质直接与金属发生化学反应。

在高温下主要腐蚀反应：

$$Fe+H_2S \longrightarrow FeS+H_2$$

硫化氢在高温下也分解生成元素硫：

$$H_2S \longrightarrow S+H_2$$

元素硫比 H_2S 具有更高的活性，腐蚀也就更激烈：

$$Fe+S \longrightarrow FeS$$

36. $S-H_2S-RSH$ 腐蚀的影响因素有哪些？

高温硫化氢对设备的腐蚀速度是随各种因素的不同而改变的。一般原油含硫在 0.5% 以下时硫的腐蚀性较弱，在 0.5%~1.0%（质）以上的高含硫原油腐蚀性增强。但也有含硫在 0.5% 以下的原油，由于活性硫含量高，而具有较强的腐蚀性。

硫化氢含量增加，S-H_2S-RSH 腐蚀加剧。高温重油部位腐蚀率的大小，首先取决于原油中含活性硫量的多少（不是总含硫量），而在所有活性硫化物中，硫化氢的腐蚀性显得最大，因此一般以硫化氢浓度的大小作为衡量油品腐蚀性的重要标志。

温度增加一般 S-H_2S-RSH 腐蚀加剧。温度的影响表现为两方面，其一是温度提高促进了硫、硫化氢及硫醇与金属的化学反应，其二是温度升高会促使非活性硫的分解，增加腐蚀活性。从温度 240℃ 开始发生 S-H_2S-RSH 腐蚀，随着温度的提高则高温硫腐蚀逐渐加剧，到 430℃ 腐蚀达到最高值。到 480℃ 时分解接近完全，腐蚀开始下降。到 500℃ 则无高温硫的腐蚀，而此时要考虑的是高温氧化腐蚀。

湍流、流速增加 S-H_2S-RSH 腐蚀加剧。影响高温硫化氢腐蚀的另一个主要因素是介质的流动状态，当流体以高速运动、或改变方向、或气体中夹带少量液滴能引起极端涡流出现的情况并以分散的状态作用时，均能冲击金属表面，使金属遭受各种不同程度的侵蚀或空化破坏。这时，机械性能的减弱是主要的，受化学介质的作用是次要的。介质流速增加，使 FeS 膜被冲刷脱落时，腐蚀不断加深，最后出现严重的蜂窝状蚀坑。

另外，设备结构不良，常引起机械应力、热应力、局部过热等现象都可能造成很大的腐蚀。

37. 高温 S-H_2S-RSH 腐蚀主要发生在什么部位?

高温 S-H_2S-RSH 腐蚀主要发生在常减压塔底部重油区、焦化装置、催化裂化装置的加热炉、分馏塔底部及相应的底部管线、换热器等设备，腐蚀程度以焦化分馏塔底系统最重，减压塔底系统次之，催化分馏塔底系统又次之。

38. 高温 S-H$_2$S-RSH 腐蚀形态如何?

腐蚀形态以均匀腐蚀为主,但也有许多高温热油冲刷造成的刀口状减薄和局部腐蚀穿孔。

39. 环烷酸的腐蚀特性是什么?

环烷酸具有一元脂肪酸的性质,含有酸基,故有腐蚀性。在低温时,环烷酸腐蚀性很小。但在高温无水条件下,如果环烷酸在汽相中产生冷凝液,则产生严重的汽相腐蚀,使碳钢腐蚀率可高达 20mm/a,其腐蚀程度取决于冷凝液中的酸值,而且分子量越小,腐蚀性越强。其腐蚀反应如下:

$$2RCOOH+Fe \longrightarrow Fe(RCOO)_2+H_2$$

腐蚀产物是油溶性的,很容易从金属表面脱落,裸露出金属基体,使腐蚀向纵深发展。

即使设备已形成了具有一定保护作用的硫化亚铁膜 FeS,在环烷酸的作用下,硫化亚铁膜也会溶解,其反应为:

$$FeS+2RCOOH \longrightarrow Fe(RCOO)_2+H_2S$$

因此,环烷酸的存在不但破坏了保护膜,而且放出的 H$_2$S 又可进一步腐蚀金属:

$$H_2S+Fe \longrightarrow FeS+H_2$$

这种交互作用进一步加速了设备腐蚀。

因此,环烷酸对炼油设备的腐蚀作用是在 H$_2$S+RCOOH 的环境条件下进行的。通过热力学的研究表明,在 H$_2$S-RCOOH-Fe 共存时,其体系相图如图 3.1 所示。

由相图可以看出:

① 体系可分为免蚀区(Fe)、钝化区(FeS)以及腐蚀区[Fe(RCOO)$_2$]。

② 环烷酸对铁的腐蚀存在一个临界压力,当环烷酸分

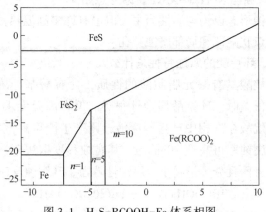

图 3.1　$H_2S-RCOOH-Fe$ 体系相图

压低于此临界压力时，铁不会受到环烷酸腐蚀。

③ 硫化氢分压的大小影响铁表面形成的硫化膜的组成，在高硫化氢分压下，生成的硫化亚铁膜具有一定的抗环烷酸腐蚀作用。

④ 随着 n 值增加，分子量增加，对铁反应所需环烷酸的临界压力增加，说明高分子量环烷酸活性低于低分子量环烷酸的活性。试验也表明，低分子量的环烷酸，特别是五、六环为主的低分子量环烷酸是环戊烷的衍生物，其的腐蚀性强。

随着石油酸的增加，石油中氯化物的水解也增大，因石油酸促进氯化物的水解，从而也加速了氯化物对设备的腐蚀。

40. 在环烷酸介质中材料的耐蚀性受哪些因素的影响？

① 首先，在炼制某种相对固定的原油时，原油和馏分油（特别是馏分油）的酸值（含量）是衡量环烷酸腐蚀性的重

72

要因素。腐蚀速率随酸值的增加而增加。经验表明，在一定温度范围内，腐蚀速率和酸值的关系中，存在着一个临界酸值，高于此值，腐蚀速率明显加快。

②温度对环烷酸腐蚀速度的影响非常大。在低温时，环烷酸对设备几乎不腐蚀。在200℃以上开始腐蚀，并随着温度升高，腐蚀程度加剧，在靠近环烷酸沸点温度270~280℃时腐蚀性最强。温度再升高腐蚀反而减小，当温度升到350~400℃范围时，因硫化物分解生成元素硫，在环烷酸、硫化氢和元素硫的相互作用下，环烷酸的腐蚀加剧。400℃以上，环烷酸气化完毕，其腐蚀作用也减缓。

③流速和流态也是影响环烷酸腐蚀的重要因素。一般流速增加，腐蚀也增大。表3.1列出了线速度对一些合金材料腐蚀速度的影响。

表3.1　线速度对碳钢和铬合金腐蚀速度的影响

材料	原油酸值/(mgKOH/g)	线速度/(m/s)	腐蚀速率/(mm/a)
碳钢	1.5	73	12，最大在弯头处
碳钢	1.5	26	直段0.6，弯头出6
Cr5Mo	1.5	73	2，最大在弯头处
Cr5Mo	1.5	26	0.6，在直段和弯头处
Cr5Mo	0.6	45	0.6，最大在弯头处
Cr9Mo	1.5	73	0.7，最大在弯头处
316不锈钢	1.5	26	未测出

注：原油温度约为360℃。

有研究表明，在高温高流速(60m/s)下，即使酸值很低(≈0.3mgKOH/g)，碳钢也可能有很高的腐蚀速度(2.54

73

~25.4mm/a）。在没有湍流的情况下，当流速小于 25m/s 时，碳钢耐环烷酸腐蚀。因此认为，在一定温度下，材料在原油中的腐蚀速度和流速的关系，似乎存在一个临界流速，低于这个温度，材料的腐蚀速度很低。由于流速本身受许多因素的影响，使其和环烷酸腐蚀速率的确切关系不是很清楚，所以很难确定这个临界值。

经验表明，凡是在影响汽、液流态变化的区域，如管线回弯头、弯头、大小头、三通、引弧点、焊瘤、阀门、热电偶插套等区域，只要是妨碍了流体的线性流动，在局部区域引起回流、湍流和紊流均加速环烷酸的腐蚀。因高温气流冲击，局部区域压力骤减，高流速气液同时冲击表面，使金属受到严重破坏。环烷酸一般优先汽化和冷凝，冷凝液的酸值明显比母液大。汽相中的冷凝液滴高速流动，冲击金属表面，使生成的环烷酸铁又迅速被冲掉，造成金属表面的孔洞和流线形沟槽。

耐环烷酸腐蚀要用奥氏体不锈钢，低速条件用 304/304L/321/347 奥氏体不锈钢材料，高速条件用含钼 316 或含钼 317 奥氏体不锈钢材料。

④ 硫化氢对环烷酸腐蚀有抑制作用。在环烷酸与硫化氢相关系的相图 3.3 中可以看到，在高硫化氢分压情况下，可形成稳定的硫化铁膜，减缓了环烷酸的腐蚀，说明环烷酸和硫化氢的作用不是协同作用。现场经验表明，在高酸值、高硫化氢情况下，Cr5Mo 钢在加热炉中使用情况良好，而在蒸馏塔中，硫化氢分压很低，酸值无多大变化，但 Cr5Mo 钢却受到腐蚀。

但环烷酸腐蚀主要发生在液相和气液两相，特别在高速状态下，环烷酸具有强烈的清洗 FeS 保护膜的作用，如在常压塔和减压塔的内构件、转油线的弯头，大小头等有强烈涡流的部位；也发生在下游装置如：加氢裂化，催化裂解，焦化等的进料系统，其腐蚀形态为带有锐角边的蚀坑和蚀槽。所以与用含铬钢可以抗单纯的高温硫化腐蚀不同，含铬钢不耐环烷酸腐蚀，即使12%铬钢耐环烷酸能力也与5%铬钢差不多。

41. 环烷酸腐蚀主要集中在哪里?

环烷酸腐蚀主要腐蚀部位集中在蒸馏装置的减压炉、减压转油线及减压塔进料段以下部位，常压炉系统次之，焦化装置又次之。

42. 在 H_2–H_2S(300~500℃) 腐蚀中，H_2 起什么作用?

在 H_2–H_2S 腐蚀环境下，H_2 加速硫化氢的腐蚀。在富氢环境中，90%~98%的有机硫化物将转化成硫化氢，形成 H_2–H_2S 腐蚀环境。H_2S+H_2 环境中，在氢的促进下，硫化氢对钢铁腐蚀生成疏松多孔的而不是致密的硫化亚铁，使金属原子和硫化氢介质能互相扩散渗透，硫化亚铁膜失去保护作用，从而加速了硫化氢的腐蚀。联合腐蚀的程度比单一的 H_2S 腐蚀程度超过50%，因为 FeS 保护膜反复剥离、生成，增加了腐蚀率、腐蚀程度更严重。

43. H_2–H_2S 腐蚀受什么因素影响?

H_2–H_2S 对钢铁的腐蚀也受各种因素影响。

一般，当 H_2S 浓度在1%(体)以下时，随 H_2S 浓度增加，腐蚀率急剧增加。当浓度超过1%(体)时，腐蚀率基本不再变化。腐蚀作用刚开始时，失重率变化很大，但经过一段时间以后，失重率的上升就比较缓慢，即腐蚀率随着时间的增长而逐渐下降。

温度对腐蚀率的影响最为显著，在315~480℃时，随着温度增加，则腐蚀率急剧增加。温度每增加55℃，则腐蚀率大约增加2倍。

在高温H_2-H_2S腐蚀中，压力大小对腐蚀速度没有明显作用。而在单纯高温氢气中，压力对氢腐蚀则有很大影响。

44. 高温 H_2-CO_2-H_2O 系统的腐蚀是怎样形成的？

经脱硫预处理的制氢原料气，炼油厂干气或丁烷与水蒸汽混合，进入转化炉，在镍催化剂作用下转化成氢气与一氧化碳气的混合物，形成了 H_2-CO_2-H_2O 介质的腐蚀。

45. 为什么高温 H_2-CO_2-H_2O 的渗碳作用会引起材料失效？

在高温条件下，H_2-CO_2-H_2O 的渗碳作用引起材料失效，这是另一种类型的高温腐蚀。所谓渗碳是指碳向金属或合金扩散侵入。渗碳性气体常在材料的表面分解，并析出原子碳，其反应如下：

$$2CO === [C] + CO_2$$
$$CO + H_2 === [C] + H_2O$$
$$CH_4 === [C] + 2H_2$$
$$C_2H_6 === [C] + CH_4 + H_2$$

这样在金属表面就有碳的吸附和吸收作用，破坏氧化膜，使金属形成孔蚀，并使孔壁受到粒界渗碳，使金属表面氧化膜不断地被破坏。随着渗碳的进行，碳就直接渗入金属中。如为铬钢、不锈钢，渗到金属中的碳，首先和晶界的铬结合形成稳定的碳化铬析出，并顺次地与晶粒内部的铬结合，造成固溶铬的缺乏，出现"贫铬区"，使金属的氧化脱落更加激烈。渗碳多发生在焊接热影响区和焊缝处。渗碳会造成金属出现裂纹、蠕变断裂、热疲劳和热冲击。在650℃以下出现脆性断裂、金属粉化、壁厚减薄，使金属机械性能降低。

46. 高温氢腐蚀的特点是什么？

原油在加工过程中，可能会因化学反应生成氢或因工艺过程要加入氢，根据流体的温度、氢分压的不同而形成一定的腐蚀环境。高温高压氢不仅能直接腐蚀金属还对高温硫化氢的腐蚀起到促进作用。

在高温、高压并有氢气的条件下很易发生氢腐蚀。发生氢腐蚀可分为两种情况：一种是氢在高温（>220℃）高压下与合金中的夹杂物或合金添加物发生化学反应，生成高压气体。如在钢中

$$Fe_3C+2H_2 \longrightarrow CH_4+3Fe$$

这一反应一般从钢的表面开始，逐渐向内部推进，生成的甲烷气体不易逸出，它们聚集在晶界或杂质周围，形成的局部压力可高达几千大气压以上，因此，不仅钢的表面和里层脱碳脆化，而且还发展为严重的鼓泡开裂。钢中固溶的碳或硅也会与钢中溶解的氢反应

$$C+4H \longrightarrow CH_4$$
$$4H+Si \longrightarrow SiH_4$$

另一种为 H 扩散到金属的位错处或缺陷位置，形成氢分子，在局部造成很高氢压，引起表面鼓泡或内部裂纹。或氢与某些金属反应，生成脆性的氢化物相，这些氢化物在随后受力时成为裂纹源和扩展的途经。

氢腐蚀的特点是要经过一个潜伏期。根据材料和环境条件的不同，潜伏期短可几个小时，长则数年。钢材受氢腐蚀后，表面尺寸变化很小，主要是降低材料的屈服强度和冲击韧性，从而引起材料开裂。

47. 影响高温氢腐蚀的因素是什么？

影响氢腐蚀的因素很多。因为氢腐蚀属于化学腐蚀，无论反应速度、氢的吸收或碳的扩散，以及裂纹的扩展都是克服势垒的活化过程，故提高温度和氢分压可使氢腐蚀的潜伏期缩短。各种钢发生氢腐蚀的温度和压力有一个组合条件，即极限值，超过这个极限值，就会发生氢的腐蚀。氢气中的氧或水蒸汽可延长潜伏期，而硫化氢则缩短潜伏期。

48. 为什么烟气能对加热炉产生高温氧化化学腐蚀？

加热炉和锅炉的燃料中含有硫化物，烟气中有 CO_2、O_2、SO_2 水及蒸气，烟气温度高达 600~800℃，烟气能对加热炉产生高温氧化化学腐蚀，使碳钢在 300℃ 以上时表面生成一层氧化皮，甚至在一定温度下可使材料脱碳。因为温度高于 600℃ 时，炉管表面的氧化皮由三部分组成，其成分和厚度比大约为 $Fe_2O_3 : Fe_3O_4 : FeO = 1 : 10 : 100$，即氧化皮大部分由 FeO 构成。FeO 的结构为简单的立方体晶格，结构疏松，因而氧原子易扩散到表面使铁继续氧化。

49. 高温烟气的腐蚀机理是什么？

在高温条件下，O_2 与钢表面的 Fe 发生化学反应生成 Fe_2O_3 和 Fe_3O_4。这两种化合物，组织致密，附着力强，阻碍了氧原子进一步向钢中扩散，对钢起着保护作用。随着温度升高，氧的扩散能力增强，Fe_2O_3 和 Fe_3O_4 膜的阻隔能力相对下降，扩散到钢内的氧原子增多。这些氧原子与 Fe 生成另一种形式的氧化物 FeO，FeO 结构疏松，附着力很弱，对氧原子几乎无隔离作用，因而 FeO 层愈来愈厚，极易脱落，从而使 Fe_2O_3 和 Fe_3O_4 层也附着不牢，使钢暴露出新的金属表面，又开始了新一轮氧化反应，直至全部氧化完为止。

在一定条件下，钢不仅会产生氧化，而且还会产生脱碳反应，其反应方程式如下：

$$4Fe+3O_2 \longrightarrow 2Fe_2O_3$$
$$Fe_3C+O_2 \longrightarrow 3Fe+CO_2$$
$$Fe_3C+CO_2 \longrightarrow 3Fe+2CO$$
$$3Fe+4H_2O \longrightarrow Fe_3O_4+4H_2$$
$$Fe_3C+H_2O \longrightarrow 3Fe+CO+H_2$$
$$Fe_3C+H_2 \longrightarrow 3Fe+CH_2$$

脱碳的结果使金属表面固溶碳减少，影响了金属的机械强度，也降低了金属表面的硬度和疲劳极限。

50. 常减压蒸馏装置主要腐蚀类型有哪些？可能发生的部位在哪里？

主要腐蚀类型为 $HCl-H_2S-H_2O$ 型腐蚀〔湿氯化物腐蚀（一般腐蚀、氯化物应力腐蚀开裂（SCC））和湿 H_2S 腐蚀（H_2S+H_2O 型腐蚀有一般腐蚀、氢致开裂（HIC）、还有氢鼓泡（HB）、硫化物应力腐蚀开裂（SSCC）、应力导向氢致开裂（SOHIC）等）〕、高温硫腐蚀、环烷酸腐蚀。

在常减压蒸馏装置上体现为：

（1）低温（≤120℃）轻油部位的 $HCl-H_2S-H_2O$ 的腐蚀、H_2S+H_2O 腐蚀

低温腐蚀部位主要是常压塔上部五层塔盘、塔体及部分挥发线及常压塔顶冷凝冷却系统。减压塔部分挥发线和冷凝冷却系统。

（2）高温（240~480℃）部位的高温硫的均匀腐蚀及环烷酸的沟槽状腐蚀

可能发生的部位有常压塔、减压塔、加热炉炉管、换热

器、工艺管线等。

51. 延迟焦化装置主要腐蚀类型有哪些？可能发生的部位在哪里？

主要腐蚀类型为高温硫腐蚀、高温环烷酸腐蚀、高温氧化、氯化铵析出，还有蠕变破坏。易腐蚀部位有分馏塔的底部、蜡油段和柴油段、以及分馏塔相应的高温重油管线及管件、焦化炉前的原料油管线、焦化炉炉管等，腐蚀形式为$S+H_2S+RSH+RCOOH$腐蚀，特别是当这些部位的材质为碳钢时，腐蚀较严重；温度低于120℃的低温部位，如分馏塔顶部塔盘、冷凝器以及相应管线等，腐蚀形式为$H_2S+HCl+NH_3+H_2O$腐蚀或由铵盐引起的垢下腐蚀；焦化炉辐射段炉管外壁高温氧化和脱碳，内壁高温硫腐蚀，空气预热器热管烟气露点腐蚀；低频热疲劳、急冷引起焦炭塔的塔体变形和焊缝开裂等。

52. 催化裂化装置主要腐蚀类型有哪些？可能发生的部位在哪里？

（1）反应-再生系统

主要腐蚀类型为：①高温气体（CO_2、CO、O_2、N_2、NO_x 和水蒸气）腐蚀；②催化剂引起的磨蚀和冲蚀；③热应力引起的焊缝开裂；④取热器奥氏体钢蒸发管的高温水应力腐蚀开裂（SCC）和热应力腐蚀疲劳等。各类腐蚀类型易发生的部位如下：

① 易发生的部位是再生器至放空烟囱之间和烟气接触的设备和构件，腐蚀形态表现为钢材丧失金属的一切特征（包括强度）、氧化、龟裂、粉碎。

② 易发生部位包括：提升管预提升蒸汽喷嘴、原料油喷嘴、主风分布管、提升管出口快速分离设施、烟气和油气

管道上弯头及其他的滑阀阀板、热电偶套管、内取热管等。腐蚀形态多表现为大面积减薄或局部穿孔。

③ 易发生的部位有主风管与再生器壳体的连接处，不锈钢接管或内构件与设备壳体的连接焊缝，旋风分离器料腿拉杆及两端焊接固定的松动风、测压管等。

④ 这类腐蚀常见于再生器内的取热管，大部分装置设计时常采用奥氏体不锈钢，由于高温水腐蚀和热应力腐蚀疲劳在离水进口一定距离内的管子顶部，远离焊缝处，出现密集的环向裂纹。

（2）分馏系统

主要腐蚀类型为①高温硫腐蚀；②高温环烷酸腐蚀；③在油浆系统中，油浆蒸汽发生器管板应力腐蚀开裂，还有催化剂的磨蚀；④分馏塔顶腐蚀和结盐。

各类腐蚀类型易发生的部位如下：

①② 腐蚀部位主要集中于分馏塔 240℃ 以上的高温部位，及高温侧线和分馏塔进料段、人字挡板、油浆抽出线等，腐蚀形貌表现为均匀腐蚀，坑蚀等。

③ 重油催化裂化装置的油浆蒸汽发生器管板与换热管焊接处及管板常出现大面积开裂，有些炼油厂使用不久就发生开裂。目前认为此类腐蚀是蒸汽发生器在疲劳破坏和应力腐蚀双重作用下失效所致。管板和管子涨接处有沟痕，产生应力集中，导致裂纹源。管子的振动、温差应力促进了疲劳，疲劳加速了应力腐蚀开裂，使得管板快速开裂，以致失效。管板开裂主要原因是在油浆和水蒸气造成的工作应力、管板与管子焊接中的残余应力下以及重油硫化氢、除氧水中的氧腐蚀环境下引起的应力腐蚀破裂。

④ 分馏塔顶主要发生 $H_2S+HCl+NH_3+CO_2+H_2O$ 型腐蚀，

此反应容易产生疏松垢层，易脱落在塔内堆积。

（3）吸收稳定系统

主要腐蚀类型为 $H_2S-HCN-H_2O$ 型的腐蚀。表现为均匀腐蚀、氢鼓泡（HB）、硫化物应力腐蚀开裂（SSCC）。均匀腐蚀多发于吸收解吸塔顶部，稳定塔顶部和中部，在吸收塔顶部和中部。腐蚀形貌为坑蚀、穿孔。氢鼓泡（HB）多发于解吸塔顶和解吸气空冷器至后冷器的管线弯头，解吸塔后冷器壳体，凝缩油沉降罐罐壁，吸收塔壁。腐蚀形貌表现为鼓泡或鼓泡开裂。硫化物应力腐蚀开裂（SSCC）常见于处于拉应力、H_2S+H_2O 腐蚀环境的敏感材料。

（4）能量回收系统

主要腐蚀类型为高温烟气的冲蚀和磨蚀（常见于旋风分离器的分离单管，尤其是单管下端的卸料盘，双动滑阀的阀板、阀座、导轨及临界流速喷嘴的喷孔板，烟气轮机的叶片等部位）、亚硫酸或硫酸的露点腐蚀（常见于膨胀节的波纹管）、氯化物应力腐蚀开裂（SCC）。

53. 催化重整装置主要腐蚀类型有哪些？可能发生的部位在哪里？

主要腐蚀类型为高温 H_2 腐蚀（氢鼓泡、氢脆、脱碳、氢腐蚀）、高温 H_2-H_2S 腐蚀、低温 $H_2S-HCl-H_2O$ 腐蚀、有机羧酸腐蚀。易腐蚀部位主要包括：预处理部分的预分馏塔塔顶系统、预加氢进料及反应产物馏出系统；重整部分重整塔塔顶及反应产物后冷系统；抽提部分汽提塔、再生塔、回收塔、塔底重沸器等；临氢设备管线；加热炉等。

54. 加氢裂化装置主要腐蚀类型有哪些？可能发生的部位在哪里？

主要腐蚀类型为高温 H_2 腐蚀（氢鼓泡、氢脆、脱碳、氢腐蚀)、堆焊层的氢致开裂与剥离、回火脆化、高温蠕变、连多硫酸应力腐蚀开裂。易腐蚀部位主要包括：加氢裂化反应器和高温高压换热器，反应加热炉以及相连管道；氯化铵腐蚀的主要发生部位在换热流程后部的高压换热器和相连管道、新氢系统设备和管道；含硫氢化铵酸性水的腐蚀、湿硫化氢腐蚀的发生部位是高压空冷器、冷高压分离器、冷低压分离器及相连管道，以及循环氢系统的设备和相连管道；高温硫腐蚀主要发生在重沸炉及进出口管线、脱丁烷塔和分馏塔的高温部位和换热器、相连管线；湿硫化氢引起的损伤主要发生在脱丁烷塔、脱乙烷塔、脱硫再生塔塔顶冷凝冷却系统的设备和管线，以及酸性水管线等。

55. 制氢装置主要腐蚀类型有哪些？可能发生的部位在哪里？

主要腐蚀类型为转化炉炉管的过热损坏(渗碳、蠕变及破裂)和高温烟气(SO_2、O_2)的高温硫化-氧化腐蚀、烟气余热回收系统的过热损坏和露点腐蚀、脱碳系统的高温碳酸钾碱液和湿 CO_2 腐蚀。易腐蚀部位主要包括：加氢反应器、脱氧槽、脱硫槽、加热炉、加热器及附属工艺管线，高温高压氢气引起的氢腐蚀，表现为材料表面脱碳，性能下降；废热锅炉：工艺气侧由于高温高压氢气引起的氢腐蚀，表现为材料表面脱碳，性能下降；水汽侧的氧腐蚀、酸腐蚀、汽液交界处的碱脆；中低变系统换热器及附属工艺气管线：氯离子引起的奥氏体不锈钢应力腐蚀开裂；CO_2 吸收塔底部、再生塔、再生塔底重沸及附属工艺管线：热碳酸钾水溶液引起的碳钢冲刷腐蚀、碱脆，氯离子引起的奥氏体不锈钢应力腐蚀开裂或浓缩热碳酸钾水溶液引起碱脆等。

56. 加氢精制装置主要腐蚀类型有哪些？可能发生的部位在哪里？

主要腐蚀类型为高温临氢设备上高温 H_2 腐蚀(主要为脱碳和氢腐蚀)、高温 H_2-H_2S 腐蚀、回火脆化、堆焊层的氢致开裂与剥离、CS_2 引起的硫化物应力腐蚀开裂；低于250℃设备上为高温 H_2 腐蚀(主要为氢鼓泡和氢脆)、H_2S-H_2O 造成的硫化物应力腐蚀开裂、停工检修时的连多硫酸应力腐蚀开裂、冷换设备的氯化物应力腐蚀开裂、冷换设备的氢硫铵(NH_4HS)及氯化铵(NH_4Cl)的腐蚀。易腐蚀部位主要包括：加热炉，反应器，反应物流换热器及管道，高压分离器，反应产物冷凝冷却系统，汽提塔等。

57. 脱硫装置主要腐蚀类型有哪些？可能发生的部位在哪里？

干气和液化气脱硫装置中主要腐蚀类型为：①脱硫再生塔顶冷凝系统的 CO_2-H_2S-H_2O 的腐蚀(主要有均匀腐蚀、氢鼓泡和氢脆、硫化物应力腐蚀开裂)；②再生塔，富液管线，再生塔底重沸器及容器复活釜等部位，温度为90~120℃的 RNH_2(乙醇胺(MEA))-CO_2-H_2S-H_2O 的腐蚀(主要有均匀腐蚀和碱性的碳酸盐介质的应力腐蚀开裂)；③乙醇胺溶液中的腐蚀性污染物的腐蚀。易腐蚀部位主要包括：再生塔塔底，再生塔底重沸器管束外表面和壳体的内侧，再生塔顶冷凝器，吸收塔，相对高温的贫液管线和贫液在壳程的入口处(不锈钢)，相对高温的富液管线和富液在管程的出口处，低温贫液管线酸性水管线等。

58. 硫磺回收装置主要腐蚀类型有哪些？可能发生的部位在哪里？

克劳斯法硫磺回收装置的主要腐蚀类型为：①高温硫化

84

腐蚀（≥310℃）；②低温 $SO_2-O_2-H_2O$（露点腐蚀）和 $H_2S-CO_2-H_2O$（均匀腐蚀、氢鼓泡和氢脆、硫化物应力腐蚀开裂）的电化学腐蚀；③大气腐蚀。易腐蚀部位主要包括：反应炉喷嘴、炉体，废热锅炉进口管厢和传热管前端，硫冷凝器管板、管束等。

59. 硫磺尾气脱硫装置主要腐蚀类型有哪些？可能发生的部位在哪里？

处理克劳斯法硫磺尾气的斯科特装置的主要腐蚀类型为：①高温硫化腐蚀；②低温 $SO_2-CO_2-H_2O$（主要为局部坑蚀、硫化物应力腐蚀开裂）和 $R_2NH(R-N(R_2))-CO_2-H_2S-H_2O$（局部坑蚀和气泡腐蚀）的电化学腐蚀；③胺溶液的碱性应力腐蚀开裂。易腐蚀部位主要包括：过程气和硫磺尾气管道的波形补偿器夹层内窜入过程气和尾气并冷凝使补偿器夹层腐蚀穿孔，系统设备和管线等。

60. HF 烷基化装置主要腐蚀类型有哪些？可能发生的部位在哪里？

HF 烷基化装置主要腐蚀类型为 HF 均匀腐蚀、氢鼓泡和氢脆、应力腐蚀。易腐蚀部位主要包括：主分馏塔入口管线，酸再接触器，酸性气中和器，酸溶性油贮罐，酸溶性油出装置管线，酸再生塔，酸再生塔汽提管线等。

61. 酸性水汽提装置主要腐蚀类型有哪些？可能发生的部位在哪里？

酸性水汽提装置主要腐蚀类型为湿硫化氢腐蚀、硫氢化铵腐蚀、磨蚀/磨蚀-腐蚀。易腐蚀部位主要包括：原料水入口管线，汽提塔入口管线，酸性气管线，原料水罐，酸性气脱水罐，双塔硫化氢汽提塔（上部），单塔硫化氢汽提塔（上部），原料水/净化水换热器，汽提塔（下部），氨精制塔。

62. 糠醛、酮苯、白土和丙烷脱沥青装置主要腐蚀类型有哪些？

① 有机溶剂腐蚀(主要是糠醛酸腐蚀)。

② 酸性水溶液电化学腐蚀。

③ 保温层下的腐蚀。

④ 氨应力腐蚀(常温下应力开裂)。

⑤ 循环水腐蚀。

⑥ 磨损腐蚀。

⑦ 由 H_2S 带来的氢鼓泡等腐蚀。

63. 糠醛精制装置易腐蚀部位主要发生在什么地方？

糠醛精制装置设备腐蚀主要发生在废液(抽出液)溶剂回收系统。腐蚀主要有糠酸(糠醛氧化产物)腐蚀、焦类腐蚀和相变腐蚀三种类型，且常常是多种类型腐蚀共同作用。糠酸对设备的腐蚀机理是糠酸引起的腐蚀贯穿于整个装置设备、管线，并与其他类型腐蚀一起作用于碳钢设备。

64. 酮苯脱蜡易腐蚀部位主要发生在什么地方？

酮苯脱蜡腐蚀部位均集中在水溶液系统，尤以液汽混相处最为严重，且表现多为坑蚀，其次是纯液相中的均匀腐蚀，汽相部位除均匀腐蚀外，还有局部冲蚀。

65. 白土精制易腐蚀部位主要发生在什么地方？

白土精制易腐蚀部位主要发生在蒸发塔、塔顶冷却器、加热炉等。

第四章 腐蚀失效分析与监检测方法

1. 何为腐蚀失效？

金属构件(某个零部件或整个装置)由于腐蚀而出现下列三种情况之一时，就认为失效了：①完全不能继续工作；②虽能继续工作，但其功效已不符合技术规范的要求；③严重的损坏使构件的运行变得不可靠或不安全，不得不停车以进行维修或更换。金属构件的这种失效就是所谓腐蚀失效。任何构件的腐蚀失效都是从某些零部件的最薄弱部位引发的，而且总能在失效部位保留着失效过程的重要信息。

2. 腐蚀失效分析的目的是什么？

腐蚀失效分析的目的是通过对腐蚀失效构件调查分析和实验研究，确定腐蚀失效的类型和性质，弄清楚其发展规律、主要的影响因素以及导致腐蚀失效的直接原因和间接原因，提出防止发生类似事故的预防或改进措施。

3. 腐蚀失效分析的基本原则是什么？

金属腐蚀失效的过程是极其复杂的，因此在失效分析过程中应遵循如下一些基本原则。

（1）总体观念的原则

开展腐蚀失效分析时必须从环境介质因素、材质因素、加工制造因素和工况条件等逐一进行调查研究，作完整全面的体系分析。一个构件腐蚀失效总是与周围环境存在各种复杂联系。例如，一腐蚀失效构件与邻近部件的关系，它与工况环境条件或状态的关系，它与运行操作情况的关系，以及它与周围自然环境的关系等。对产生腐蚀破坏的体系作整体的全面分析，有助于提出一个比较完整的广泛联系实际的腐蚀失效分析方案。

（2）调查研究的原则

对失效事故现场、周围环境以及产生腐蚀的背景开展深入的调查研究，这是解决腐蚀失效问题的另一重要原则。这种调查研究应是深入广泛的；从产生腐蚀失效的部位出发，以收集残骸入手，对其环境介质状态、材质的生产历史、加工制造过程以及操作条件进行详细而周密的调查研究。在调查研究中，不仅要调查现象性的素材，而且须作本质性分析研究。尤其应关注同一构件在不同的工作阶段、不同的环境条件下具有不同的工况行为，如温度、湿度和压力等环境参数和实际的操作运行随时空条件的变化。动态的和变化的观点以及逻辑的、历史的和比较的方法是腐蚀失效分析时应采取的主要观点和方法。

（3）实验和分析研究的原则

从调查研究中获得了大量杂乱繁多的资料和数据，对它们必须进行系统的归纳整理，开展由表及里、从现象到本质的科学分析，再由实验研究确定规律性的最终结论，只有这样才能去伪存真，找出真正的腐蚀失效原因。

4. 腐蚀失效分析的步骤有哪些？

尽管金属构件失效的原因、破坏的类型和性质以及事故经历的始末各不相同，一但进行失效研究和分析的步骤通常如下：

① 失效事故的现场处理及制订分析计划；

② 调查失效构件的材质和制造、环境条件及操作运行情况；

③ 复查失效构件的性能及无损检测；

④ 失效构件的断口分析；

⑤ 实验室分析研究和判断失效原因；

⑥ 模拟运行条件的重演性验证试验；

⑦ 分析、总结和提出防止措施。

5. 腐蚀失效分析方法有哪些?

①对失效构件的工况因素调查；②复查失效构件性能；③弄清楚构件过早腐蚀失效的原因，制订正确的防范措施。

6. 如何进行腐蚀失效构件的工况因素调查?

导致金属腐蚀失效的因素很多，各因素之间的关系也很复杂。尽管如此，仍可按下列主要因素进行分析和调查：

（1）环境因素

主要是指环境的组分、浓度、温度、压力、酸度、导电性等物理、化学及电化学性能，这些参数与腐蚀过程息息相关，因此在进行腐蚀失效分析时，应清楚产生腐蚀的环境介质条件。

（2）材质因素

工况调查时应特别注意金属材料的冶炼质量、加工质量；热处理或火焰切割历程；材质的表面状态及组织结构。

（3）设备的结构设计及加工制造因素

工况调查时应考虑设计因素，如结构上有无应力集中；设备加工制造因素；装配因素等。

（4）操作因素

在设备运行过程中，由于物料变化或者操作不当而引起超温或超负荷。

（5）储运包装因素

由于储运包装不当而可能改变环境状态，增强腐蚀性而导致失效破坏。

（6）偶然因素

如发错料、突然停水或停电、开错阀门等偶然事故也是腐蚀失效破坏的不可忽视的原因。

（7）管理因素

对生产工艺和设备装置及原料、产品缺乏或不遵循各种技管规范，都可能构成腐蚀失效破坏的原因。

对工况的调查必须获得工艺规程、操作记录、运行卡片和维修记录等。要获得全部运行情况，主要取决于发生破坏事故以前所保存的记录是否完整和详细。如果掌握完整的详尽记录，将会大大简化失效分析的工作任务。其中，应特别注意环境条件的变化如意外过载、载荷交变、温度波动和温度梯度，以及引入了更苛刻的腐蚀剂等。

7. 怎样复查腐蚀失效构件性能？

在工程上，往往由于材料性能不均一和制造工艺不统一，或者由于工作上的某种疏忽，使得验收时的抽检质量与各构件的实际质量之间存在着差异，这是构件过早失效的可能原因之一。因此，有必要复查失效构件的性能并对内部缺陷作无损检测。

具体步骤有：

①取样；②宏观分析；③化学分析；④力学性能检验；⑤无损检测；⑥显微分析；⑦失效构件的断口分析；⑧重演性试验。

8. 对腐蚀失效构件如何取样？

（1）取样原则

取样要有代表性，兼顾特殊性，采用对比分析的原则。在失效构件残骸的拼凑过程中要注意残片和试样的保护与选择。一般用醋酸纤维素纸（AC 纸）保护好残片断口的表面。应在可能是腐蚀破坏源的部位及其邻近部位取样；也应在未遭破坏部位选取部分试样；还应选取一些同类原始材料（未经使用的制造构件用材）作试样，供分析对比之用。取样时须标注方位，作好标记。这些试样供宏观和微观分析用，也包括化学分析、力学性能复验及其他试验所用。对事故设备中残留的液体和气氛也应及时取回封存，以备分析之用。

（2）残片和腐蚀产物保存

搜集的事故残片可能会遭受不同程度的破损或污染，应小心谨慎地处置，保持残片和试样的原始状态。对已被污染的残片和试样应妥善处理。应特别注意残片上腐蚀产物的保护和留存，切忌污染和散失，因为它们是腐蚀失效分析的重要对象和证据。

（3）正确的取样方法

要求取样方法不能损坏残片表面，尤其是不能损坏断口形貌和不影响试样材料的原组织状态。取样时一般不能用气焊或电焊切割；机械加工时应避免冷却剂或油脂物质污染试样表面和断口。

（4）断口的保护和清洗

应努力使新鲜断口免遭机械损伤或化学损伤。腐蚀失效断口上往往覆有一层腐蚀产物，这对于分析断裂失效原因是非常有用的，但对断口形貌观察与分析带来困难。一般先对含腐蚀产物断口试样进行观察与分析；然后仔细地收集和清除腐蚀产物，留存分析；对断口表面作任何处理须小心谨慎。不破坏原始形貌组织；为清除灰尘和附着物，可用干燥空气吹拂断口，溶剂清洗和复型清洗；为清洗油污，可用汽油和有机溶剂浸洗；为去除腐蚀产物可采用化学或电化学除锈方法。经过上述清洗处理的断口试样，应立即投入稀 Na_2CO_3 或 $NaHCO_3$ 溶液中清洗，然后用蒸馏水、酒精清洗吹干保存。

（5）试样保存

各种试验用试样、供分析鉴定的断口试样和现场收集的碎片等应置于干燥器中存放备用，或以醋酸纤维纸包存，或置于真空干燥器中等。

9. 对腐蚀失效构件如何进行宏观分析？

宏观分析是用肉眼或放大镜观察，或用低倍实体显微镜观察，也包括用各种测量工具对失效构件及其残片进行测量（如裂纹长度、蚀坑深度等）。宏观分析可为腐蚀失效分析提供许多第一手资料和信息：

① 展示拼凑起来的腐蚀失效构件残骸、残片的全貌，由此可分析失效破坏源的宏观位置及被腐蚀状况；

② 提供腐蚀失效构件断口的表面腐蚀状态，据此可初步判断腐蚀类型；

③ 提供失效构件被腐蚀表面及断口上的腐蚀产物情况，如腐蚀产物的颜色、厚度、分布及致密状态等；

④ 提供腐蚀破坏处的裂纹状况（裂纹走向、长度、深度和分布等），裂纹扩展方向和断口宏观形貌等；

⑤ 提供失效构件有关材料的冶金质量信息，如分层、白点、夹杂、氧化皮夹层等；

⑥ 提供失效构件的加工制造、装配及其他表面处理方面的信息。

宏观分析的特点是简便，迅速，不受试样尺寸的限制，不必专门制备试样，观察范围大，能看清全貌以及确认腐蚀失效部位在全局中所占的位置。

虽然不能根据宏观分析的结果找出事故原因，做出最后的判断结论，但它是进行腐蚀失效分析的第一步。根据宏观分析的初步结果，可以制订腐蚀失效逻辑分析的整体方案，为有效地全面开展失效分析奠定基础。

10. 对腐蚀失效构件如何进行化学分析？

在腐蚀失效事故分析中，化学成分的分析是必不可少的。主要包括下列几方面。

（1）构件材质成分的分析复验

目的在于检查制造设备构件的材料是否符合原设计要求，是否由于错用材料而导致产生腐蚀失效事故。这种可能性在实践中是存在的，其原因是多种多样的。例如，违反原设计要求而任意采用代用品，仓库或工地发生了混料情况等。因此，对产生事故的设备构件，必须复验其原材料化学成分。事实证明，通过化学成分复验确实发现了不少问题。对焊接件，特别要注意对焊缝材料的化学成分进行分析复验，以确定焊条使用是否恰当合理。

（2）环境介质化学组成的分析

对产生腐蚀失效破坏的环境介质进行化学组成分析。主要是对残留的和正常的介质组分分析并作对比；对主要组分分析其浓度，检验 pH 值；检查体系的温度、压力和流速等参数。在水溶液环境中作分析复验时，须重视对氧、氯离子等有害物质的分析。在残留介质中也应注重对其他金属离子浓度的测定。

（3）腐蚀产物的组成分析

在腐蚀失效过程中，由于某种化学或电化学反应，在被腐蚀破坏的材料表面上必然会生成某些腐蚀产物。对这些腐蚀产物作定性或定量的化学分析，确定腐蚀产物的性质。有助判断腐蚀失效原因。同时，还应对失效破坏表面处可能沉积的物质作化学分析，因某些有害物质可能在沉积物中浓缩，也有可能通过沉积物形成缝隙而引起缝隙腐蚀等。

11. 对腐蚀失效构件怎样进行力学性能检验?

在腐蚀失效分析中进行力学性能检验，目的就是检验设备的材料在生产运行过程中，其力学性能是否发生了降低退化；考察所用原材料的冶金质量是否合格。进而揭示力学性能变化和冶金质量与腐蚀失效之间的内在联系。

（1）硬度测定

这是简便常用的力学性能检验方法。通过硬度测定可以鉴别材料的热处理制度、加工工艺；显微硬度测定可有助于鉴别第二相、夹杂物等；硬度测定还可鉴别设备材料在运行过程中表面性能的变化，如有无渗碳或脱碳等硬化或软化现象；或者鉴别材料硬度是否达到设计的允许范围等。

（2）拉伸试验

这是基本的力学性能试验方法，包括金属材料在单向静拉力作用下的正弹性模量（E）、比例极限（σ_p）、屈服强度（σ_b）、抗拉强度（$\sigma_{0.2}$）、延伸率（δ）及断面收缩率（ψ）等的测定。主要是检验材料在工况条件运行后力学性能的下降情况，及检验材料力学性能是否符合原设计要求。

（3）冲击韧性试验（a_k）

这是一种动态力学性能试验。把规定形状、尺寸的试样，按拉、扭或弯曲的方法使之快速断裂，测定其断裂所需的功。该性能受到多种内在的和外界的因素影响，既是检验材料的韧性，又是检验材料对缺口的敏感性。在腐蚀失效事故中，脆性破坏的几率很大，危害也最严重，它主要是由于材料在运行过程中通过环境介质的作用使韧性降低导致材料脆化所致。

（4）断裂韧性试验

断裂力学成功地揭示了金属材料低应力脆断破坏的根源是裂纹，由此建立的断裂韧性指标不仅能正确地反映材料抗低应力脆断破坏的性能，而且还能预示断裂应力。断裂力学试验方法在腐蚀试验及失效分析中，主要是应用应力场强度因子 K_I 及材料的断裂韧性 K_{Ic} 的概念。当材料在环境介质中腐蚀时，阳极金属不断地被溶解，使裂纹尖端由于金属溶解而导致裂纹逐渐扩展，从而导出应力腐蚀临界应力场强度因子 K_{Iscc}。利用这种断裂力学试验方法在一定的环境介质中进行试验，即可求出金属材料在该环境介质中的抗应力腐蚀性能。在腐蚀失效分析中，可用这种方法判断材料抗应力腐蚀及氢脆的性能。

12. 对腐蚀失效构件如何进行无损检测？

无损检测就是在不破坏构件整体性的前提下，根据某些物理原理准确而迅速地确定材料内部缺陷和内表面损伤，以及缺陷损伤的大小、数量和位置的方法。一般情况下，腐蚀失效事故发生后，首先要在不损坏构件的前提下了解其中可能由于腐蚀而造成的材料表面损伤、材料固有缺陷或残片残骸中的缺陷(如孔洞、裂纹等)，为此经常采用无损检测的方法进行探伤分析。

由于工程实践的需要，无损检测技术发展得很快，并在应用中不断地完善，向着高性能、高灵敏度和操作自动化的方向发展。无损检测技术主要包括射线探伤、电磁探伤、超声探伤、渗透法探伤及热试法探伤等。各种无损检测技术各有其优缺点，各有其不同适用范围，在实践中应根据腐蚀失效分析的具体案例选择无损检测技术。

某些无损检测技术在失效分析中是非常有用的，例如，磁粉探伤和着色探伤可了解表面裂纹情况；超声探伤、涡流探伤和 X 光探伤可探测内部缺陷及裂纹分布；实验应力分析可测定设备负载及可能引起破坏的应力等。

在腐蚀失效分析中应当正确而谨慎地全面解释材料性能复验结果及无损检测信号。因为即使低于额定抗拉强度5%~10%，也并不一定会成为主要的失效破坏原因。仅仅利用无损探伤的结果，常常无法说明材料中的缺陷或裂纹是原有的还是新生的，这尚有待于对构件作进一步解剖分析及其他验证试验。

13. 对腐蚀失效构件如何进行显微分析？

光学显微分析技术是腐蚀失效分析常用的方法之一，在腐蚀失效分析中，它可提供下列信息：

① 失效构件和残片断口表面的显微组织状况；裂纹的性质(沿晶、穿晶或混合型等)；裂纹内外的夹杂物种类、分布及形态等。

② 裂纹特征与形态的观察，包括裂纹的起源、扩展方向、裂纹内腔两侧与终端的显微组织结构及夹杂物等有关特征。

③ 材料冶金质量的观察与复验，如分析材料的夹杂物种类及等级、组织结构、晶粒度、脱碳层等是否合乎技术标准。

④ 金属材料的相组成和晶界的显露与观察。确定材料中具体的相组成，第二相析出和晶界状况，它是分析失效原因的依据之一。

电子光学显微分析技术也在失效分析中获得了广泛的应用。

扫描电子显微镜(SEM)具有许多其他显微镜无可比拟的特点：①可直接观察较大试样的原始表面；②试样在样品室可在较大范围内自由移动和转动；③观察试样的视场很大；④景深大，图像富有立体感；⑤放大倍数的可变范围宽，可从10倍到20万倍连续改变；⑥在观察较厚的试样时，可获得高分辨率及真实的形貌；⑦电子照射对试样的损伤和污染的程度小；⑧可进行动态观察；⑨在观察形貌的同时，可进行微区成分分析及晶体学分析等。

正因为扫描电镜具有上述这些特点，使它在腐蚀研究及失效分析中获得了广泛的应用。如断口表面形貌分析、微区成分分析、立体成像分析等。

透射电子显微镜(TEM)具有高分辨率、高放大倍数的特点，在失效分析中主要用于观察断口表面的特征和进行断口表面的物相分析。但是，透射电镜研究观察的样品必须是很薄的片状试样，且观察的区域极小，试样制备较麻烦，这些限制了它在失效分析中的应用。

电子探针X射线显微分析技术(简称电子探针，EPX或EPMA)的工作方式有：①对试样的选定微区作定点的全谱扫描进行定性或半定量分析，且可对其中所含元素浓度作定量分析；②对试样表面选定线径作所含元素浓度的线扫描分析；③在试样表面扫描，给出某元素浓度分布的扫描图象。其中定点微区成分分析是失效分析中常用工作方式，它在合金沉淀相和夹杂物鉴定方面应用广泛。

俄歇电子能谱分析技术(AES)可获得有关表面层化学成分的定性或定量信息。因此，它在失效分析时主要用于研究分析腐蚀过程的表面膜成分。

14. 对腐蚀失效构件如何进行断口分析？断口的分类有哪些？

断口形貌真实地记载了材料及构件的断裂过程，所以断口含有断裂原因的信息，通过断口分析可以判断材料及构件的断裂方式、确定断裂原因。

断口分析有断口宏观分析与断口微观分析。

按断裂方式分类，断口可分为：

（1）穿晶断口

是许多金属材料的常温断裂形态之一。例如，由微孔聚集而形成的韧窝断口、解理断口、准解理断口、撕裂断口及大多数疲劳断口等。

（2）沿晶断口

既包括脆性的回火脆性断口、氢脆断口、某些应力腐蚀断口，液态金属脆化断口等，也包括韧性的由于过热而沿原奥氏体晶界开裂的断口，以及某些沿柱状晶粒边界开裂的断口等。此外，有少数疲劳断口也是沿晶的。

（3）混合断口

穿晶和沿晶断裂接续或平行发展的断口。

按断裂性质分类，断口可分为：

（1）脆性断口

在断裂前无明显宏观塑性变形的断口，即材料在达到屈服点之前便发生断裂的断口，主要是指解理断口、准解理断口和冰糖状的沿晶断口。

（2）韧性断口

在断裂前有明显的塑性变形，断口的宏观形貌为纤维状、颜色发暗，有明显的滑移现象，其微观特征是韧窝。

（3）疲劳断口

由于交变载荷而引起断裂的断口称为疲劳断口。疲劳可分为机械疲劳、冷热疲劳和腐蚀疲劳等。

15. 对腐蚀失效构件如何进行重演性试验？

在最终判定失效原因之前，必须对从现场、断裂表面（断口）和金相截面所获得的资料评价其有效性和精确性。应对从各方面得到的数据进行分析和统计处理，辨别断口总的形貌和具体特征，分析它们与材料组织的关系，与环境介质和工况条件的关系，进尔确定断裂类型，经过分析归纳，形成关于构件失效原因的初步结论。

近年，国内外均有有关设备诊断技术和评价技术的开发研究，可以根据判定原则和现场条件参数，利用计算机进行一些失效原因判定。

对重大失效事故往往要做重演性试验，即根据已作出的初步结论模拟构件遭到破坏的可能运行条件再次进行试验。为在短期内获得结果，通常要强化某一影响因素（试验条件），正如加速腐蚀试验所要求的那样，强化因素的选择不能改变失效过程的作用机理，以免导出错误的结论。因此，在重演性试验前应充分考虑各项影响因素，试验时严格控制规定的试验条件。

重演性试验结束后，还要对试样断口进行宏观和微观的观察分析，分析步骤基本上同失效构件的断口分析一样。最后把重演性试验结果与实际断口的分析结果进行比较，若完全一致或相近，则说明原结论是正确的，否则必须重新考虑。此外，如果原来分析的失效原因可能有几种，应按主次排列进行重演性试验，相应地进行断口分析和数据处理。当第一种可能性被试验否定后，进行第二种可能性的重演性试验，直至得到正确的结论为止。

通过以上的腐蚀失效分析过程，依据腐蚀理论、经验就基本可以弄清楚构件腐蚀失效的原因。当然，进行腐蚀失效分析时也可能只用到上述过程的几个步骤即可以下判断了。但应注意的是过少步骤的失效分析是不完全的分析，有时会得出错误的结论。对于关键构件、设备，做失效分析时应具备有效、完整的数据。

16. 如何制定构件过早腐蚀失效的防范措施？

通过失效分析弄清楚了构件过早腐蚀失效的原因，即可相应制订正确的防范措施。对于不同原因产生的、不同类型断裂失效，可以采取各种具体的相应防范措施。对于某种特定的断裂失效，也可从不同方面加以着手解决。通常归纳为以下几个方面。

（1）设计

由于设计上考虑欠周详而使构件在运行过程中失效，是经常发生的。金属构件承受异常工作应力的状态或虽为正常的工作应力状态但同时受到有害环境（腐蚀介质）的共同作用，这些都可能导致构件过早失效。通过增大缺口曲率半径或增大构件有效截面积，可避免由缺口引起的应力集中；通过改交变应力为静应力，改拉伸脉动应力为压缩脉动应力等，可控制疲劳断裂或腐蚀疲劳断裂；通过设计使关键零部件与腐蚀性环境隔开，或使腐蚀性作用和机械作用分别由不同构件承受，可以显著延长构件或整机设备的寿命。

（2）材料

金属材料中的多种缺陷都可能导致构件过早失效。金属材料在冶炼、铸造、挤压、轧制和锻造过程中，任何质量疏忽都可能在材料中产生这样那样的缺陷，例如，偏析、白点、分层、过热、过烧、脱碳、增碳、组织不均匀或沿晶氧化等。因此，根据失效分析的结论应选择适用的、质量合格的材料，以适应金属构件所处的特定工作状态(应力，腐蚀性环境、温度和压力等)的需要。例如，用强度较高的材料承受不可避免的过载；选用对环境介质不敏感的材料防止应力腐蚀断裂和氢脆断裂；用抗高温耐腐蚀材料防止高温腐蚀疲劳断裂；对一些有特殊性能要求的构件选用以金属为基的复合材料等。

（3）工艺

构件的加工制造和安装工艺对于防止构件过早失效也是相当重要的。实践证明，即使是正确的设计和选材，采用了各种质量的材料，若采用不合理的加工工艺或不遵守制造安装规范，也会导致构件过早失效。

加工制造工艺过程中常见的缺陷有：切削加工中的刀痕、毛刺、局部过热，热处理时的热经历失控，焊接和焊后热处理不当、酸洗和电镀时可能产生的氢脆，装配工艺不合理造成应力集中，或者配合过紧产生附加应力，储运包装方法不适当以及管理不善等。因此，在加工制造及安装时应尽可能避免产生残余应力、加工应力和装配应力，以防止应力腐蚀事故。必要时可引入残余压应力，以提高抗腐蚀疲劳性能。有时还可采用多种工艺措施来提高构件的使用寿命，如对腐蚀介质引起的构件断裂，除表面喷丸处理外，还可同时采用涂料、阴极保护或添加缓蚀剂等。

（4）运行条件控制

构件选材及构型尺寸设计都是根据具体运行条件确定的，所以严格控制运行条件(不超负荷运行，不引入异常腐蚀性因素等)以及采取正常而有效的维修养护工作，可以防止构件过早失效，甚至可延长其使用寿命。

17. 为什么要进行腐蚀监检测？

一般，对生产等过程的安全、环境污染、腐蚀等的控制，按过程前、过程中、过程后的区段采取措施时，前~中~后所耗费的人力、财力是成倍、甚至万倍以上增长的。举例而言，如能将原油中的氯、硫、酸、氮等有害元素在加工前除去，则石油加工中将不会发生腐蚀，大大节约材料、工艺、管理、安全等成本。

生产过程中进行腐蚀监测也是防止过早腐蚀失效的重要方法。进一步地如能够在生产过程中甚至过程之前进行腐蚀评估与预测则更能控制腐蚀(腐蚀评估与预测内容等请参见第四章)。

开展在线定点测厚及停工期间全面测厚普查，加强腐蚀监测是腐蚀控制的重要环节。应配备先进的监检测仪器，以前以停工检查为主、日常在线检测为辅，今后如能达到以日常在线检测为主、停工检查为辅，一定可以大为缩短大修周期，大大节约检修成本和生产成本。

应建立和积累长期可靠的设备、管道的腐蚀档案历史资料，为做好设备、管道使用寿命预测提供依据。

总之，腐蚀监检测就是利用各种仪器工具和分析方法，确定材料在工艺介质环境中的腐蚀速度，及时为工程技术人员反馈设备腐蚀信息，从而采取有效措施减缓腐蚀，避免腐蚀事故的发生。通过腐蚀监检测，工厂不仅可以预防腐蚀事故的发生，还可以及时调节腐蚀控制方案，减少不必要的腐蚀控制费用，获得最大的经济效益。

18. 腐蚀监检测的目的是什么？

腐蚀监检测主要有以下几个目的：

① 判断腐蚀发生的程度和腐蚀形态。

② 监测腐蚀控制方法的使用效果（如选材、工艺防腐等）。

③ 对腐蚀隐患进行预警。

④ 判断是否需要采取工艺措施进行防腐。

⑤ 评价设备管道使用状态，预测设备管道的使用寿命。

⑥ 帮助制定设备管道检维修计划。

19. 腐蚀监检测的方法有哪些？

腐蚀监检测方法种类繁多，按腐蚀结果是否直接获得可以分为直接监测和间接监测两种。可直接得到一个腐蚀结果（如腐蚀失重、腐蚀电流等）的腐蚀监测称为直接监测，否则为间接监测。直接腐蚀监测技术包括腐蚀挂片、电阻探针、线性极化电阻探针、交流阻抗探针、电化学噪声探针等，间接腐蚀监测技术包括超声波检测（测厚）、射线照片、红外线温度分布图等。

20. 炼油厂常用的腐蚀监检测方法有哪些？

炼油厂常采用的腐蚀监检测方法有定点测厚、在线腐蚀监测、腐蚀介质分析、腐蚀产物分析、装置停工腐蚀检查、腐蚀挂片等。

21. 何为定点测厚技术？

定点测厚技术是目前国内外炼化企业普遍采用的腐蚀监测技术。它采用超声波测厚方法，通过测量壁厚的减薄来反映设备管线的腐蚀速度。测厚通常包括普查测厚和定点测厚。定点测厚分为在线定点、定期测厚和检修期间定点测厚。管道的普查测厚应结合压力容器和工业管道的检验工作进行。普查测厚点应包括全部定点测厚点。

22. 定点测厚的布点原则是什么？

定点测厚布点原则应参考中国石油行业标准 SY/T 6553—2003《管道检验规范在用管道系统检验、修理、改造和再定级》和中国石化《加工高含硫原油装置设备及管道测厚管理规定》进行，具体布点原则如下：

① 对于易腐蚀和冲刷部位应优先考虑布点，如加氢反应产物馏出物系统在注水点以后的管线、常减压高低速转油线等。这些部位包括：

a. 管线腐蚀冲刷严重的部位：弯头、大小头、三通及喷嘴、阀门、调节阀、减压阀、孔板附近的管段等；

b. 流速大（大于 30m/s）的部位，如：常减压转油线、加热炉炉管出口处、机泵出口阀后等；

c. 环烷酸腐蚀环境下的气液相交界处和液相部位；

d. 硫腐蚀环境下气相和气液相交界处；

e. 流体的下游端（包括焊缝、直管）容易引起严重冲刷的部位；

f. 同一管线的热端；

g. 换热器、空冷器的流体入口管端；

h. 塔、容器和重沸器、蒸发器的气液相交界处；

i. 换热器、冷凝器壳程的入口处；

j. 流速小于 1m/s 的管线（包括水冷却器管束），有沉积物存在易发生垢下腐蚀的部位；

k. 盲肠、死角部位，如：排凝管、采样口、调节阀副线、开停工旁路、扫线头等。

② 输送腐蚀性较强介质的管道，直管段长度大于 20m 时，一般纵向安排三处测厚点；长度为 10~20m 时，一般安排两处；小于 10m 时可安排一处。

③ 介质腐蚀性较轻的管道一般在直管段(两个弯头间的连接管)安排一处测厚点,在弯头处安排一处测厚点。

④ 管线上的弯头、大小头及三通等易腐蚀、冲蚀部位应尽可能布置测厚点。

⑤ 考虑现场实际,一般不要将在线测厚点选在测厚人员不易操作的位置(腐蚀特别严重,需特别重视的部位除外)。

⑥ 对大小头、弯头、三通管、调节阀或节流阀后、集合管等有关管道常见结构的布点位置可参考中国石化《加工高含硫原油装置设备及管道测厚管理规定》。

⑦ 管道上同一截面处原则上应安排 4 个测厚点,至少在管道底部(或冲刷面)及两侧测 3 点。一般布置在冲刷腐蚀可能严重的部位和焊缝的附近(主要在介质流向的下游侧)。

23. 定点测厚的频率应如何确定?

定点测厚频率应根据设备管线腐蚀程度、剩余寿命、腐蚀危害性程度等进行确定,通常采取以下原则:

① 当腐蚀速率在 0.3~0.5mm/a 或剩余寿命在 1~1.5 年之间时,应每 3 个月测定一次。

② 当腐蚀速率在 0.1~0.3mm/a 或剩余寿命在 1.5~2 年之间时,应每 6 个月测定一次。

③ 当腐蚀速率小于 0.1mm/a 时,可在每次停工检修时测定一次。

④ 对腐蚀极为严重(腐蚀速率大于 0.5mm/a)或剩余寿命小于 1 年的部位应进行监控,对监控部位应增加测厚频率(测厚频率及位置由测厚管理部门、车间和检测单位共同确定)。

⑤ 停用设备及管道重新启用前应增加一次测厚。

⑥ 当原料中腐蚀性介质含量如酸值、硫、氯等发生明显变化时，应适时调整测厚频率。

⑦ 在装置检修期间应对装置所有的定点测厚点进行常温测厚。

24. 怎样进行定点测厚?

定点测厚仪器采用超声波测厚仪，要求精度不低于0.1mm，测量误差应在 $\pm(H\%+0.1)$ mm 范围内（H—壁厚，mm）。

应根据被测设备及管道的温度选择适当的探头和耦合剂，探头和耦合剂选用不当会造成较大的测量误差。不同规格的探头其厚度检测范围和适用温度不同，应根据现场实际情况加以选择。常用耦合剂的使用温度见表4.1。

表4.1　耦合剂使用温度

耦合剂类型	最高使用温度/℃
甘油、凝胶	<90
丙二醇、乙二醇	<150
专用中温耦合剂	<250
高温耦合剂	<500

每次测厚前，应按照使用说明书对测厚仪器进行标定。对被测对象要采用锉刀或砂纸进行表面处理，保证被测对象的材质和表面状况与标定试块基本一致。

测厚推荐采用二次测厚法，即在探头分隔面相互垂直的两个方向上（对管道测厚，探头分隔面应与轴线垂直或平行）测定两次，以最小值为准。如果两次测厚值的偏差大于0.2mm，应重新测定。

定点测厚在保证测厚点固定的同时要求做到测厚人员固

定、测厚仪器固定，以保证数据的可靠性和连续性。

对中高温条件下(100~500℃)的测厚，在测量过程中要注意以下几方面的问题：

① 要选择合适的高温测厚仪，并采用配套探头和耦合剂。

② 中高温条件下测厚数据比实际值偏大，应注意进行修正。修正方法有常高温转换公式法和声速校正法，其中声速校正法比较常用。通常，温度每升高55℃，声波在钢中的传播速度下降1%(准确值随合金成份而改变)。表4.2列出了碳钢和304不锈钢中声速和温度的对应关系。

③ 高温探头通常采用双晶探头或延迟线探头，当采用双晶探头时，要注意零点校准。选用带有自动零点校准功能的测厚仪可以提高工作效率。

④ 在高温测量时，探头与高温表面长时间接触会导致明显的热量堆积。如果内部温度足够高，会导致探头永久性损坏。对大部分的双晶探头和延迟线探头，对表面温度在约90~425℃时，推荐的工作周期为接触热表面的时间不超过10s(推荐5s)，接着是最少1min的空气冷却。通常，如果探头外壳温度高到无法用手舒适地拿着，那么探头内部温度就已经达到一个潜在的损坏温度，在继续检测前必须将探头冷却。

表4.2 碳钢和304不锈钢中声速和温度的对应关系

温度/℃	声速/(m/s)	
	碳 钢	304 不锈钢
室温	5900	5700
100	5850	5650
150	5800	5600

温度/℃	声速/(m/s)	
	碳 钢	304 不锈钢
200	5750	5550
250	5700	5500
300	5650	5450
350	5600	5400
400	5550	5350
450	5500	5300

⑤ 高温测厚时耦合剂使用的方法是将一滴耦合剂滴在探头表面，然后将探头稳稳地压在被测表面。不能扭曲或磨探头，否则会造成探头磨损失效。在两次测量之间，任何干的耦合剂残留物都必须从探头表面除去。

25. 何谓电阻探针腐蚀在线监测系统？

电阻探针腐蚀监测仪通过测量金属元件在工艺介质中腐蚀时的电阻值的变化，计算金属在工艺介质中的腐蚀速度。当金属元件在工艺介质中遭受腐蚀时，金属横截面面积会减少，造成电阻相应增加。电阻增加与金属损耗有直接关系，因此，通过一定的公式，可以换算出金属的腐蚀速度。

电阻探针腐蚀在线监测系统是目前国内炼油厂应用最广泛的在线监测技术，它将多个探头安装在不同的部位，通过监测仪器显示腐蚀速度的变化。此外，探针测量元件可以根据现场需要采用不同的材料。电阻探针的另一个优点是适用范围广，几乎可以用于炼油厂所有的介质环境中，包括气相、液相、固相和流动颗粒。

电阻探针信号反馈时间短、测量迅速，能及时反映出设备管道的腐蚀情况，使设备管道的腐蚀始终处于监控状态。因此对于腐蚀严重的部位和短时间内突发严重腐蚀的部位，这种方法是不可缺少的监测控制手段。但由于仪器测量灵敏度的限制，其所测得的数据受工艺介质腐蚀速度变化的影响较大，测量结果有时会发生偏差。

26. 何谓电感探针腐蚀在线监测系统？

电感探针技术发展于 20 世纪 90 年代，又称为磁阻探针技术，它通过测量金属/合金敏感元件周围的线圈由于敏感元件腐蚀而引起的阻抗变化的信号来反映腐蚀速度，具有响应时间短（几分钟）、适用范围广（几乎所有具有腐蚀的介质）等特点，兼具了 ER（电阻探针）和 LPR（线性极化探针）的优点。目前国内多家炼油厂都应用了该腐蚀监测系统，取得了良好的应用效果。

27. 何谓电化学探针腐蚀在线监测系统？

电化学探针腐蚀在线监测系统基于电化学 Stern&Geary 定律，即在腐蚀电位附近电流的变化和电位的变化之间成直线关系，其斜率与腐蚀速度成反比：

$$i_{corr} = \frac{B}{R_p}$$

式中　B——极化常数，由金属材料和介质决定；

　　　R_p——极化电阻，$R_p = \Delta E/\Delta i$。

目前电化学探针测量原理有两种，一种是线性极化原理，一种是弱极化原理。两种原理的差别在于 B 值的数值不同。弱极化技术可以准确测量电化学参数 B 值，避免传统线性极化法测量 B 值采用估算造成的理论误差。

电化学探针的优点是测量迅速，可以测得瞬时腐蚀速度，及时反映设备操作条件的变化。但只适用于电解质溶液，因此在炼油厂通常多用在循环水系统的腐蚀监控上。

28. 什么是腐蚀挂片监测？

腐蚀挂片监测作为腐蚀监测最基本的方法之一，具有操作简单，数据可靠性高等特点，可作为设备和管道选材的重要依据。美国材料试验协会 ASTM 64 给出了工业腐蚀挂片监测的步骤，包括挂片的安装和监测使用方法。ASTM G1 列出了挂片的准备、清洗和称重步骤。腐蚀挂片监测结果通常以均匀腐蚀的平均值表示，单位为 mg/（m^2·d）或 mm/a。

目前炼油厂采用的腐蚀挂片技术主要有两种方式。一是利用装置停工检修，在装置设备内部重点腐蚀部位挂入腐蚀挂片，待运行一个生产周期，装置再次停工检修时取出，测量挂片腐蚀失重情况，计算腐蚀速度，这种方法被称为现场腐蚀挂片监测。该方法监测周期以装置运行周期为准，通常为 2~3 年，主要用于设备选材研究，也可作为其他腐蚀监测数据比较的基础。因现场腐蚀挂片主要用于选材研究，因此其材质可以根据各厂需要选择，还可以挂入一些表面处理过的材质。

第二种腐蚀挂片技术是挂片探针技术。该技术属于在线监测技术的一种，可以在装置运行过程中对重点腐蚀部位进行监测，监测周期通常为一到二个月，适用于高温部位的腐蚀监测，同时可以作为腐蚀在线监测系统的对比监测和工艺防腐效果的评估。试片材质根据现场设备管线材质进行选择，也可根据需要采用其他种类材质。

29. 什么是腐蚀介质监测分析？

腐蚀介质分析是监控装置腐蚀状况、预测腐蚀变化趋势的有效手段。常用腐蚀介质分析技术包括常减顶冷凝水分析、催化装置酸性水分析、加氢装置酸性水分析、脱硫装置再生塔顶酸性水分析、进装置原油硫和酸值分析、电脱盐前后原油含盐含水分析、常减压侧线油活性硫及总硫分析、常减压侧线油酸值(度)分析、减压侧线油铁离子或铁镍比分析等项目。通过腐蚀介质分析可以判断被监测部位总的腐蚀情况，以便于及时调整工艺操作，减轻腐蚀。此外，腐蚀介质分析还可以用于监测、评价工艺防腐措施的使用效果。

如冷凝水分析主要用于监测装置低温部位腐蚀情况，常规分析项目有 $Fe^{2+/3+}$、Cl^-、pH 值、S^{2-} 四项，对于常减压装置三顶冷凝水，前三个分析项目有控制指标，用于考核装置"一脱三注"防腐措施运行情况(Cl^-不作为考核指标)，其中 pH 值要求控制在 6.5~8.5 之间，Cl^-要求小于 30mg/L，$Fe^{2+/3+}$要求小于 3mg/L。

30. 炼油厂常用腐蚀介质分析方法有哪些?

炼油厂常用腐蚀介质分析方法如下：

GB/T 7304—2000 石油产品和润滑剂酸值测定法(电位滴定法)

GB/T 387—1990 总硫 深色石油产品硫含量测定法(管式炉法)

GB/T 17040—2008 石油产品硫含量测定法(能量色散 X 射线荧光光谱法)

SH/T 0253—1992 轻质石油产品中总硫含量测定法(电量法)

QG/SLL 01—2004 活性硫 油品中总活性硫测定法

GB/T 18608—2012 原油和渣油中镍、钒、铁、钠含量的测定 火焰原子吸收光谱法

GB/T 9739—2006 化学试剂 铁测定通用方法

GB/T 15453—2008 工业循环冷却水和锅炉用水中氯离

子的测定

GB 8538—2008 饮用天然矿泉水检验方法

GB/T 8572—2008 复混肥料中总氮含量的测定(蒸馏滴定法)

可以根据自身情况采取不同的腐蚀介质监测分析方法和分析频率,其中原油脱后含盐、脱后含水、污水含有、常减顶冷凝水分析等项目要求各企业根据中国石化工艺防腐管理规定进行,如条件许可,尽可能开展其他腐蚀介质监测分析。如在装置运行或检修期间,对腐蚀设备进行腐蚀产物取样分析,通过定性和定量分析,结合设备实际工艺操作条件(温度、压力、介质等),判断腐蚀产物组成,为确定腐蚀机理提供依据。

在腐蚀介质分析方面目前也采取了一些先进的在线检测手段,如 pH 在线检测技术,主要用于低温系统凝结水的 pH监控。过去,炼油厂低温部位如常减顶系统的冷凝水 pH 主要靠人工用 pH 试纸现场放水检测,费时费力,精确度不高。因为间断监测,不能及时发现 pH 偏低情况,使腐蚀发生。目前各炼厂开始采用 pH 在线监测系统。通过酸度计远程采集信号,可以连续在线检测 pH 值变化情况,并通过 DCS 系统实时显示,如果发现问题可及时调整注剂,最大限度地减轻常减顶系统的腐蚀。

31. 常减压装置应进行哪些与腐蚀相关的化学分析项目及分析频次?

常减压装置与腐蚀相关的化学分析见表 4.3。

32. 催化装置应进行哪些与腐蚀相关的化学分析项目及分析频次?

催化装置与腐蚀相关的化学分析见表 4.4。

表 4.3 常减压装置与腐蚀相关的化学分析一览表

分 析 介 质	分析项目	单 位	分析频次	分 析 方 法
脱前原油	含盐量	mgNaCl/L	1次/日、每罐原油分析	SY/T 0536—2008
	含水量	%		GB/T 260—1977
	金属含量	μg/g		等离子体发射光谱法原子吸收光谱法
	酸值	mgKOH/g		GB/T 18609—2011
	硫含量	%		GB/T 380—1977
	氮含量	μg/g		NB/SH/T 0704—2010
脱后原油	含盐量	mgNaCl/L	2次/日	SY/T 0536—2008
	含水量	%		GB/T 260—1977
初顶油 初侧线油 常顶油 常压侧线油 常压渣油 减顶油 减压侧线油 减压渣油	硫含量	%	1次/周	GB/T 380—1977
	酸值	mgKOH/g		GB/T 18609—2011
	金属含量	μg/g		等离子体发射光谱法原子吸收光谱法
燃料油	硫含量	%	1次/日	GB/T 380—1977
燃料气	硫化氢含量	%	1次/日	气相色谱法
电脱盐排水	pH值		2次/周	pH 计
	氯离子含量	mg/L	2次/周	HJ/T 343—2007
	总硫	mg/L	2次/周	HJ/T 60—2000
	铁离子含量	mg/L	2次/周	HJ/T 345-2007
	含油量	mg/L	2次/周	HG/T 3527—2008
	COD	mg/L	1次/周	GB/T 15456—2008

分析介质	分析项目	单 位	分析频次	分析方法
初顶水 常顶水 减顶水	pH 值		3 次/日	pH 计
	氯离子含量	mg/L	1 次/2 日	HJ/T 343—2007
	总硫	mg/L	1 次/2 日	HJ/T 60—2000
	铁离子含量	mg/L	1 次/2 日	HJ/T 345—2007
	含油量	mg/L	1 次/2 日	HG/T 3527—2008
电脱盐注水	pH 值		1 次/2 日	pH 计
常压炉烟道气 减压炉烟道气 集合管烟道气	CO			
	CO_2			
	O_2	%	2 次/周	气相色谱
	氮氧化物			
	水含量			
	SO_2			

表 4.4 催化裂化装置与腐蚀相关的化学分析一览表

分析介质	分析项目	单 位	分析频次	分析方法
原料油	总氯含量	μg/g	2 次/周	GB/T 18612—2011
	金属含量	μg/g	1 次/周	等离子体发射光谱法 原子吸收光谱法
	硫含量	%(质)		GB/T 380—1977
	氮含量	μg/g		NB/SH/T 0704—2010
富气	硫化氢含量	%(体)	1 次/日	气相色谱
分馏塔顶水、 富气压缩机级间 排水、 富气压缩机出口 排水	pH 值		2 次/周	pH 计
	氯离子含量	mg/L		HJ/T 343—2007
	总硫			HJ/T 60—2000
	铁离子含量			HJ/T 345—2007
	CN^- 含量			HJ 484—2009
	氨氮			HJ 535—2009

114

分析介质	分析项目	单 位	分析频次	分析方法
再生烟气	CO	%	2次/周	气相色谱
	CO_2			
	O_2			
	氮氧化物			
	水含量			
	SO_2			

33. 焦化装置应进行哪些与腐蚀相关的化学分析项目及分析频次？

焦化装置与腐蚀相关的化学分析见表4.5。

表4.5 焦化装置与腐蚀相关的化学分析一览表

分析介质	分析项目	单 位	分析频次	分析方法
原料油	总氯	μg/g	2次/周	GB/T 18612—2011
	金属含量	μg/g	1次/周	原子吸收光谱法
	酸值	mgKOH/g		GB/T 18609—2011
	硫含量	%(质)		GB/T 380—1977
	氮含量	μg/g		NB/SH/T 0704—2010
富气	硫化氢含量	%	1次/日	气相色谱
分馏塔顶水、富气压缩机级间排水、富气压缩机出口排水	pH 值	mg/L	2次/周	pH 计
	氯离子含量			HJ/T 343—2007
	总硫含量			HJ/T 60—2000
	铁离子含量			HJ/T 345—2007
	CN^-含量			HJ 484—2009
	氨氮			HJ 535—2009

分析介质	分析项目	单 位	分析频次	分析方法
加热炉烟气	CO	%	2 次/周	气相色谱
	CO_2			
	O_2			
	氮氧化物			
	水含量			
	SO_2			

34. 加氢装置应进行哪些与腐蚀相关的化学分析项目及分析频次?

加氢装置与腐蚀相关的化学分析见表4.6。

表4.6　加氢装置与腐蚀相关的化学分析一览表

分析介质	分析项目	单 位	分析频次	分析方法
原料油	总氯	μg/g	2 次/周	GB/T 18612—2011
	金属含量	μg/g	1 次/周	原子吸收光谱法
	酸值	mgKOH/g		GB/T 18609—2011
	硫含量	%		GB/T 380—1977
	氮含量	μg/g		NB/SH/T 0704—2010
循环氢	氯化氢	mg/m^3	1 次/日	气相色谱
	硫化氢含量	%		
分馏塔顶水、脱硫化氢汽提塔顶水、冷高压分离器排出水、冷低压分离器排出水	pH 值		1 次/日	pH 计
	氯离子含量			HJ/T 343—2007
	总硫含量			HJ/T 60—2000
	铁离子含量	mg/L		HJ/T 345—2007
	氨氮			HJ 535—2009
				HJ 536—2009
				HJ 537—2009

35. 重整装置应进行哪些与腐蚀相关的化学分析项目及分析频次?

重整装置与腐蚀相关的化学分析见表4.7。

表4.7　重整装置与腐蚀相关的化学分析一览表

分析介质	分析项目	单　位	分析频次	分析方法
原料油	氯含量	μg/g	2次/周	GB/T 18612—2011
	含水量	%		GB/T 260—1977
	金属含量	μg/g	1次/周	原子吸收光谱法
	酸值	mgKOH/g		GB/T 18609—2011
	硫含量	%(质)		GB/T 380—1977
	氮含量	μg/g		NB/SH/T 0704—2010
循环氢	氯化氢	mg/m³	1次/日	气相色谱
	硫化氢含量	%(体)		
预加氢产物分离罐排出水、预加氢汽提塔顶回流罐排出水、脱戊烷塔顶回流罐排出水	pH值		1次/日	pH计
	氯离子含量			HJ/T 343—2007
	总硫含量			HJ/T 60—2000
	铁离子含量	mg/L		HJ/T 345—2007
	氨氮			HJ 535—2009 HJ 536—2009 HJ 537—2009
加热炉烟气	CO	%	2次/周	气相色谱
	CO₂			
	O₂			
	氮氧化物			
	水含量			
	SO₂			

36. 制氢装置应进行哪些与腐蚀相关的化学分析项目及分析频次?

制氢装置与腐蚀相关的化学分析见表4.8。

表4.8 制氢装置与腐蚀相关的化学分析一览表

分析介质	分析项目	单 位	分析频次	分析方法
净化后原料气	氯含量	mg/m³	1 次/日	气相色谱
	硫化氢含量	mg/m³		
燃料气	硫化氢含量	mg/m³	1 次/日	气相色谱
	液态烃含量	mg/m³		
脱碳系统净化液（钾碱溶液提纯氢气工艺）	碳酸钾	%(质)	1 次/日	原子吸收
	Fe	mg/L		
	总钒	%(质)		
	V^{5+}/V^{4+}			
酸性水汽提塔（PSA）	pH 值		1 次/日	pH 计
	氯离子含量	μg/g		HJ/T 343—2007
	硫含量(wt%)			HJ/T 60—2000
	铁含量(μg/g)			HJ/T 345—2007
	碳酸根离子			
加热炉烟气	CO	%	2 次/周	气相色谱
	CO_2			
	O_2			
	氮氧化物			
	水含量			
	SO_2			

37. 减粘裂化装置应进行哪些与腐蚀相关的化学分析项目及分析频次?

减粘裂化装置与腐蚀相关的化学分析见表4.9。

118

表 4.9　减粘裂化装置与腐蚀相关的化学分析一览表

分析介质	分析项目	单位	分析频次	分析方法
原料油	酸值	mgKOH/g		GB/T 18609—2011
	硫含量	%(质)		GB/T380—1977
	氮含量	μg/g		NB/SH/T 0704—2010
燃料油	硫含量	%	1 次/日	GB/T 380—1977
燃料气	硫化氢含量	%	1 次/日	气相色谱法
分馏塔顶水	pH 值		3 次/日	pH 计
	氯离子含量	mg/L	1 次/日	HJ/T 343—2007
	总硫	mg/L	1 次/日	HJ/T 60—2000
	铁离子含量	mg/L	1 次/日	HJ/T 345—2007
	含油量	mg/L	1 次/日	HG/T 3527—2008
加热炉烟道气	CO	%	2 次/周	气相色谱
	CO_2			
	O_2			
	氮氧化物			
	水含量			
	SO_2			

38. 糠醛精制装置应进行哪些与腐蚀相关的化学分析项目及分析频次？

糠醛精制装置与腐蚀相关的化学分析见表 4.10。

表 4.10　糠醛精制装置与腐蚀相关的化学分析一览表

分析介质	分析项目	单位	分析频次	分析方法
燃料油	硫含量	%	1 次/日	GB/T 380—1977
燃料气	硫化氢含量	%	1 次/日	气相色谱法

分析介质	分析项目	单 位	分析频次	分析方法
污水	pH 值		3 次/日	pH 计
	铁离子含量	mg/L	1 次/日	HJ/T 345—2007
加热炉烟道气	CO	%	2 次/周	气相色谱
	CO_2			
	O_2			
	氮氧化物			
	水含量			
	SO_2			

39. 酮苯脱蜡装置应进行哪些与腐蚀相关的化学分析项目及分析频次?

酮苯脱蜡装置与腐蚀相关的化学分析见表 4.11。

表 4.11 酮苯脱蜡装置与腐蚀相关的化学分析一览表

分析介质	分析项目	单 位	分析频次	分析方法
污水	pH 值		3 次/日	pH 计
	铁离子含量	mg/L	1 次/日	HJ/T 345—2007

40. MTBE 装置应进行哪些与腐蚀相关的化学分析项目及分析频次?

分析萃取水腐蚀性物质含量,用于腐蚀评估,萃取水分析项目见表 4.12。

41. 脱硫装置应进行哪些与腐蚀相关的化学分析项目及分析频次?

脱硫装置与腐蚀相关的化学分析是胺液,其分析项目见表 4.13。

表 4.12　萃取水分析项目

分析项目	单　位	分析频次	分析方法
pH 值		3 次/周	pH 计
氯离子含量	μg/g	3 次/周	HJ/T 343—2007
铁含量	μg/g	3 次/周	HJ/T 60—2000
甲醇		3 次/周	
氧含量		1 次/周	氧含量分析仪
有机酸		1 次/周	液相色谱
硫酸根		1 次/周	

表 4.13　胺液的化学分析项目

分析项目	单　位	分析方法
pH 值		pH 计
总硫含量	μg/g	HJ/T 60—2000
热稳态盐	%(质)	
氯离子	μg/g	HJ/T 343—2007
Fe	μg/g	HJ/T 345—2007
氧含量	mg/L	HJ 506—2009
固体物	%(质)	GB 11901—1989

42. 污水汽提装置应进行哪些与腐蚀相关的化学分析项目及分析频次?

分析酸性水进料,硫化氢汽提塔塔顶分液罐排出水、氨汽提塔塔顶分液罐排出水,分析项目见表 4.14。

43. 硫磺回收装置应进行哪些与腐蚀相关的化学分析项目及分析频次?

硫磺回收装置与腐蚀相关的化学分析主要是急冷水分析

与焚烧炉烟气分析，见表4.15。

表4.14　水相分析项目

分析项目	单　位	分析方法
pH 值		pH 计(GB/T 6920)
铁离子含量	mg/L	HJ/T 345—2007
CO_2含量	mg/L	氢氧化钡
硫化物含量	mg/L	HJ/T 60—2000
CN^-	mg/L	HJ 484—2009
NH_3	mg/L	HJ 535—2009
Cl^-	mg/L	HJ/T 343—2007
含油		HG/T 3527—2008
酚		HJ 503—2009
COD		GB/T 15456—2008

表4.15　硫磺回收装置与腐蚀相关的化学分析一览表

分析介质	分析项目	单　位	分析频次	分析方法
急冷水	pH 值		3 次/日	pH 计
	氯离子含量	mg/L	1 次/日	HJ/T 343—2007
	总硫	mg/L	1 次/日	HJ/T 60—2000
	铁离子含量	mg/L	1 次/日	HJ/T 345—2007
焚烧炉烟道气	CO			
	CO_2			
	O_2	%	2 次/周	气相色谱
	氮氧化物			
	水含量			
	SO_2			

44. 锅炉水处理装置应进行哪些与腐蚀相关的化学分析项目及分析频次?

分析对象: 锅炉给水进料、锅炉蒸气水, 分析项目见表4.16。

表4.16 水相分析项目

项 目 名 称	指 标	测 定 方 法
给水 pH	8.8~9.3	
给水 SiO_2	≤20μg/L	GB/T 12149—2007
给水溶解氧	≤7μg/L	HJ 506—2009
给水硬度	≤2μmol/L	EDTA 滴定法

45. 氢氟酸烷基化装置腐蚀检测如何进行?

腐蚀检测主要采用定点测厚和氢通量检测, 不推荐采用电阻探针等技术。

应定期检查冷却水的 pH 值和氟化物的含量, 以防止少量泄漏造成循环水 pH 明显下降, 导致循环水系统的腐蚀。

46. 硫酸烷基化装置腐蚀检测如何进行?

腐蚀监检测方式一般包括在线检测(在线 pH 计、电感或电阻探针等), 化学分析、定点测厚、腐蚀挂片测试等。各装置应根据实际情况建立腐蚀监检测系统, 保证生产的安全运行。

常用化学分析采样部位及分析指标见表4.17。

表4.17 常用化学分析采样部位及分析指标

采 样 部 位	分 析 项 目	单 位	分 析 方 法
酸沉降器的废酸	游离酸含量	%	
水洗循环回路中水样	pH 值		
脱异丁烷塔顶罐水样	pH 值		
脱丙烷塔顶罐水样	pH 值		

47. 为什么要开展装置停工期间的腐蚀检查？

设备的腐蚀情况仅靠正常生产中的腐蚀监检测是不够的，设备内部的腐蚀情况还必须靠装置停工期间的腐蚀检查工作来完成。该项工作与设备腐蚀第一手资料的积累和设备的科学管理等有着直接关系。

48. 如何组织装置停工期间的腐蚀检查？

在装置停工检修前，需要根据装置运行情况制定出腐蚀检查方案，以确保检修期间腐蚀检测工作的顺利进行。在装置停工期间，要成立专业腐蚀检查队伍，对停工装置进行全面的腐蚀检查，对腐蚀严重的部位进行照相，并采集腐蚀产物进行分析。对于检修中发现的腐蚀问题，有关部门要及时采取防护措施。检修结束后，要提交各装置的腐蚀调查报告。对于各套装置的重点腐蚀检查部位和各类设备的腐蚀检查规范可以参考中国石化《关于加强炼油装置腐蚀检查工作的管理规定》。

49. 装置停工检修常用的腐蚀检查方法有哪些？

装置停工检修常用的腐蚀检查方法见表 4.18。

表 4.18　停工检修常用腐蚀检查方法

检测设备	检 测 项 目	检测方法	仪器设备
塔、容器	1. 污垢状况 2. 腐蚀状况 3. 连接配管及内构件情况 4. 壁厚测定	1. 目视检查 2. 测厚 3. 垢样分析	1. 手锤及量具，照相机、电筒等 2. 刮刀、采样袋 3. 超声波测厚仪

检测设备	检 测 项 目	检测方法	仪器设备
加热炉	1. 炉管氧化、蠕变裂纹、局部变色、弯曲变形、结垢 2. 炉管弯头及直管厚度测量 3. 焊接部位检查 4. 支撑、吊架等内构件检查	1. 目视检查 2. 锤击检查 3. 测厚检查	1. 手锤及量具、照相机，电筒 2. 超声波测厚仪
冷换设备	1. 壳体、管束、管板及联接管件腐蚀状况 2. 管束内外表面污垢情况 3. 换热管、壳体、短节厚度	1. 目视检查（内窥镜） 2. 锤击检查 3. 测厚 4. 垢样分析	1. 扁铲、量具、照相机、内窥镜等 2. 刮刀、采样袋 3. 超声波测厚仪
储罐	1. 腐蚀及结垢情况 2. 涂层缺陷检查	1. 目视检查 2. 测厚 3. 火花检测	1. 手锤、照相机，电筒 2. 超声波测厚仪 3. 电火花检测仪
管道	1. 内外观检查 2. 厚度测定 3. 污垢、腐蚀检查 4. 缺陷检查：裂纹、焊缝区	1. 测厚 2. 目视检查（内窥镜） 3. 硬度检查 4. 垢样分析	1. 手锤、扁铲、照相机 2. 超声波测厚仪 3. 刮刀、采样袋 4. 硬度计
机泵	1. 套管、附属配管等腐蚀状况 2. 厚度测定	1. 内外观检查 2. 测厚	1. 量具、扁铲、电筒 2. 超声波测厚仪
阀门	1. 阀体和阀杆及密封情况 2. 厚度测定	1. 测厚 2. 目视检查（内窥镜）	1. 超声波测厚仪 2. 手锤、照相机

125

50. 腐蚀监测位置的确定通常需注意哪些部位？

通常需要注意以下几个腐蚀严重的部位：

① 有水凝结的部位，尤其是水凝结开始的部位，如常减压塔顶冷凝冷却系统空冷器出口及水冷器出入口。

② 腐蚀介质被浓缩的部位，如循环冷却水系统。

③ 设备管道高湍流区域，如管道的弯头等。

④ 高温高压腐蚀严重的部位。

⑤ 事故发生频繁的设备管道。

⑥ 下周期计划置换的设备管道。

51. 如何确定炼油厂主要装置的腐蚀监测重点部位？

各生产装置要根据本装置设备管线腐蚀特点，结合装置用材、腐蚀造成的后果程度等因素，确定本装置的腐蚀监测部位。主要装置的重点部位是：

（1）常减压装置

电脱盐罐前后、含盐污水系统、初顶油气系统、初底油系统（包括常压炉和转油线）、常顶油气系统、常压塔高温侧线系统（温度高于240℃）、常底油系统（包括减压炉和转油线）、减顶油气系统、减压塔侧线系统、减底渣油系统。

（2）催化装置

进反应器前原料管线、再生器及烟道系统、分馏塔顶系统、分馏塔底油浆系统、稳定吸收塔顶系统。

（3）焦化装置

原料系统管线、焦化炉、焦炭塔上部、大油气线、分馏塔高温部位、分馏塔塔顶系统。

（4）重整装置

预分馏塔塔顶系统、反应产物馏出系统、预加氢反应器、重整产物冷凝系统、芳烃抽提单元低温部位。

（5）加氢装置

混氢点前的原料线、加热炉、反应器、反应产物馏出系统(包括高压换热器、高压空冷、高低分罐、管线等)、脱丁烷塔顶系统。

（6）脱硫装置

再生塔塔底系统(包括重沸器)、贫富液管线、再生塔塔顶系统、酸性水线。

52. 在设计腐蚀监测位置时应注意哪些问题?

在设计腐蚀监测位置时应注意以下两个问题:

（1）腐蚀监测试片要尽量浸入有水的地方

通常对水平段来说是 6 点的位置(底部位置)，因为水比油或气重，不适合采用 3 点或 9 点的位置，见图 4.1。不少探针被安装在管道的一侧，而不是底部。尽管侧面便于安装，但试片或探针不能准确反映管道的腐蚀速度，除非管道内充满水。有时由于探针拆装位置不合适，也可以安装在 5 点的位置。

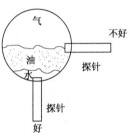

图 4.1 腐蚀探针
安装示意图

（2）一般在相邻两个位置同时使用挂片和探针监测，这样可以相互纠正测量结果

两套探针的开口都应在水平管的 6 点位置，靠近物流的末端，以保证物流有足够的时间分离。两个开口的间距应为管直径的 6~10 倍，以防止第一根探针导致的湍流的影响。

第五章 炼油装置的常用
材料及选择

1. 炼油厂设备及管道所用材料的基本性能要求是什么?

所用材料应能适应其服役的条件(温度、压力、介质特性等),并有利于设备、管道的制造及安装质量保证。具体选材时重点考虑钢材的机械性能(强度、塑性、韧性、硬度等)、加工工艺性能(冷塑变形能力和焊接性能)和耐腐蚀性能。

2. 炼油厂常用的金属材料有哪些?

常用的金属材料有:

(1) 低碳钢,如 Q235AF,Q235A \ B \ C,10,20,20R,20G 等;

(2) 低合金结构钢,如 16Mn,16MnR,15MnV,15MnVR,15MnVNR,18MnMoNbR,16MnDR 等;

(3) 耐热、抗氢钢,如 0.5Cr-0.5Mo,1Cr-0.5Mo,1.25Cr-0.5Mo,1Cr-0.5Mo-V,2.25Cr-0.5Mo,5Cr-1Mo,9Cr-1Mo,3Cr-1Mo0.25V-Ti-B 等;

(4) 不锈钢,如 0Cr13,1Cr13,0Cr18Ni9,0Cr18Ni9Ti,0Cr18Ni11Ti,0Cr18Ni12Mo2Ti,00Cr17Ni14Mo2,0Cr18Ni12Mo3Ti,00Cr19Ni13Mo3,0Cr19Ni13Mo3 等。

3. 什么是钢?什么是低碳钢?

钢是含碳量<2.06%的铁碳合金,碳素钢是指钢中不特意加入其它金属元素,除铁和碳之外,只含有少量硅、锰、

硫、磷等杂质元素的铁碳合金。低碳钢是指碳含量小于0.25%的优质碳素结构钢。低碳钢具有适当的强度和塑性,工艺性能良好,价格低廉,因而被广泛用来制造一般的中、低压容器。常用的低碳钢有 Q235 系列钢板、20g 等。

4. 什么是低合金结构钢?

低合金结构钢以前称为"普通低合金钢",是在碳素结构钢中添加少量合金元素而成,其机械性能和工艺性能都显著高于相同碳含量的普通低碳钢。制造压力容器常用的普通低合金钢是 16MnR(16MnR 比 Q235 钢多含约 1%的锰,但强度却高得多),用这种钢板制造的容器比一般碳钢轻约 30%~40%,使用温度为-20~475℃。此外,根据我国资源情况发展起来的低合金钢,如 15MnVR、18MnMoNbR 等常用于制造常温中低压容器。

5. 在选用抗氢钢时,如何正确理解"纳尔逊(Nelson)曲线"?

纳尔逊曲线:绘制了高温高压临氢作业的碳钢和铬钼钢的操作极限(工艺过程的温度和氢分压)。超过该曲线,就会发生高压氢腐蚀而导致表面脱碳、内部脱碳或裂纹。该曲线绘制时,试件和设备最少操作一年以上才绘出安全点,事故点则不论其操作时间的长短。当时仅考虑材料抗高温氢腐蚀,没有考虑其他影响因素,例如:系统中的其他腐蚀介质,如 H_2S 等;蠕变、回火脆性及其它高温损伤;可能的几种因素迭加的影响。

图 5.1 为纳尔逊曲线,图中给出的数据的操作条件有一定的波动范围,在选材时应该在相应的曲线之下增加一定的安全储备。在选材时,曲线温度取设计温度加 20℃,曲线压力取设计压力加 0.35MPa。

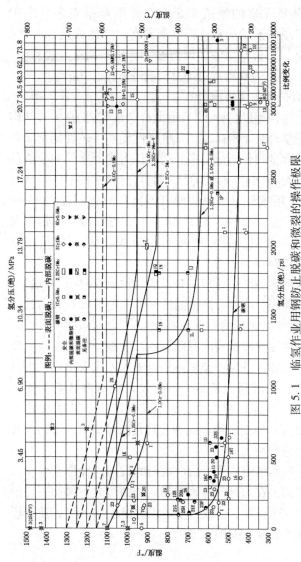

图 5.1　临氢作业用钢防止脱碳和微裂的操作极限

注:1. 本曲线给出的极限是基于 G. A. Nelson 最初收集的操作经验和 API 征集的补充资料;
　　2. 奥氏体不锈钢在任何温度条件下或氢压下不会脱碳;
　　3. 本曲线给出的极限是基于铸钢和正火钢采用 ASME Ⅷ-1 应力值水平,补充资料见 API 941—2008 的 5.3.5.4 节。
　　4. 曾报道 1.25Cr-1MoV 钢在安全范围内发生若干裂纹,详见 API 941—2008。
　　5. 包括 2.25Cr-1MoV 级钢建立在 10000h 实验室的试验数据,这些合金至少等于 3Cr-1Mo 钢性能,详见 API 2.2 节。

2. 25Cr-0.5Mo 是加氢反应器用钢传统牌号，使用维护经验丰富，但最高使用温度限制在 454℃ 以下，装置大型化造成反应器过重，制造、运输、安装困难；操作温度再高，则不能满足要求。

2. 25Cr-0.5Mo 改进型钢材：增强型的 2. 25Cr-0.5Mo，3Cr-1Mo0. 25V-Ti-B，后者现在多用，高温强度高，抗回火脆化和氢蚀、氢脆能力更好，节省钢材，设计温度可达 480℃。430℃ 以下与 2. 25Cr-0.5Mo 相比优点并不突出。

2. 25Cr-0.5Mo，5Cr-1Mo，9Cr-1Mo 是高温抗氢炉管用钢。

6. 什么是不锈钢？

仅能在空气中耐腐蚀的钢称为不锈钢，能抵抗某些化学介质腐蚀的钢称为耐酸钢，习惯上将两者都统称为不锈钢。

7. 最常用的不锈钢有哪些？其化学成分如何？

（1）18-8 型奥氏体不锈钢

如 1Cr18Ni9，0Cr18Ni9，00Cr19Ni10，1Cr18Ni9Ti，0Cr19Ni9Ti，0Cr18Ni11Nb；18-8 型奥氏体不锈钢成分中，锰、硫磷的成分相同，铬与镍的含量相近，主要差别在碳、钛和铌上。常用的 18-8 型奥氏体不锈钢牌号及其化学成分见表 5.1。

表 5.1　常用的 18-8 型奥氏体不锈钢牌号及其化学成分　%

牌　号	ASTM 相近牌号	C	Ni	Cr	其他合金成分
1Cr18Ni9	302	≤0.15	8.00~10.00	17.00~19.00	
0Cr18Ni9	304	≤0.08	8.00~11.00	17.00~19.00	—
00Cr19Ni10	304L	≤0.03	8.00~12.00	18.00~20.00	—

牌　　号	ASTM相近牌号	C	Ni	Cr	其他合金成分
1Cr18Ni9Ti		≤0.12	8.00~11.00	17.00~19.00	Ti=5(C%-0.02)~0.80
0Cr19Ni9Ti	321	≤0.08	9.00~12.00	17.00~19.00	Ti≥5×C%
0Cr18Ni11Nb	347	≤0.08	9.00~13.00	17.00~19.00	Nb≥10×C%

（2）18-12 型奥氏体不锈钢

如 1Cr18Ni12Mo2Ti，0Cr18Ni12 Mo2Ti，1Cr18Ni12Mo3Ti，0Cr18Ni12 Mo3Ti，0Cr17Ni12Mo2，0Cr17Ni14Mo2；常见的 18-12 型奥氏体不锈钢的牌号及主要化学成分见表 5.2。

表 5.2　常见的 18-12 型奥氏体不锈钢牌号及其化学成分　%

牌　　号	C	Ni	Cr	其他合金成分
1Cr18Ni12Mo2Ti	≤0.15	8.00~10.00	17.00~19.00	
0Cr18Ni12Mo2Ti	≤0.08	8.00~11.00	17.00~19.00	—
1Cr18Ni12Mo3Ti	≤0.03	8.00~12.00	18.00~20.00	—
0Cr18Ni12Mo3Ti	≤0.12	8.00~11.00	17.00~19.00	Ti=5(C%-0.02)~0.80
0Cr17Ni12Mo2	≤0.08	9.00~12.00	17.00~19.00	
0Cr17Ni14Mo2	≤0.08	9.00~13.00	17.00~19.00	

（3）双相不锈钢

双相不锈钢是在固溶组织中铁素体与奥氏体大约各占一半，理想的双相不锈钢的组织是铁素体与奥氏体组织正好分别占 50%。双相不锈钢兼具铁素体不锈钢和奥氏体的优点，作为可焊接的结构材料发展十分迅速，上世纪 80 年代以来已发展成为和马氏体型、奥氏体型及铁素体型不锈钢并列的一个钢类。表5.3给出了双相不锈钢的主要代表牌号的化学成分与抗点蚀当量数(PREN)。

表5.3　双相不锈钢主要代表牌号的化学成分(%)与
抗点蚀当量数(PREN)

类　别	标　准	商业牌号	C	Cr	Ni	Mo	N	Cu	W	PREN
低合金型	UNSS32304	SAF2304	0.03	23	4	0.1	0.1	0.2		24
	W.Nr1.4362	UR35N								
中合金型		SAF2205	0.03	22	5	2.8	0.15			32/33
	UNSS31803	3RE60	0.03	18.5	5	2.7				29
	UNSS31500	UR50	0.06	21	7.5	2.5		1.5		29
		UR45N+	0.03	22.8	6	3.3	0.18			35/36
高合金型	UNSS32550	Ferralium	0.05	25	6	3	0.18	0.18		37
	W.Nr.4507	UR52N	0.03	25	6.5	3	0.17	1.5		38
超级	UNSS32750	SAF2507	0.03	25	7	3.8	0.28			41
	UNSS32740	DTS25.7NW	0.03	27	7.5	3.8	0.27	0.7	0.7	44

双相不锈钢与奥氏体不锈钢相比较，屈服强度几乎提高一倍，具有更好的耐腐蚀性能。双相不锈钢在磷酸、硫酸、有机酸、碱中都表现出了更强的耐蚀性，耐点蚀和缝隙腐蚀能力也更好，耐应力腐蚀开裂和应力腐蚀疲劳的能力也更强。双相不锈钢的热膨胀系数比奥氏体不锈钢低，与钢接近，用于制造换热器时，可以降低温差应力；导热系数比奥氏体不锈钢略高，并且具有较强的磁性，加工时可以使用磁性夹具。所有用于不锈钢冷成型的设备均可用于双相不锈钢的冷成型，只是要提高一定的吨位；冷变形较大时要进行中间固溶淬火加退火热处理，酸洗时要选用腐蚀性略强的酸洗液。双相不锈钢不同牌号的材质已经具有相应的焊材和焊接工艺。

8. 不锈钢中的合金元素有何作用？

在不锈钢中决定耐蚀性的主要元素是铬，在钢中加入12%以上的铬，可以显著提高钢的耐蚀性，但要更好地改善钢的耐蚀性，钢中的含铬量最好达到16%~18%甚至更高。但铬是铁素体形成元素，扩大相图中的铁素体区域，缩小奥氏体区域，铬含量太高，钢中铁素体含量会过高，使钢脆化，降低材料的综合机械性能和加工性能。

镍是奥氏体形成元素，在钢中加入镍，可以扩大相图中的奥氏体区域，增加钢中的奥氏体组织，改善钢的韧性，提高钢的综合机械性能和加工性能，使不锈钢得到广泛应用。

碳的作用有两个方面。其一，碳是强的奥氏体形成元素，其扩大相图中奥氏体区域的作用是镍的30倍；其二，碳是碳化物形成元素，含碳量高，不锈钢在焊接时，会发生碳化铬在晶界沉淀，引起晶界贫铬，使不锈钢有晶界腐蚀倾向，考虑到后者的作用后果，在制造双相不锈钢时，通过先进的冶炼技术将碳控制在超低碳的水平成为共识。此外，碳还可以提高材料的高温强度。

钛和铌是稳定化元素，为解决不锈钢晶间腐蚀问题，在钢种加入钛或铌。这样即使不锈钢中有较高的碳含量，也不会在焊接等热加工后，发生因晶界贫铬而导致的晶间腐蚀倾向。

钼是铁素体形成元素，适当加入钼可以明显提高钢的抗缝隙腐蚀和点腐蚀能力。

氮加入到双相不锈钢中可调节铬和钼元素在铁素体与奥氏体之间的分配，使它们从铁素体相中向奥氏体相迁移，钢种的含氮量越高，两相中合金元素之差越小，另外，氮在奥氏体相中的溶解度远高于在铁素体相中的溶解度，这都使得双相不锈钢的表面钝化膜保持均一性，从而提高了钢的耐蚀性。

钨对双相不锈钢具有降低孔蚀倾向的能力，在双相不锈钢中加入小于1%的铜对提高耐蚀性也是有利的。而锰、磷、硫则是有害的元素。

9. 如何识别国内外的不锈钢材料牌号？

表 5.4 中列出了近似组份的不锈钢国内外牌号对照。

表 5.4　国内外的不锈钢材料牌号近似对照

No.	中国 GB	中国台湾 CNS	日本 JIS	美国 ASTM	德国 DIN
奥氏体不锈钢					
1	1Cr17Mn6Ni5N	201	SUS201	201	
2	1Cr18Mn8Ni5N	202	SUS202	202	
3	1Cr17Ni7	301	SUS301	301	1.4301
4	1Cr18Ni9	302	SUS302	302	
5	Y1Cr18Ni9	303	SUS303	303	
6	Y1Cr18Ni9Se	303Se	SUS303Se	303Se	
7	0Cr19Ni9 （0Cr18Ni9）	304	SUS304	304 304H	1.4301
8	00Cr19Ni10 （00Cr18Ni10）	304L	SUS304L	304L	1.4306
9	0Cr19Ni19N	304N1	SUS304N1	304N	
10	0Cr19Ni10NbN	304N2	SUS304N2	XM21	
11	00Cr18Ni10N	304LN	SUS304LN	304LN	
12	1Cr18Ni12 （1Cr18Ni12Ti）	305	SUS305	305	

135

No.	中国 GB	中国台湾 CNS	日本 JIS	美国 ASTM	德国 DIN
13	0Cr23Ni13	309S	SUS309S	309S	
14	0Cr25Ni20 （1Cr25Ni20Si2）	310S	SUS310S	310S	1. 4845
15	0Cr17Ni12Mo2	316	SUS316	316	1. 4401
16	0Cr18Ni12Mo2Ti			316Ti	
17	00Cr17Ni14Mo2	316L	SUS316L	316L	1. 4435
18	00Cr17Ni12Mo2N	316N	SUS316N	316N	
19	00Cr17Ni13Mo2N	316LN	SUS316LN	316LN	
20	00Cr18Ni12Mo2Cu2	316J1	SUS316J1		
21	00Cr18Ni14Mo2Cu2	316J1L	SUS316J1L		
22	0Cr19Ni13Mo3	317	SUS317	317	1. 4436
23	1Cr18Ni12Mo3Ti				
24	0Cr18Ni12Mo3Ti				
25	00Cr19Ni13Mo3 （00Cr17Ni14Mo3）	317L	SUS317L	317L	1. 4435
26	0Cr18Ni16Mo5	317J	SUS317J1		
27	1Cr18Ni9Ti	321	SUS321	321	1. 4541
28	0Cr18Ni11Ti （0Cr18Ni9Ti）	321	SUS321	321	
29	0Cr18Ni11Nb	347	SUS347	347	1. 4558
30	0Cr18Ni9Cu3	XM7 （302HQ）	SUSXM7	XM7	
31	0Cr18Ni13Si4	XM15J1	SUSXM15J1	XM15	

136

No.	中国 GB	中国台湾 CNS	日本 JIS	美国 ASTM	德国 DIN
32	0Cr26Ni5Mo2	329J1	SUS329J1	329	

铁素体不锈钢

No.	中国 GB	中国台湾 CNS	日本 JIS	美国 ASTM	德国 DIN
33	0Cr13AL	405	SUS405	405	
34	00Cr12	410L	SUS410L		1.4002
35	1Cr17	430	SUS430	430	1.4016
36	YCr17	430F	SUS430F	430F	
37	1Cr17Mo	434	SUS434	434	
38	00Cr30Mo2	447J1	SUS447J1		
39	00Cr27Mo	XM27	SUSXM27	XM27	

马氏体不锈钢

No.	中国 GB	中国台湾 CNS	日本 JIS	美国 ASTM	德国 DIN
40	1Cr12405	403	SUS403	403	
41	0Cr13410	405	SUS405	405	
42	1Cr13	410	SUS410	410	1.4024
43	1Cr13416Mo	410J1	SUS410J1		
44	Y1Cr13420	416	SUS416	416	
45	2Cr13	420J1	SUS420J1	420	
46	3Cr13	420J2	SUS420J2		
47	4Cr13				
48	Y3Cr13	420F	SUS420F	420F	
49	1Cr17Ni2	431	SUS431	431	
50	7Cr17	440A	SUS440A	440A	
51	8Cr17	440B	SUS440B	440B	
52	11Cr17(9Cr18)	440C	SUS440C	440C	
53	Y11Cr17	440F	SUS440F	440F	

10. 什么叫镇静钢？什么叫沸腾钢？两者有何区别？

脱氧完全的钢称为镇静钢；脱氧不完全的钢称为沸腾钢。

沸腾钢由于脱氧不完全，钢液中含氧量多，浇注及凝固时会产生大量 CO 气泡，造成剧烈的沸腾现象。沸腾钢冷凝后没有集中缩孔，因而成才率高，成本低，表明质量及深冲性能好，但因含氧量高，成分偏析大，内部杂质多，抗蚀性和机械性能差，且容易发生时效硬化和钢板的分层，不宜作重要用途。

镇静钢浇注时钢液平静，没有沸腾现象，钢液冷凝后有集中缩孔，所以成材率低，成本高，但镇静钢气体含量低，时效倾向小，钢锭中气泡疏松较少，质量较好。

11. 什么叫固溶化处理？

将合金钢加热到铁碳平衡图的高温单相区，使过剩相充分溶解到固溶体中，快速冷却，以得到过饱和固溶体的工艺称为固溶化处理。

12. 什么叫 Cr-Ni 奥氏体不锈钢的敏化范围？

奥氏体不锈钢在 $400 \sim 850$ ℃ 范围内缓慢冷却时，在晶界上有高铬的碳化物析出，造成碳化物邻近部分贫铬，引起晶间腐蚀倾向，这一温度范围称为 Cr-Ni 奥氏体不锈钢的敏化范围。

13. 什么叫稳定化处理？固溶处理对奥氏体不锈钢的性能起什么作用？

稳定化处理就是对含 Ti 或 Nb 的稳定化不锈钢进行热处理。在稳定化钢中，尽管 Ti 或 Nb 与 C 化合成 TiC 或 NbC，但加热到高温时，这些碳化物便会分解消溶，在经受如焊接之类的加热时会发生敏化，特别是 Ti 稳定化钢的这种倾向较大，因此，为了使稳定化元素与固溶的碳结合，要进行稳定化热处理，一般为固溶处理之后，进行850~930℃加热后水冷、油冷或空冷。

固溶处理可消除奥氏体不锈钢晶间腐蚀，一般对非稳定化的不锈钢多加热到1000~1120℃，保温按每毫米1~2min，然后急冷；对稳定化不锈钢以加热到950~1050℃为宜。经固溶处理后的钢仍要防止在敏化温度范围内加热，否则碳化铬会重新沿晶界析出。

14. 装置设备和管道设计选材应符合哪些可靠性原则？

① 设计选材应以装置正常操作条件下原（料）油中的含硫量为依据，并应充分考虑最苛刻操作条件下可能达到的最大含硫量对设备和管道的腐蚀所造成的影响；

② 设计选材时，应根据设计寿命按所选材料的耐腐蚀性能确定腐蚀裕量，避免元件壁厚急剧减薄，且腐蚀裕量不应超过下列值，否则应选用耐蚀性更好的材料；

a. 设备：腐蚀裕量≤6.0mm；

b. 管道：腐蚀裕量≤2.5mm（碳素钢、低合金钢或铬钼钢）或1.6mm（高合金钢或有色金属）；

c. 热炉炉管：腐蚀裕量≤3.2mm（碳素钢、低合金钢或铬钼钢）或1.6mm（高合金钢或有色金属）；

③ 设计选材时，在考虑均匀腐蚀的同时应避免出现严重的局部腐蚀，如点蚀、缝隙腐蚀、冲蚀、磨蚀、电偶腐蚀、应力腐蚀等；

④ 当选用低等级材料均匀腐蚀速率较大而改选用高等级材料时，应考虑可能出现的其它更加危险的局部腐蚀类型，如点蚀或应力腐蚀等；

⑤ 高温环境下工作的设备和管道设计选材时，除考虑

腐蚀外还应考虑可能出现的材料变性问题，如材料的敏化、回火脆化、石墨化或脱碳、氧化等。

⑥ 低温环境下工作的设备和管道设计选材时，除考虑腐蚀外还应考虑可能出现的材料脆性转变、缺口敏感等问题。

⑦ 具有同样操作条件的各管道元件应选取相同或性能相当的材料，与主管相接的分支管道、吹扫蒸汽管道等的第一道阀门及阀前管道，均应选取与主管相同或性能相当的材料，并取相同的腐蚀裕量；

⑧ 仪表与设备或管道的连接管件材料不应低于与其直接相连的设备或管道元件的材料；

⑨ 当采用板式换热器时，板片的设计选材应另行考虑。

⑩ 对于均匀腐蚀环境，应避免设备、管道元件壁厚急剧减薄的"材料—介质环境组合"的出现，所选材料的均匀腐蚀速率不宜大于 0.25mm/a。还应根据介质的具体情况以及使用寿命确定设备、管道元件的壁厚腐蚀裕量。

⑪ 应避免"材料—介质环境组合"引起具有严重危害的局部腐蚀，如应力腐蚀开裂、晶间腐蚀、孔蚀等。

⑫ 应避免因"材料—介质环境—结构组合"引起的剧烈冲刷腐蚀、磨损腐蚀、腐蚀疲劳等，否则应采取适当的防止措施，如降低流速、适当增加壁厚、增设挡板以及局部材质升级等。

⑬ 当选用低等级材料将产生腐蚀速率较大的均匀腐蚀，而选用高等级材料将产生危险的局部腐蚀时，应选用低等级材料并辅以其它措施。

⑭ 动设备选材应充分考虑所处环境、流动状态、工况条件、环烷酸腐蚀等的影响。

140

15. 设计选材应符合哪些经济性原则？

① 应综合考虑不同含硫原(料)油的性质、不同加工工艺的腐蚀特性、设备或管道的设计寿命、建设成本以及施工和维护费用等因素，做到选材经济合理；

② 正常情况下应优先选用标准化、系列化的材料；

③ 对于均匀腐蚀环境，如因选用低等级材料将产生较大的腐蚀速率而改选用高等级材料时，在进行安全性评估的同时还应进行经济性评价。

16. 设计选材应怎样考虑结构设计的影响？

① 应充分考虑介质的流速、流态及相变等因素对材料腐蚀的影响。当可预见发生严重的冲刷腐蚀时，应采取加大流通面积、降低流速、局部材料升级等有效措施，以防止局部产生严重腐蚀；

② 对于与设备和管道直接焊接的元件，应尽量避免选用异种钢。在可能引起严重电偶腐蚀的环境下，不应选用异种钢。

17. 湿硫化氢应力腐蚀环境指的是什么？

当设备或管道的金属元件接触的介质在液相中存在游离水且具备下列条件之一时称为湿硫化氢应力腐蚀环境：

① H_2S 在液相游离水中的质量浓度>50ppm；

② 液相游离水的 pH<4，且有 H_2S 存在；

③ 液相游离水的 pH>7.6，且在液相游离水中的 HCN 质量浓度≥20ppm 并有 H_2S 存在；

④ H_2S 在气相中的分压>0.0003MPa。

18. 湿硫化氢(H_2S+H_2O)腐蚀环境的选材要求是什么？

在湿硫化氢应力腐蚀环境中使用的碳素钢或低合金钢制设备和管道应符合下列要求：

① 所使用的材料应是镇静钢;

② 材料的使用状态应是热扎(仅限于碳素钢)、退火、正火、正火+回火或调质状态;

③ 材料的碳当量 CE 应不大于 0.43;

$$CE = C+Mn/6+(Cr+Mo+V)/5+(Ni+Cu)/15;$$

式中, 各元素符号是指该元素在钢材中含量的百分比;

④ 热加工成形的碳素钢或低合金钢制管道元件, 成形后应进行恢复力学性能热处理, 且其硬度不大于 HB225;

⑤ 冷成形加工的碳素钢或低合金钢制设备或管道元件, 当冷变形量大于 5%时成形后应进行消除应力热处理, 且其硬度应不大于 HB200。但对于碳素钢制管道元件, 当冷变形量不大于 15%且硬度不大于 HB190 时可不进行消除应力热处理;

⑥ 设备壳体或卷制管道用钢板厚度大于 20mm 时, 应该按照 JB/T 4730《承压设备无损检测》进行超声检测, 符合Ⅱ级要求;

⑦ 原则上设备或管道焊后应进行消除应力热处理, 热处理温度应按标准要求取上限。热处理后碳素钢或碳锰钢焊接接头的硬度应不大于 HB200, 其它低合金钢母材和焊接接头的硬度应不大于 HB237。无法进行焊后热处理的焊接接头应采用保证硬度不大于 HB185 的焊接工艺施焊(仅限于碳素钢)。

在湿硫化氢应力腐蚀环境中使用的其它材料制设备和管道应符合下列要求:

① 铬钼钢制设备和管道热, 处理后母材和焊接接头的硬度应不大于 HB225(1Cr-0.5Mo、1.25Cr-0.5Mo)、HB235(2.25Cr-1Mo、5Cr-1Mo)或 HB248(9Cr-1Mo);

142

② 铁素体不锈钢、马氏体不锈钢和奥氏体不锈钢的母材和焊接接头的硬度应不大于HRC22，其中奥氏体不锈钢的碳含量应不大于0.10%且经过固溶处理或稳定化处理；

③ 双相不锈钢的母材和焊接接头的硬度应不大于HRC28，其铁素体含量应在35%~65%的范围内；

④ 碳素钢螺栓的硬度应不大于HB200，合金钢螺栓的硬度应不大于HB225。

阀芯材料应优先选用12Cr或18Cr-8Ni系列不锈钢，当采用碳素钢阀芯时阀芯材料的硬度值应不大于HB200。

19. 盐酸($HCl+H_2O$)的腐蚀环境怎样？设计选材应如何考虑？

① 气体氯化氢一般没有腐蚀性，但是遇水形成盐酸($HCl+H_2O$)后腐蚀性就变得很强。盐酸在很大浓度范围内对碳钢和低合金钢会引发全面腐蚀和局部腐蚀，对铁素体或马氏体不锈钢主要是局部腐蚀(坑蚀)，对奥氏体不锈钢则产生氯离子应力腐蚀开裂。

② 盐酸腐蚀的严重程度随着盐酸浓度和温度的增加而增加。

③ 工艺装置中盐酸的腐蚀破坏通常伴随着露点腐蚀。含有水蒸气和氯化氢的油气在塔顶及塔顶冷凝冷却系统中冷凝时，初凝的液相水中腐蚀介质发生浓缩现象，产生较大的酸性(低pH值)，加快了腐蚀速率。

④ 防止盐酸的腐蚀破坏应以工艺防腐为主，材料防腐为辅，并加强腐蚀检测。

⑤ 双相不锈钢、镍基合金和钛材有很好的耐盐酸全面(局部)腐蚀和应力腐蚀开裂的性能。

⑥ 当硫化氢、氯化氢和水共同存在(即 $H_2S+HCl+H_2O$

腐蚀环境)时，除盐酸的腐蚀破坏外，对碳钢或低合金钢也可能伴随湿硫化氢应力腐蚀开裂(SSC)、氢诱导开裂(HIC)和应力导向氢诱导开裂(SOHIC)的发生。当介质中氯化氢含量较高而硫化氢含量较低时，以盐酸的腐蚀破坏为主；当介质中硫化氢含量较高而氯化氢含量较低时，其腐蚀机理基本上同湿硫化氢腐蚀环境。

20. 高温硫腐蚀环境怎样？

① 高温硫腐蚀是碳钢和其它合金钢在高温下与硫化物发生反应所产生的腐蚀。腐蚀发生的温度范围主要为 240~500℃，随着温度的升高而加剧，到 480℃ 左右达到最高，有氢存在时可加速腐蚀。

② 一般情况下，高温硫的均匀腐蚀速率应以流体中的总硫含量和操作温度为参数，按照经修正的 McConomy 曲线进行估算。

21. 怎样考虑高温硫腐蚀环境的设计选材？

① 钢材抗高温硫腐蚀的性能一般由金属内的铬含量决定，增加钢材中的铬含量能显著增强钢材抗高温硫腐蚀的性能。

② 设备或管道选材时应结合温度变化的情况，适当将设备的各个高温部位或管道的各个高温管段划分为几个温度段，在每个温度段内选择合适的材料。对于设备应优先选用碳素钢或不锈钢，对于管道或加热炉炉管应优先选用碳素钢或铬钼钢。

③ 对于设备壳体或直径大于或等于 $DN450mm$ 的管道，宜选用碳素钢+不锈钢复合板卷制。

④ 当管道内介质的流速大于或等于 30m/s 时，应考虑冲刷腐蚀对材料的影响。

22. 高温临氢环境指的是什么?

高温临氢环境是指流体中氢分压超过 0.7MPa 且流体最高操作温度大于等于 200℃的工艺环境。

23. 高温临氢环境的设计选材应如何考虑?

高温临氢条件下操作的碳钢和低合金钢制设备、管道和加热炉炉管,有可能发生氢损伤,其损伤形式包括氢腐蚀(内部脱碳)、表面脱碳和氢脆。在高温临氢环境下操作的设备、管道和加热炉炉管可根据最高操作氢分压和最高操作温度参照图 5.1 选材,其中温度取最高操作温度加 28℃,压力取最高操作氢分压。当选用铬钼钢时,应考虑控制可能发生的回火脆性问题。含铬量大于等于 5%的合金钢和奥氏体不锈钢不受高温氢损伤的影响。

24. 高温氢气和硫化氢共存时的腐蚀环境有什么特点?

当硫化氢存在于高温氢气中,在温度大于或等于 200℃时氢气的存在将会增加高温硫化氢的腐蚀性,此时即为高温氢气和硫化氢共存时的腐蚀环境,一般硫化氢的存在将导致厚度减薄的均匀腐蚀。

25. 高温氢气和硫化氢共存时的腐蚀环境的设计选材应如何考虑?

高温氢气和硫化氢共存时,设备、管道和加热炉炉管首先应考虑高温氢损伤对材料选用的影响,一般情况下,应以介质温度加一定裕量和氢分压为参数,按照图 5.2 进行预选材。

在满足以上条件的基础上,对于流体温度大于或等于 260℃时氢气和硫化氢共存环境按照图 5.3 确定预选材料的腐蚀速率。

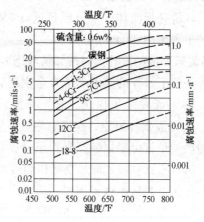

（a）经过修正的 McConomy 曲线，它表示温度与各种钢高温
硫腐蚀的关系（硫含量：0.6%）

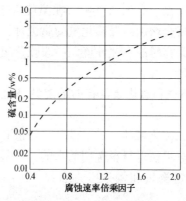

（b）在 290~400℃ 区间，硫含量与根据 McMonomy 曲线
所预测的腐蚀速率的关系

图 5.2 经修正的 McConomy 曲线

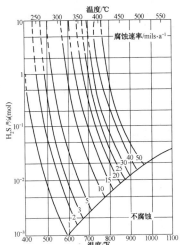

（a）温度和 H_2S 含量与碳钢（轻油脱硫）高温 H_2S/H_2 腐蚀速率的
关系轻油：是指石脑油、汽油、煤油、轻柴油（1mil/a=0.025mm/a）

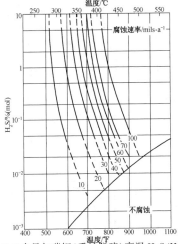

（b）温度和 H_2S 含量与碳钢（重油脱硫）高温 H_2S/H_2 腐蚀速率的
关系重油：是指重柴油或更重的油（1mil/a=0.025mm/a）

图 5.3　高温硫化氢腐蚀图

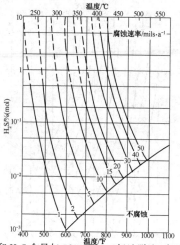

（c）温度和 H_2S 含量与 5Cr-0.5Mo（轻油脱硫）高温 H_2S/H_2
腐蚀速率的关系（1mil/a=0.025mm/a）

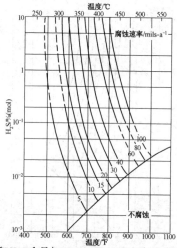

（d）温度和 H_2S 含量与 5Cr-0.5Mo（重油脱硫）高温 H_2S/H_2
腐蚀速率的关系（1mil/a=0.025mm/a）

图 5.3　高温硫化氢腐蚀图（续）

148

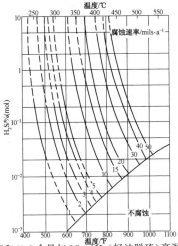

（e）温度和 H_2S 含量与 9Cr-1Mo（轻油脱硫）高温 H_2S/H_2
腐蚀速率的关系（1mil/a=0.025mm/a）

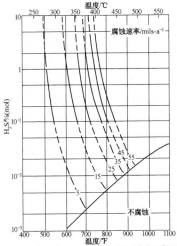

（f）温度和 H_2S 含量与 9Cr-1Mo（重油脱硫）高温 H_2S/H_2
腐蚀速率的关系（1mil/a=0.025mm/a）

图 5.3　高温硫化氢腐蚀图（续）

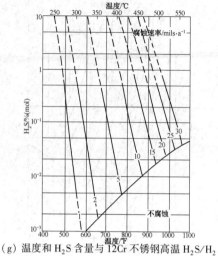

（g）温度和 H_2S 含量与 12Cr 不锈钢高温 H_2S/H_2
腐蚀速率的关系（1mil/a=0.025mm/a）

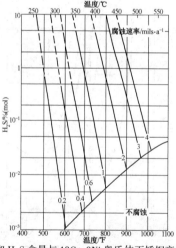

（h）温度和 H_2S 含量与 18Cr-8Ni 奥氏体不锈钢高温 H_2S/H_2
腐蚀速率的关系（1mil/a=0.025mm/a）

图 5.3　高温硫化氢腐蚀图（续）

150

根据预选材料的腐蚀速率,按下列规定确定设备、管道和加热炉炉管的主体材料:

① 所选材料的腐蚀速率不超过 0.25mm/a;

② 当选用铬钼钢时,应考虑控制可能发生的回火脆性问题;当选用奥氏体不锈钢时,应选用稳定型奥氏体不锈钢。

26. 环烷酸腐蚀环境下的选材原则是什么?

应以介质中的酸值、硫含量、介质流速、介质操作温度为参数,参照以下原则确定主材材质:

① 介质温度小于 220℃ 时,可选用碳钢材质。

② 介质温度大于等于 220℃ 小于 288℃ 时,宜选用 0Cr18Ni9、0Cr18Ni10Ti、00Cr17Ni14Mo2 材质。

③ 介质温度大于等于 288℃ 时,宜选用 00Cr17Ni14Mo2。

④ 介质的温度大于等于 220℃ 且流速大于等于 30m/s 时,宜选用 00Cr17Ni14Mo2。

⑤ 对大口径管道,宜采用不锈钢复合板卷制钢管。

⑥ 应关注介质的流速和流态,对于可预见严重冲刷部位,宜采用大曲率半径的弯头及斜接分支三通。

27. 加工高硫、高酸原油的常减压装置在用设备及管道选材要求是什么?

① 主要设备、管道选材按照 SH/T 3096—2012《高硫原油加工装置设备和管道设计选材导则》和 SH/T 3129—2012《高酸原油加工装置设备和管道设计选材导则》选用。

② 根据国内外加工酸腐蚀原油的经验,初馏塔、常压塔、减压塔、侧线汽提塔和加热炉等高温系统,应以防止环

烷酸腐蚀为主。

③ 原油或侧线馏分油温度<220℃的设备、管道以碳钢为主。

④ 原油或侧线馏分油温度≥288℃的设备、管道应选用00Cr17Ni14Mo2及其复合钢板。

⑤ 原油或侧线馏分油温度在220~288℃之间的设备、管道原则上可选用00Cr19Ni10、0Cr18Ni10Ti及其复合钢板材料；若实际生产表明采用00Cr19Ni10、0Cr18Ni10Ti材料发生了明显的环烷酸腐蚀，则应更换为00Cr17Ni14Mo2及其复合钢板；若发生了环烷酸腐蚀，但设备、管道壁厚还有足够的腐蚀裕量，则在加强腐蚀监测的情况下，可继续使用00Cr19Ni10、0Cr18Ni10Ti材料。

⑥ 原油或侧线馏分油温度≥220℃且流速≥30m/s时，设备、管道材料应选用00Cr17Ni14Mo2。

28. 加工高硫、高酸原油的延迟焦化装置在用设备及管道选材要求是什么？

（1）与焦化加热炉之后的原料油接触的设备、管道选材按照SH/T 3096—2012《高硫原油加工装置设备和管道设计选材导则》和SH/T 3129—2012《高酸原油加工装置设备和管道设计选材导则》选用。

（2）焦化加热炉及之前与原料油接触的换热器、管道和加热炉管等高温系统，应防止环烷酸腐蚀，并符合以下规定：

① 原料油温度<220℃的设备、管道以碳钢为主；

② 原料油温度≥288℃的设备、管道应选用00Cr17Ni14Mo2

及其复合钢板；

③ 原料油温度在 220~288℃ 之间的设备、管道原则上可选用 00Cr19Ni10、0Cr18Ni10Ti 及其复合钢板材料；若实际生产表明采用 00Cr19Ni10、0Cr18Ni10Ti 材料发生了明显的环烷酸腐蚀，则应更换为 00Cr17Ni14Mo2 及其复合钢板；若发生了环烷酸腐蚀，但设备、管道壁厚还有足够的腐蚀裕量，则在加强腐蚀监测的情况下，可继续使用 00Cr19Ni10、0Cr18Ni10Ti 材料。

④ 原料油温度 ≥220℃ 且流速 ≥30m/s 时，设备、管道材料应选用 00Cr17Ni14Mo2。

29. 加工高酸原油的催化裂化装置在用设备及管道选材要求是什么？

① 主要设备、管道选材按照 SH/T 3096—2012《高硫原油加工装置设备和管道设计选材导则》和 SH/T 3129—2012《高酸原油加工装置设备和管道设计选材导则》选用。

② 原料油混合器可选用 00Cr17Ni14Mo2。

③ 温度 ≥220℃ 的混合原料油管道可选用 0Cr18Ni10Ti、若流速 ≥30m/s 时则应选用 00Cr17Ni14Mo2。

30. 加工高硫、高酸原油的加氢裂化装置在用设备及管道选材要求是什么？

① 与混氢后的原料油接触的设备、管道选材按照 SH/T 3096—2012《高硫原油加工装置设备和管道设计选材导则》和 SH/T 3129—2012《高酸原油加工装置设备和管道设计选材导则》选用。

② 与混氢前的原料油接触的换热器、管道和加热炉管

等高温系统，应防止环烷酸腐蚀，并符合以下规定：

a. 原料油温度<220℃的设备、管道以碳钢、铬钼钢为主；

b. 原料油温度≥288℃的设备、管道应选用00Cr17Ni14Mo2及其复合钢板；

c. 原料油温度在220~288℃之间的设备、管道原则上可选用00Cr19Ni10、0Cr18Ni10Ti及铬钼钢+堆焊（TP309L+TP347）材料；若实际生产表明采用00Cr19Ni10、0Cr18Ni10Ti及铬钼钢+堆焊（TP309L+TP347）材料发生了明显的环烷酸腐蚀，则应更换为00Cr17Ni14Mo2或铬钼钢+堆焊（TP309L+TP316L）材料；若发生了环烷酸腐蚀，但设备、管道壁厚还有足够的腐蚀裕量，则在加强腐蚀监测的情况下，可继续使用00Cr19Ni10、0Cr18Ni10Ti及铬钼钢+堆焊（TP309L+TP347）材料。

d. 原料油温度≥220℃，且流速≥25~30m/s时，设备、管道材料应选用00Cr17Ni14Mo2。

31. 加工高硫、高酸原油的加氢精制装置在用设备及管道选材要求是什么？

（1）加工高硫低酸值原油（S≥1.0%；酸值<0.5mgKOH/g）加氢精制装置的设备、管道选材

① 加氢反应器　壳体：铬钼钢+TP309L+347堆焊层；内件：0Cr18Ni10Ti、0Cr18Ni10Nb。

② 高压分离器　温度<200℃，壳体：碳钢（HIC）；内件：00Cr19Ni10、0Cr18Ni10Ti。

温度≥200℃，壳体：铬钼钢，铬钼钢+0Cr18Ni10Ti，铬钼

154

钢+TP309L+347堆焊层；内件：0Cr18Ni10Ti、00Cr19Ni10。

③ 低压分离器 温度＜200℃，壳体：碳钢（HIC）；内件：00Cr19Ni10、0Cr18Ni10Ti。

温度≥200℃，壳体：铬钼钢，铬钼钢+0Cr18Ni10Ti复合板，内件：0Cr18Ni10Ti、00Cr19Ni10。

④ 循环氢脱硫塔 壳体：碳钢（HIC）；塔盘：0Cr13。

⑤ 溶剂再生塔 壳体：碳钢+00Cr19Ni10；塔盘：0Cr18Ni9、0Cr13。

⑥ 脱硫化氢汽提塔 塔体：碳钢+0Cr13Al（0Cr13）；塔盘：0Cr13。

⑦ 分馏塔 塔体：碳钢；塔盘：碳钢。

⑧ 原料油(无氢)线 温度＜240℃，碳钢；温度≥240℃，铬钼钢。

⑨ 原料油(含氢)线 温度＜200℃，碳钢；温度≥200℃，铬钼钢、0Cr18Ni10Ti。

⑩ 注水前反应流出物线 0Cr18Ni10Ti、铬钼钢。

⑪ 注水后反应流出物线 铬钼钢、碳钢、Incoloy 825。

⑫ 脱硫化氢汽提塔顶线 碳钢、00Cr19Ni10、00Cr17Ni14Mo2。

⑬ 反应器进料加热炉 炉管：321H、347H。

⑭ 分馏塔进料加热炉 对流段炉管 1Cr5Mo、0Cr18Ni10Ti；辐射段炉管 1Cr5Mo。

（2）加工低硫高酸（S＜1.0%、酸值≥0.5mgKOH/g）及高硫高酸（S≥1.0%；酸值＞0.5mgKOH/g)等酸腐蚀原油加氢精制装置的设备、管道选材

① 混氢后的原料油接触的设备、管道选材：温度＜

155

200℃，碳钢；温度≥200℃，铬钼钢、0Cr18Ni10Ti。

② 与混氢前的原料油接触的换热器、管道和加热炉管等高温系统，应防止环烷酸腐蚀，并符合以下规定：

a. 原料油温度<220℃的设备、管道以碳钢为主；

b. 原料油温度≥288℃的设备、管道应选用00Cr17Ni14Mo2及其复合钢板；

c. 原料油温度在220～288℃之间的设备、管道原则上可选用 00Cr19Ni10、0Cr18Ni10Ti 及铬钼钢+堆焊（TP309L+TP347)材料；若实际生产表明采用 00Cr19Ni10、0Cr18Ni10Ti 及铬钼钢+堆焊(TP309L+TP347) 材料发生了明显的环烷酸腐蚀，则应更换为 00Cr17Ni14Mo2 或铬钼钢+堆焊（TP309L+TP316L)材料；若发生了环烷酸腐蚀，但设备、管道壁厚还有足够的腐蚀裕量，则在加强腐蚀监测的情况下，可继续使用 00Cr19Ni10、0Cr18Ni10Ti 及铬钼钢 + 堆焊（TP309L+TP347)材料；

d. 原料油温度≥220℃，且流速≥25～30m/s 时，设备、管道材料应选用00Cr17Ni14Mo2。

注：[1] 00Cr17Ni14Mo2 型不锈钢，要求 Mo 含量大于 2.5%。

[2]铬钼钢一般根据温度、压力高低和介质中氢分压大小按 API 941—2008《临氢作业用钢防止脱碳和微裂的操作极限》确定，即按 Nelson 曲线选取(图 5.1)。

32. 常压蒸馏装置使用的材料及腐蚀和损伤特征是什么？

常压蒸馏装置使用的材料及腐蚀和损伤见表 5.5。

表5.5 常压蒸馏装置使用的材料及腐蚀和损伤

区域	流体条件				设备名称		使用材料	腐蚀和损伤形态
	温度/℃	压力/(kgf/cm²)	主要成分	腐蚀因素				
进料系统	20~310	4.0~30.0	原油	硫化物 氯化物 水 碱 硫化氢	配管		碳钢	湿性氯化物腐蚀 湿性硫化物腐蚀 碱腐蚀 碱SCC
					热交换器	壳	碳钢	
						管	碳钢	
					脱盐罐		碳钢 碳钢+混凝土衬里	
	200~380	2.0~15.0	原油	硫化物 环烷酸 碱 硫化氢	配管	炉入口	碳钢	高温硫化物腐蚀 环烷酸腐蚀 碱腐蚀 碱SCC
						炉出口	1.25Cr-Mo钢 5Cr-Mo钢	
					加热炉	对流管	碳钢 1.25Cr-0.5Mo钢 5Cr-Mo钢	
						辐射管	1.25Cr-Mo钢 5Cr-Mo钢	

区域	流体条件 温度/℃	压力/(kgf/cm²)	主要成分	腐蚀因素	设备名称		使用材料	腐蚀和损伤形态
蒸馏塔系统	280~380	0.8~2.1	原油 常压道油 重质油	硫化物 环烷酸 硫化氢 连多硫酸	蒸馏塔	塔体	碳钢＋SUS405 碳钢＋SUS316或SUS304	开放时： 高温硫化物腐蚀 环烷酸腐蚀 碱腐蚀 连多硫酸SCC 475℃脆化
						塔盘	SUS405 SUS410 SUS316或SUS304	
	150~320	0.2~2.1	轻质油	环烷酸 硫化物 硫化氢	蒸馏塔	塔体	碳钢	环烷酸腐蚀
						塔盘	碳钢 SUS405 SUS510	
	50~220	0.2~2.1	排放气 石脑油 LPG	氯化物 硫化物 水 硫化氢 氯化氢	蒸馏塔	塔体	碳钢＋Ti、碳钢 碳钢＋SUS316或 SUS316L 碳钢＋SUS405	温和硫化物腐蚀 温性氯化物腐蚀 HIC
						塔盘	碳钢 SUS405 SUS405	

区域	流体条件 温度/℃	压力/(kgf/cm²)	主要成分	腐蚀因素	设备名称	使用材料	腐蚀和损伤形态
蒸馏塔系统	30~300	0.5~11.0	石脑油 灯油 柴油	硫化物 氯化物 水 氯化氢	配管	碳钢	湿性硫化物腐蚀 湿性氯化物腐蚀 环烷酸腐蚀
					热交换器 壳	碳钢	
					热交换器 管	碳钢	
塔顶馏出系统	30~150	0.05~2.1	轻瓦斯 石脑油 LPG	硫化氢 氯化氢 氯化物 硫化物 氨 水	配管	碳钢、耐HIC钢	湿性硫化物腐蚀 湿性氯化物腐蚀 HIC 氯化物SCC 氨化SCC（铜合金）
					热交换器 壳	碳钢+Ti、SUS316、SUS316L	
					热交换器 管	碳钢 Ti 铜合金 碳钢+Al	
					分离罐	碳钢、耐HIC钢、碳钢+混凝土	

区域	流体条件				设备名称		使用材料	腐蚀和损伤形态
	温度/℃	压力/(kgf/cm²)	主要成分	腐蚀因素				
侧线系统	20~170	3.0~12.0	重石脑油	氯化物 氯化氢 水	配管		碳钢	湿性硫化物腐蚀 湿性氯化物腐蚀
					热交换器	壳	碳钢	
						管	碳钢	
	30~285	3.0~12.5	灯油 轻质柴油		配管		碳钢	
					热交换器	壳	碳钢	
						管	碳钢	
	30~340	3.0~9.0	重质柴油	硫化物 环烷酸	配管		碳钢	高温硫化物腐蚀 环烷酸腐蚀
					热交换器	壳	碳钢	
						管	1.25Cr－Mo 钢	
	40~350	4.0~22.0	常压重油	硫化物 环烷酸	配管		碳钢	高温硫化物腐蚀 环烷酸腐蚀
					热交换器	壳	1.25Cr－Mo 钢	
						管	碳钢	
							1.25Cr－Mo 钢	

33. 减压蒸馏装置使用的材料及腐蚀和损伤形态是什么？

减压蒸馏装置使用的材料及腐蚀和损伤形态见表5.6。

表5.6 减压蒸馏装置使用的材料及腐蚀和损伤形态

区域	流体		条件		设备名称		使用材料	腐蚀和损伤形态
	温度/℃	压力/(kgf/cm²)	主要成分	腐蚀因素				
原料预热系统	110~340	18~32			热交换器	管	碳钢	高温硫化物腐蚀
						壳	碳钢	由环烷酸引起的腐蚀
	400~460	FV~26			加热炉		C-05Mo~9钢 Cr-1Mo钢	高温硫化物腐蚀变形（伴随结焦）硫酸露点腐蚀
			烃	高温硫化物（环烷酸）	配管		5Cr-0.5Mo钢	高温硫化物腐蚀，环烷酸腐蚀
减压渣油系统	350~450	FV~22			蒸馏塔		碳钢+SUS405、SUS410+SUS316金属复合	由475℃脆化（13Cr钢）引起的微细开裂
					热交换器	管	碳钢,5Cr-0.5Mo钢,SUS316、SUS410	高温硫化物腐蚀，环烷酸腐蚀
						壳	碳钢、SUS316金属复合	
					配管		碳钢,5Cr-0.5Mo钢,SUS316	高温硫化物腐蚀，环烷酸腐蚀

区域	流体条件 温度/℃	压力/(kgf/cm²)	主要成分	腐蚀因素	设备名称	使用材料	腐蚀和损伤形态
减压渣油系统	60~300	2~22			热交换器 管	碳钢	
					热交换器 壳	碳钢	
					配管	碳钢	
清洗油系统	380~450	FV~22	烃	高温硫化物（环烷酸）	蒸馏塔	碳钢＋SUS405＋SUS410 金属复合	环烷酸腐蚀，高温硫化物腐蚀
					配管	碳钢，5Cr－0.5Mo 钢，SUS316	
重质减压瓦斯油馏出系统	90~300	FV~22			蒸馏塔	碳钢，碳钢＋SUS405	
					热交换器 管	碳钢	
					热交换器 壳	碳钢	
					配管	碳钢	

34. 轻质油加氢脱硫装置使用的材料及腐蚀和损伤特征是什么？

轻质油加氢脱硫装置使用的材料及腐蚀和损伤特征见表 5.7。

表 5.7 轻质油加氢脱硫装置使用的材料及腐蚀和损伤特征

区域	流体条件			设备名称			使用材料	腐蚀和损伤形态
	温度/℃	压力/（kgf/cm²）	主要成分	腐蚀因素				
反应系统	300～400	30～70	灯油 柴油 氢 轻质瓦斯	硫化氢 氢 连多硫酸（SD 开放时）	反应器		1.25～2.25Cr－Mo 钢 复合：SUS321、SUS347	氢侵蚀高温硫化物腐蚀高温硫化氢腐蚀连多硫酸 SCC
					加热炉		SUS321、SUS347、5～9Cr－Mo 钢	
					热交换器	壳	1.25～2.25Cr－Mo 钢 复合：SUS321、SuS347、SUS405	
						管	SUS321、SUS347	
					配管		SUS321、SUS347、1.25～5Cr－Mo 钢	
气液分离系统①	40～150	30～60	脱硫灯油 脱硫柴油 流出物 注入水	硫化氢 氢硫化铵	分离罐		碳钢（耐 HIC 钢）	湿性硫化物腐蚀氢硫化铵腐蚀氯硫化铵腐蚀HIC
					热交换器	壳	碳钢（耐 HIC 钢）	
						管	碳钢	
					配管		碳钢	

163

区域	流体条件				设备名称			使用材料	腐蚀和损伤形态
	温度/℃	压力/(kgf/cm²)	主要成分	腐蚀因素					
气液分离系统②	40~50	5~10	脱硫灯油 脱硫柴油 轻质瓦斯 尾气	硫化氢	分离罐			碳钢（耐HIC钢）	湿性硫化物腐蚀 HIC
					配管			碳钢	
精馏系统	40~250	0.5~5	脱硫灯油 脱硫柴油 轻质瓦斯 尾气	硫化氢 氯化物	精馏系统 分离罐			碳钢（耐HIC钢）	湿性硫化物腐蚀 HIC
					热交换器	壳		碳钢（塔顶系统 耐HIC钢）	湿性氯化物腐蚀
						管		碳钢	
					配管			碳钢	

注：①高压系统；②低压系统。

35. 石脑油加氢脱硫装置使用的材料及腐蚀和损伤特征是什么？

石脑油加氢脱硫装置使用的材料及腐蚀和损伤特征见表5.8。

表 5.8 石脑油加氢脱硫装置使用的材料及腐蚀和损伤特征

区域	条件				设备名称		使用材料	腐蚀和损伤形态
	流体		主要成分	腐蚀因素				
	温度/℃	压力/(kgf/cm²)						
反应系统	300~380	20~40	石脑油 氢 轻质瓦斯	硫化氢 连多硫 酸（停工 开放时）	反应器		1.25~2.25Cr-Mo 钢 复合：SUS405、 SUS321、SUS347	氢侵蚀
					加热炉		5~9Cr-Mo 钢	高温硫化物腐蚀
					热交换器	壳	1.25Cr-Mo 钢	高温硫化氢腐蚀
						管	SUS321、SUS347	连多硫酸 SCC
					配管		1.25~5Cr-Mo 钢、 SUS321、SUS347	
气液分离系统	40~150	20~35	脱硫石脑油 流出物 注入水	硫化氢 氢硫化铵	分离罐		碳钢（耐 HIC 钢）	湿性硫化物腐蚀
					热交换器	壳	碳钢（耐 HIC 钢）	氢硫化铵腐蚀
						管	碳钢	HIC
					配管		碳钢	

165

续表

区域	流体 温度/℃	压力/(kgf/cm²)	主要成分	腐蚀因素	设备名称			使用材料	腐蚀和损伤形态
精馏系统	40~150	0.5~10	脱硫石脑油 轻质瓦斯尾气	硫化氢 氯化物	精馏系统	分离罐	壳	碳钢	湿性硫化物腐蚀 HIC
						热交换器	管	碳钢（耐HIC钢）	湿性氯化物腐蚀
								碳钢（塔顶系统耐HIC钢）	
					配管			碳钢	

36. 催化重整装置使用的材料及腐蚀和损伤特征是什么？

催化重整装置使用的材料及腐蚀和损伤特征见表5.9。

表5.9 催化重整装置使用的材料及腐蚀和损伤特征

区域	流体 温度/℃	压力/(kgf/cm²)	主要成分	腐蚀因素	设备名称	使用材料	腐蚀和损伤形态
反应系统①	460~540	3.5~15	脱硫石脑油 氢 轻质瓦斯	氢氯化物	反应器	1.25~2.25Cr-Mo钢	氢侵蚀 回火脆化 蠕变脆化

区域	流体条件				设备名称		使用材料	腐蚀和损伤形态
	温度/℃	压力/(kgf/cm²)	主要成分	腐蚀因素				
反应系统①	460~540	0.5~10	脱硫石脑油 氢 轻质瓦斯	氢氯化物	加热炉		2.25~9Cr-Mo钢	氢侵蚀
					热交换器	壳	1.25~2.25Cr-Mo钢	回火脆化
						管	1.25~2.25Cr-Mo钢	蠕变脆化
						板	SUS321、SUS347	
					配管		1.25~2.25Cr-Mo钢	
气液分离系统②	40~200	3~15	重整石脑油流出物	氢氯化物	分离罐		碳钢	
					热交换器	壳	碳钢	
						管	碳钢	
					配管		碳钢	
精馏系统③	40~200	10~20	重整石脑油 轻质瓦斯 尾气	氯化物	精馏塔		碳钢	湿性硫化物腐蚀 HIC
					分离罐	壳	碳钢	
						管	碳钢	湿性氯化物腐蚀
					热交换器	壳	碳钢	
						管	碳钢	
					配管		碳钢	

注:①压力取决于反应器类型:固定床式10~15kgf/cm²,移动床式3.5~10kgf/cm²;②压力取决于反应器类型:固定床式10~15kgf/cm²,移动床式3~10kgf/cm²,注入中和剂;③注入抑制剂。

37. 连续再生式催化重整装置使用的材料及腐蚀和损伤特征是什么?

连续再生式催化重整装置使用的材料及腐蚀和损伤特征见表 5.10。

表 5.10 连续再生式催化重整装置使用的材料及腐蚀和损伤特征

区域		流体条件			设备名称		使用材料	腐蚀和损伤形态
	温度/℃	压力/(kgf/cm²)	主要成分	腐蚀因素				
反应系统	360~550	3~10	氢烃	氢氯化烃	反应器		1. 25Cr-0.5Mo~ 2. 2.25Cr-1Mo钢 内部:SUS321	氢侵蚀、碱脆、热疲劳 开裂
	360~640				加热炉		1. 1.25Cr-0.5Mo~ 9 Cr-1Mo钢	蠕变
	400~550				联合换热 器(板)	管	SUS321	氢侵蚀、碱脆
						壳	1. 25Cr-0.5Mo~ 2. 2.25Cr-1Mo钢	
	60~150	2~10			流出物冷凝器		碳钢	氯化物腐蚀
	20~120				分离器		碳钢	氯化物腐蚀

区域	流体条件				设备名称		使用材料	腐蚀损伤形态
	温度/℃	压力/(kgf/cm²)	主要成分	腐蚀因素				
再接触系统	25~140	22~70	氢 烃	硫化氢 氯化物	再接触冷却器		碳钢	硫化物腐蚀
	20~120	5~70			再接触罐		碳钢	
	20~40	9~29			氧化物处理器		碳钢	
精馏系统	70~275	10~21	烃		精馏塔		碳钢	
	180~275	19~22			精馏塔原料罐 热交换器	壳	碳钢	
	75~220	19~24				管	碳钢	
	110~130	19~22			重整油冷却器		碳钢	
	215~310	10~25			精馏塔重沸器加热炉			
	77~120	19~21	氢、LPG		精馏塔冷凝器		碳钢	
	30~120	10~21			精馏塔储罐		碳钢	

169

区域	流体条件 温度/℃	压力/(kgf/cm²)	主要成分	腐蚀因素	设备名称		使用材料	腐蚀和损伤形态
连续催化剂再生系统(再生器附近)	30~260	0.05~6	氮		分离斗		碳钢	
	30~200	0.2~6	催化剂		集尘器		碳钢、内部 SUS304、321	
	30~130	0.2~3	氮		气体冷却器		碳钢	
	50~70	2.5			KO桶		碳钢	
	40~150	0.2~10			循环气凝集分离器		碳钢	
	30~155				循环气加热器		碳钢	
	450~570	0.02~60	氮 催化剂	催化剂	再生器		镍铬铁耐热合金600、高铬镍合金钢800	热疲劳开裂、蠕变损伤、脱碳渗碳、冲蚀
	450~530	0.2~4	尾气	氯化物	再生气冷却器	壳	碳钢	热疲劳开裂、蠕变损伤、酸腐蚀
						管	镍铬铁耐热合金600、高铬镍合金钢800	
	450~500			氯化物	再生器加热器壳	壳	SUS304	热疲劳开裂、蠕变损伤、酸腐蚀
						管	镍铬铁耐热合金600、高铬镍合金钢800	

区域	流体条件				设备名称		使用材料	腐蚀和损伤形态
	温度/℃	压力/(kgf/cm²)	主要成分	腐蚀因素				
连续催化剂再生系统(再生器附近)	450~520	0.2~4	烃、氯	氯化物	氯化气体加热器	壳	镍铬铁耐热合金600	热疲劳开裂、鳞变损伤、酸腐蚀
						管	镍铬铁耐热合金600	
	500~570	0.1~4	空气		空气加热器	壳	SUS304	
						管	SUS321	
	30~60	5~10			干燥器		碳钢	
连续催化剂再生系统(振动斗附近)	40~530	0.2~11	氢、催化剂	氢	振动斗		碳钢	冲蚀
	50~500	2.5	氮		还原气体冷却器		1.25Cr-0.5Mo、2.25Cr-1Mo钢	
	23~200	3~4	氢		还原气体加热器		碳钢	
	23~150	25~30	氢		增压气体加热器		碳钢	
	30~155	2.5~11	氢、催化剂	催化剂	提升器		碳钢	冲蚀
	22~200	11~29	氢		增压气体凝聚分离器		碳钢	

区域	流体条件				设备名称	使用材料	腐蚀和损伤形态
	温度/℃	压力/(kgf/cm²)	主要成分	腐蚀因素			
尾气系统	40~70	0~0.4	氯化钠 氯气	氯化物	尾气净化器	FRP	酸腐蚀
	500~570	0.4~2	尾气		尾气冷却器	石墨	

38. 重质油加氢脱硫和加氢裂化装置使用的材料及腐蚀和损伤特征是什么？

重质油加氢脱硫和加氢裂化装置使用的材料及腐蚀和损伤特征见表 5.11。

表 5.11 重质油加氢脱硫和加氢裂化装置使用的材料及腐蚀和损伤特征

区域	流体条件				设备名称		使用材料	腐蚀和损伤形态
	温度/℃	压力/(kgf/cm²)	主要成分	腐蚀因素				
反应系统	300~450	30~200	减压瓦斯 常压重油 压力渣油 减压渣油 油流出物	硫化氢 氢气 氯化物连多硫酸	反应器	壳	1.25 3Cr-Mo 钢	高温硫化物腐蚀,高温氢/硫化氢腐蚀,氢侵蚀,蠕变损伤,回火脆化,衬里剥离/开裂,热疲劳开裂,σ脆化,连多硫酸 SCC（开放时）,湿性氯化物腐蚀（静区低温部分）
						衬里	SUS321、SUS347	
					加热炉管		SUS321、SUS347	
					热交换器	壳	1.252.25Cr-Mo 钢	
						衬里	SUS321、SUS347	
						管	SUS321	
					配管		1.252.25Cr-Mo 钢、SUS321	

区域	流体条件				设备名称		使用材料	腐蚀和损伤形态
	温度/℃	压力/(kgf/cm²)	主要成分	腐蚀因素				
气液分离系统	200~380	30~180	流出物	硫化氢 氯化物 连多硫酸	分离罐	壳	0.5Mo 钢	高温氢/硫成腐蚀、氢侵蚀、连多硫酸SCC(开放时)、(氯化铵析出(管子堵塞等))
						衬里	1~2.25Cr-Mo 钢 SUS321、SUS347	
					热交换器	壳	0.5Mo 钢	
						衬里	1~2.25Cr-Mo 钢 SUS321、SUS347	
						管	SUS321	
					配管		1.25~2.25Cr-Mo 钢、SUS321	
	50~200		流出物 注水	硫化氢 氯化物 氢硫化	分离罐	壳	碳钢、耐HIC 钢	湿性硫化物腐蚀、湿性氯化物腐蚀、氢硫化铵析出腐蚀(流速管理)、HIC、氯化铵析出(管子堵塞等)
						衬里	无	
					热交换器	壳	碳钢、耐HIC 钢	
						衬里	无	
						管	碳钢	
					配管		碳钢	

区域	流体条件				设备名称		使用材料	腐蚀和损伤形态
	温度/℃	压力/(kgf/cm²)	主要成分	腐蚀因素				
气液分离系统	200~380	5~25	流出物	硫化氢氢连多硫酸	分离罐	壳	1Cr-Mo钢	高温氢/硫化氢腐蚀、氢侵蚀、连多硫酸SCC(开放时)
						衬里	SUS321、SUS347	
					热交换器	壳	1Cr-Mo钢	
						衬里	SUS321、SUS347	
						管	SUS321	
					配管		1Cr-Mo钢、SUS321	
	50~200			硫化氢氯化物氢硫化铵胺化物	分离罐	壳	碳钢、耐HIC钢	湿性硫化物腐蚀、湿性氯化物腐蚀、HIC
						衬里	无	
					热交换器	壳	碳钢、耐HIC钢	
						衬里	无	
						管	碳钢	
					配管		碳钢	

区域	流体条件				设备名称		使用材料	腐蚀和损伤形态
	温度/℃	压力/(kgf/cm²)	主要成分	腐蚀因素				
精馏塔系统	200~380	5~15	烃	硫化氢	加热炉管		SUS321、1.25Cr-Mo钢	高温硫化物腐蚀、连多硫酸SCC（开放时）
				氯化物	热交换器	壳	碳钢	
				氰基化合物		衬里	SUS321、SUS347	
				连多硫化合物		管	SUS321、碳钢	
					配管		SUS321、碳钢	
	130~380	0.5~2			精馏塔	壳	碳钢	高温硫化物腐蚀、湿性硫化物腐蚀、湿性氯化物腐蚀、HIC
						衬里	SUS405、SUS410	
	40~130	0.5~2	轻质气体	硫化氢	分离罐	壳	碳钢、耐HIC钢	湿性硫化物腐蚀、湿性氯化物腐蚀、HIC
			尾气	氯化物		衬里	无	
			轻质油	氰基化合物	热交换器	壳	碳钢、耐HIC钢	
						衬里	无	
						管	碳钢	
					配管		碳钢	

175

区域	流体条件				设备名称		使用材料	腐蚀和损伤形态
	温度/℃	压力/(kgf/cm²)	主要成分	腐蚀因素				
精馏塔系统	40~380	2~15	重质油	硫化氢	分离罐	壳	碳钢	湿性硫化物腐蚀
						衬里	无	
					热交换器	壳	碳钢	
						衬里	无	
						管	碳钢	
					配管		碳钢	
	50~70	30~180	氢、硫化氢、胺或碱	硫化氢	洗涤塔	壳	碳钢	湿性硫化物腐蚀 碱腐蚀 胺腐蚀 HIC 硫化物 SCC 碱 SCC 胺 SCC
						衬里	无	
					再生塔	壳	碳钢	
						衬里	无	
	50~140	2~10			热交换器	壳	碳钢耐 HIC 钢	
						衬里	SUS304L	
						管	SUS304L、碳钢	
					配管		SUS304、碳钢	

区域	流体条件				设备名称		使用材料	腐蚀和损伤形态
	温度/℃	压力/(kgf/cm²)	主要成分	腐蚀因素				
精馏塔系统	50~140	0.5~2	氢、硫化氢、胺或液碱	硫化氢	分离罐	壳	碳钢、耐HIC钢	湿性硫化物腐蚀 碱腐蚀 胺腐蚀 HIC 硫化物 SCC 碱 SCC 胺 SCC
						衬里	无	
					热交换器	壳	碳钢、耐HIC钢	
						衬里	无	
						管	碳钢	
					配管		碳钢	

39. 流化催化裂化装置使用的材料及腐蚀和损伤特征是什么？

流化催化裂化装置使用的材料及腐蚀和损伤特征见表 5.12。

表 5.12　流化催化裂化装置使用的材料及腐蚀和损伤特征

区域	流体条件				设备名称	使用材料	腐蚀和损伤形态
	温度/℃	压力/(kgf/cm²)	主要成分	腐蚀因素			
原料预热系统	80~300	2.0~15	常压重油、减压渣油		罐换热器	碳钢	

177

区域	流体条件				设备名称	使用材料	腐蚀和损伤形态
	温度/℃	压力/(kgf/cm²)	主要成分	腐蚀因素			
反应系统	490~530	1.0~2.5	C_4、C_4^-、LPG、汽油、LCO	硫化氢、氢	分离器	热壁,碳钢+SUS405 或 SUS410S,1.25Cr-Mo 钢(2.25Cr-Mo 钢)+SUS405 或 SUS410S	高温硫化物腐蚀石墨化回火脆化等温时效脆化蠕变脆化连多硫酸 SSC(SUS304)
						冷壁碳钢+衬里	
					分离器/旋风分离器	碳钢,1Cr-Mo 钢、1.25Cr-Mo 钢、SUS304	
					气提塔	1.25Cr-Mo 钢+SUS405、2.25Cr-Mo 钢,碳钢	
					提升管	SUS304H,SUS321、1.25Cr-Mo 钢、碳钢+衬里	

区域	流体条件				设备名称	使用材料	腐蚀和损伤形态
	温度/℃	压力/(kgf/cm²)	主要成分	腐蚀因素			
再生系统	650~800	1.5~2.5	排气	硫氧化物	催化剂抽出接管（静区）	+衬里	连多硫酸 SSC
					空气分配器	SUS304,SUS321	侵蚀、疲劳、SSC
					充气室	SUS304	蠕变损伤、δ脆化 SCC
					再生器 O/H 配管（静区）	SUS304	连多硫酸 SSC
					再生器旋风分离器	SUS304,SUS304H,SUS321	
主蒸馏系统	25~130	0.5~15	C₄、C₄、LPG 汽油	硫化氢 CO CO₂ 氨 胺 水	主蒸馏塔上部	碳钢	湿性硫化氢腐蚀
					主蒸馏塔下部	碳钢 + SUS405 或 SUS410SiCr-Mo 钢 +SUS405 或 SUS410S	
					塔盘	SUS405,SUS410S	475℃脆化
主蒸馏塔顶系统	50~370	0.5~2.0	C₄、C₄、LPG		蒸馏塔顶配管	碳钢	湿性硫化氢腐蚀、
					蒸馏塔顶换热器	碳钢	HIC、应力诱导 SCC、
					蒸馏塔顶罐	碳钢	硫化物开裂

区域	流体条件				设备名称	使用材料	腐蚀和损伤形态
	温度/℃	压力/(kgf/cm²)	主要成分	腐蚀因素			
LCO和油浆气提系统	50~370	1.0~15	LCO HCO 油浆	高温硫氧化物	LCO气提塔	碳钢	高温硫化物腐蚀
					油浆气提塔	碳钢低合金	
气体回收系统	15~200	5.0~30	干气 C_1,C_2	硫化氢,CO,CO_2,氢,胺,水	吸收塔	碳钢	湿性硫化氢腐蚀,HIC,应力诱导 SCC,硫化物开裂
			C_4,C_4,LPG		气提塔	碳钢	
			汽油		脱丁烷塔	碳钢	

40. 制氢装置使用的材料及腐蚀和损伤特征是什么?

制氢装置使用的材料及腐蚀和损伤特征见表 5.13。

表 5.13 制氢装置使用的材料及腐蚀和损伤特征

区域	流体条件				设备名称		使用材料	腐蚀和损伤形态
	温度/℃	压力/(kgf/cm²)	主要成分	腐蚀因素				
脱硫系统	40~150	25~30	LPG 石脑油	硫化物	换热器	壳	碳钢	全面腐蚀湿性硫化物腐蚀
						管	碳钢	
					配管		碳钢	
	150~400		LPG 石脑油 氢	硫化物 氢	加热炉	管	5Cr-Mo 钢	高温硫化物腐蚀蠕变损伤全面腐蚀氢腐蚀回火脆化
					反应器	壳	1~2.5Cr-Mo 钢	
					配管		1~2.5Cr-Mo 钢	
转化系统	36920	19~23	LPG 石脑油 氢 蒸汽	烃 氢	重整炉	入口管	1~2.5Cr-Mo 钢	渗碳蠕变损伤氢腐蚀回火脆化高温氧化
						反应管	HK40,HP	
						出口管	高镍铬合金	
						管汇	高镍铬合金	
			氢碳酸气蒸汽	氢 碱	换热器	壳	碳钢(一部分可浇注成型)	氢腐蚀碱腐蚀回火脆化
						管	1~2.5Cr-Mo 钢	
					配管		1~2.5Cr-Mo 钢	

区域	流体条件				设备名称		使用材料	腐蚀和损伤形态
	温度/℃	压力/(kgf/cm²)	主要成分	腐蚀因素				
变换系统	300~420	18~20	氢 碳酸 蒸汽	氢 二氧化碳	转换塔	壳	1Cr-Mo钢	碳酸盐SCC 碳酸腐蚀
					换热器	壳	1Cr-Mo钢	
						管	1~2.5Cr-Mo钢	
					配管		1~2.5Cr-Mo钢	
	125~300	17~19	氢 碳酸 蒸汽 水	二氧化碳 凝缩水	转换塔	壳	碳钢	
					换热器	壳	碳钢	
						金属复合	SUS304~316L	
					分离罐	壳	SUS304~316L	
						金属复合	碳钢	
					配管碳钢		碳钢 SUS304~316L	
脱碳酸系统	70~125	17~19	氢 碳酸气 蒸汽 水 碱 胺	二氧化碳 凝缩水 碱	吸收塔	壳	复合304~316L 碳钢复合金属	碱腐蚀 胺腐蚀 碳酸盐SCC 碳酸腐蚀
					换热器 (空冷)	管	碳钢	
					洗涤塔	壳	碳钢	
					配管		碳钢 SUS304~316L	

区域	流体条件				设备名称		使用材料	腐蚀和损伤形态
	温度/℃	压力/(kgf/cm²)	主要成分	腐蚀因素				
脱碳酸系统	90~130	0~0.2	碳酸气 蒸汽 水 碱 胺	二氧化碳 凝缩水 碱	再生塔	壳	碳钢	腐蚀碱 SCC 碳酸盐 SCC 冲蚀碳酸腐蚀
						金属复合	SUS304(L)~316(L)(一部分)	
					分离罐	壳	SUS304L	
					换热器	壳	碳钢	
						管	SUS304L	
					配管		碳钢 SUS304~304(L)(一部分)	
甲烷化系统	200~390	16~18	氢	氢	反应器	壳	1Cr-Mo 钢	氢腐蚀回火脆化
					换热器	壳	1Cr-Mo 钢	
						管	SUS304L	
					配管		1~2.5Cr-Mo 钢	
	40~200	16~18	氢		换热器	壳	碳钢	
						管	铜合金	
					配管		碳钢	
					蒸汽罐	壳	碳钢	

续表

区域	流体条件				设备名称		使用材料	腐蚀和损伤形态
	温度/℃	压力/(kgf/cm²)	主要成分	腐蚀因素				
锅炉系统	225~480	25~30	蒸汽 水 燃烧排气	硫化物	换热器	管	碳钢 1~2.5 Cr-Mo钢	高温硫化物腐蚀 回火脆化
					配管		碳钢 1~2.5 Cr-Mo钢	
					蒸汽罐	壳	碳钢	
排气系统	150~400	大气压	燃烧排气	硫化物	换热器	管	碳钢	高温硫腐蚀
						内部	碳钢	
					配管		碳钢浇注成型	

41. 硫磺回收装置使用的材料及腐蚀和损伤特征是什么?

硫磺回收装置使用的材料及腐蚀和损伤特征见表 5.14。

表 5.14　硫磺回收装置使用的材料及腐蚀和损伤特征

区域	条件 流体 压力/(kgf/cm²)	温度/℃	主要成分	腐蚀因素	设备名称	使用材料	腐蚀和损伤形态
酸性气系统	0.8	40~80	硫化氢 氨 水分 氢	硫化物 氢	分离罐	壳：耐HIC钢	氢致开裂（HIC） 硫化氢应力腐蚀开裂（SSC）
					配管	碳钢	全面腐蚀
反应系统	0.1~0.8	150~350	硫化氢 亚硫酸酐气 氮 硫黄 氢	硫化物 氢	反应炉	壳：碳钢、绝热耐火材料 管：碳钢	露点腐蚀（壳壁）
					反应器	壳：碳钢、浇注成型衬里	
					辅助燃烧器	壳：碳钢、绝热耐火材料	
					换热器	壳：碳钢 管：碳钢	高温硫化物腐蚀（管侧） 露点腐蚀（管侧） 硫化物腐蚀

续表

区域	流体条件				设备名称	使用材料	腐蚀和损伤形态
	温度/℃	压力/(kgf/cm²)	主要成分	腐蚀因素			
产品硫磺系统	230~160	0~10	硫黄 硫化氢	硫化物	储罐	壳:混凝土+不锈钢衬里(SUS316L)	
					配管	碳钢	
排气系统	400~600	大气压	燃烧排气	硫化物	焚烧炉	壳:碳钢,浇注成型衬里 管:碳钢	高温硫化物腐蚀(管侧) 全面腐蚀 露点腐蚀(管侧)
					换热器	壳:碳钢 管:碳钢	露点腐蚀
					配管	壳:碳钢,浇注成型衬里	

186

第六章 炼油装置的常用防护措施

1. 什么是工艺防腐？

工艺防腐的内容广泛，本书所指的"工艺防腐"主要是指为解决常减压装置"三顶"(初馏塔顶、常压塔顶、减压塔顶)系统，以及催化裂化、焦化、重整、加氢精制、加氢裂化等装置分馏系统中低温轻油部位设备、管道腐蚀所采取的以电脱盐、注水、注中和剂、注缓蚀剂等药剂和工艺操作条件控制为主要内容的技术措施。

2. 常减压装置的处理量及原料质量应如何控制？

装置应连续平稳操作，处理量应控制在设计范围内，超出该范围应请设计单位核算。

控制进装置原油性质与设计原油相近，且原油的硫含量、酸值，原则上不能超过设计值。当有特殊情况需短期、小幅超出设计值时，要制订并实施针对性的工艺防腐蚀措施，同时要加强薄弱部位的腐蚀监测和对工艺防腐蚀措施实施效果的监督。

炼厂污油的回炼，应控制其含水量，并保持小流量平稳掺入。

原油应在储罐静置脱水，保证进装置原油的含水量不大于 0.5%(质)。

3. 常减压装置的加热炉防腐操作应如何控制？

燃料：燃料气含硫量应小于 $100mg/m^3$，燃料油含硫量应小于 0.5%(质)。

炉管温度控制：根据使用的炉管材料，控制炉管表面温度不超过最高使用温度，烧焦时不应超过极限设计金属温度。表6.1是不同材料炉管的最高使用温度与极限设计金属温度。

表6.1　各种材料炉管的最高使用温度与极限使用温度

炉管材质	国内钢号	ASTM 钢号	最高使用温度/℃	极限设计金属温度/℃
碳钢	10，20	Gr B	450	540
1.25Cr-0.5Mo	15CrMo	T11，P11	550	595
2.25Cr-1Mo	1Cr2Mo	T22，P22	600	650
5Cr-0.5Mo	1Cr5Mo	T5，P5	600	650
9Cr-1Mo		T9，P9	650	705
18Cr-8Ni	1Cr19Ni9	TP304，TP304H	815	815
16Cr-12Ni-2Mo		TP316L	815	815
18Cr-10Ni-Ti	1Cr18Ni9Ti	TP321，TP 321H	815	815
18Cr-10Ni-Nb	1Cr19Ni11Nb	TP347，TP347H	815	815
25Cr-20Ni		TP310	1000	—
Ni－Te－Cr		Alloy 800H/HT	985	985

露点腐蚀：控制排烟温度，确保管壁温度高于烟气露点温度5℃以上，硫酸露点温度可通过露点测试仪检测得到或用附件-烟气硫酸露点计算方法估算。

4. 常减压装置的电脱盐操作应如何控制？

注破乳剂：

注入位置：油溶性破乳剂宜在静态混合器或混合阀之前管道注入，推荐在进装置原油泵前管道注入；水溶性破乳剂，一级脱盐罐宜在静态混合器或混合阀之前管道注入，推荐在进装置原油泵前管道注入，其余脱盐罐，原油进各级电脱盐罐静态混合器或混合阀之前。

破乳剂用量：油溶性破乳剂：推荐不宜超过 20μg/g；水溶性破乳剂：推荐不宜超过 25μg/g(单级)。

重质原油(相对密度≥0.93)：宜在储罐区注入破乳剂，注入位置可在原油进储罐管线，具有码头的企业应在码头输送管线注入。用量：油溶性破乳剂不宜超过 10μg/g；水溶性破乳剂不宜超过 25μg/g。

注水水质：脱盐注水可采用工艺处理水(脱硫净化水、冷凝水)、新鲜水、除盐水等；注水水质应满足表 6.2 要求。

表 6.2 电脱盐注水控制指标

种类	最大浓度	分析方法
$NH_3+NH_4^+$	≤20μg/g；最大不超过 50μg/g	HJ 535—2009 HJ 536—2009 HJ 537—2009
硫化物	≤20μg/g	HJ/T 60—2000
含盐($NaCl$)	≤300μg/g	电位滴定法
O_2	≤50μg/g	HJ 506—2009
F	≤1μg/g	HJ 488—2009 HJ 487—2009
悬浮物	≤5μg/g	GB 11901—1989
表面活性剂	≤5μg/g	HG/T 2156—2009
pH 值	高酸原油：6~7 其他原油：6~8	pH 计

注水量：原油总处理量的 2%~10%(质)，注水连续平稳，并能计量和调节。

注入位置：各级混合设备前管道，破乳剂注入点后。

注入流程：推荐使用最后一级注入"一次水"，后一级排水作为前一级注水的工艺。

操作温度：应根据所加工的原油试验选择温度使原油黏度在 $3 \sim 7 \text{mm}^2/\text{s}$ 范围内的温度，或根据同类装置的经验数据确定。

塔河原油、胜利原油等重质原油：140~150℃。

操作压力：应在设计范围内。

电场强度：

强电场：推荐 0.5~1.0kV/cm，

弱电场：推荐 0.3~0.5kV/cm。

电场强度应在一定范围内可调，宜采用变压器换档器改变电压。

上升速度与停留时间：

原油在罐内上升速度和停留时间与采用的电脱盐技术类型、原油性质等有关，推荐操作设计范围内。

混合强度：混合阀压差推荐 20~150kPa。

油水界位：

电脱盐罐内原油与水的界位宜控制在电脱盐罐中心下部 900~1200mm 处，具体数据应根据实际生产中排水中油含量确定。

反冲洗操作：

根据原油脱盐脱水情况，每月冲洗 3~5，每罐冲洗30~80min，脱水口、罐底排污口见清水为冲洗合格。先冲洗一级罐，后依次冲洗二、三级罐。原油电脱盐控制指标见表 6.3。

表 6.3　原油电脱盐控制指标

项目名称	指标	测定方法
脱后含盐/(mg/L)	≤3	SY/T 0536
脱后含水/%	≤0.3	GB/T 260
污水含油/(mg/L)	≤200	红外(紫外)分光光度法

5. 常减压装置常压塔顶如何防腐？

应核算塔顶油气中水露点温度，控制塔顶内部操作温度高于水露点温度 28℃以上。

塔顶回流温度高于 90℃。

6. 常减压装置怎样注中和剂？

位置：塔顶油气管线；

类型：有机胺/氨水，推荐注有机胺中和剂；

用量：注有机胺依据排水 pH 值为 5.5~7.5 来确定；注无机氨水依据排水 pH 值为 7.0~9.0 来确定；有机胺+氨水 pH 值为 6.5~8.0 来确定。

注入方式：推荐结合在线 pH 计，采取自动注入设备，确保均匀注入。

7. 常减压装置怎样注缓蚀剂？

位置：塔顶油气管线。

用量：不宜超过 20μg/g（相对于塔顶总流出物，连续注入）。

注入方式：推荐使用自动注入设备，确保均匀注入。

8. 常减压装置怎样注水？

位置：塔顶油气管线(中和剂、缓蚀剂注入点之后，但要避免在管线内壁局部形成冲刷腐蚀)。

用量：保证注水点有 10%~25% 液态水；

注水水质要求：可采用本装置含硫污水、净化水或除盐水，水质要求见表6.4。

表6.4 注水水质

成分	最高值	期望值	分析方法
氧/ppb	50	15	HJ 506—2009
pH值	9.5	7.0~9.0	pH计
总硬度/(μg/g)	1	0.1	GB/T 6909—2008
溶解的铁离子/(μg/g)	1	0.1	HJ/T 345—2007
氯离子/(μg/g)	100	5	硝酸银滴定法
硫化氢/(μg/g)	—	小于45	HJ/T 60—2000
氨氮	—	小于100	HJ 535—2009 HJ 536—2009 HJ 537—2009
CN⁻/(μg/g)		0	HJ 484—2009
固体悬浮物/(μg/g)	0.2	少到可忽略	GB 11901—1989

9. 常减压装置塔顶冷凝水的控制指标是多少?

塔顶冷凝水的技术控制指标见表6.5。

表6.5 "三注"后塔顶冷凝水的技术控制指标

项目名称	指标	测定方法
pH值	5.5~7.5(注有机胺时) 7.0~9.0(注氨水时) 6.5~8.0(有机胺+氨水)	pH计法
铁离子/(mg/L)	≤3	分光光度法(样品不过滤)
Cl⁻/(mg/L)	—	硝酸银滴定法
平均腐蚀速率/(mm/a)	≤0.2	在线腐蚀探针或挂片

192

10. 常减压装置怎样注高温缓蚀剂？

加注条件：加工高酸原油，温度高于 288℃ 的设备、管线材质低于 316 类不锈钢，减压塔填料低于 317 类不锈钢；或油相中铁含量 >1μg/g。

注入部位：根据装置实际腐蚀监测情况，可以考虑在以下部位加注高温缓蚀剂：常三线、常底重油线、减二线、减三线、减四线抽出泵入口处。

用量：推荐 1~10μg/g（相对于侧线抽出量，连续注入）。

类型：无磷高温缓蚀剂。

控制指标：油相中铁含量 ≤1μg/g。

11. 催化裂化装置的处理量及原料质量应如何控制？

装置应连续平稳操作，处理量应控制在设计范围内，超出该范围应请设计单位核算。

装置加工的原料油应符合设计要求，原料油的硫含量，原则上不能超过设计值。当有特殊情况需短期、小幅超出设计值时，要制订并实施针对性的工艺防腐蚀措施，同时要加强薄弱部位的腐蚀监测和对工艺防腐蚀措施实施效果的监督。

监测原料油氯含量，判断分馏塔积盐。

12. 催化裂化装置烟气系统的防腐操作应如何控制？

（1）防露点腐蚀

控制余热锅炉排烟温度，确保管壁温度高于烟气露点温度5~10℃，硫酸露点温度可通过露点测试仪检测得到或用附件-烟气硫酸露点计算方法估算。

（2）监测水封罐

pH 值：监测水封罐中水的 pH 值，宜使用无机氨控制 pH 值大于 5.5。

13. 催化裂化装置分馏塔顶低温系统的防腐操作应如何控制?

（1）分馏塔顶温度及回流控制

核算塔顶油气中水露点温度，控制塔顶内部操作温度应高于水露点温度28℃以上。

塔顶回流温度高于90℃。

（2）注缓蚀剂(必要时)

注入部位：催化分馏塔顶油气管线。

用量：推荐不宜超过20μg/g（相对于塔顶总流出物，连续注入）。

注入方式：缓蚀剂注入推荐采用原剂注入方式，推荐使用自动注入设备，保证均匀注入。

催化分馏塔顶冷凝水的控制指标：总铁≤3mg/L。

（3）注水

注入部位：分馏塔顶出口管线。

注水水质：本装置含硫污水、净化水（水质要求见表6.4)或除盐水。

用量：控制pH值小于8.5。

14. 催化裂化装置富气压缩机的防腐操作应如何控制?

（1）注缓蚀剂(必要时)

注入部位：富气压缩机出口注水线。

用量：推荐不宜超过20μg/g（相对于富气流量，连续注入）。

注入方式：缓蚀剂注入推荐采用原剂注入方式，推荐使用自动注入设备，保证均匀注入。

（2）注水

注入部位：富气压缩机出口管线。

注水水质：本装置含硫污水、净化水（水质要求见表6.4）或除盐水。

用量：控制 pH 值小于 8.5。

15. 延迟焦化装置的处理量及原料质量应如何控制？

装置应连续平稳操作，处理量应控制在设计范围内，超出该范围应请设计单位核算。

装置加工的原料油应符合设计要求，原料油的硫含量，原则上不能超过设计值。当有特殊情况需短期、小幅超出设计值时，要制订并实施严格的工艺防腐蚀措施，同时要加强薄弱部位的腐蚀监测和对工艺防腐蚀措施实施效果的监督。

焦化原料酸值大于 1.5mgKOH/g，进料高温部位选材应考虑 316 类不锈钢；若材质达不到，可考虑采用高温缓蚀剂减轻高温环烷酸腐蚀，同时加强设备管线的定期腐蚀监测和高温部位检查。

监测原料油氯含量，掺炼污油时，注意分馏塔积盐，并加强分馏塔顶部低温腐蚀监控。

掺炼催化油浆，控制固含量不大于 6g/L。

16. 焦化装置加热炉的防腐操作应如何控制？

（1）燃料

燃料气含硫量应小于 100mg/m³。

（2）炉管温度控制

根据使用的炉管材料，控制炉管表面温度不超过最高使用温度，烧焦时不应超过极限设计金属温度。见表 6.1。

（3）露点腐蚀

控制排烟温度，确保管壁温度高于烟气露点温度 5℃，硫酸露点温度可通过露点测试仪检测得到或用附件-烟气硫酸露点计算方法估算。

（4）加热炉炉管在线烧焦与清焦

升温速度：推荐 400℃ 以前：100℃/h；400～600℃：80℃/h。

炉管温度：1Cr5Mo 材质炉管壁温度不应超过 650℃，1Cr9Mo 材质炉管壁温度不应超过 705℃，其他材料炉管温度控制见表 6.1 中极限设计金属温度。。

炉管烧焦时颜色以微红为好，不可过红(粉红至桃红)，如炉管过红，应先降温，再逐渐增加蒸汽量、减少风量，一次燃烧炉管应控制在 2~3 根。

炉膛温度：温度不超 630℃，最高不宜超过 650℃。

降温速度：当烧焦完成后，推荐炉膛以 80℃/h 速度降温。

17. 焦化装置低温部位防腐操作应如何控制？

（1）分馏塔顶温度及回流控制

核算塔顶油气中水露点温度，控制塔顶内部操作温度高于水露点温度 28℃。

塔顶回流温度高于 90℃。

（2）注缓蚀剂(必要时)

注入部位：焦化分馏塔顶油气管线。

用量：不宜超过 20μg/g（相对于塔顶总流出物，连续注入）。

注入方式：缓蚀剂注入推荐采用原剂注入方式，推荐使用自动注入设备，保证均匀注入。

分馏塔顶冷凝水的控制指标：总铁≤3mg/L。

（3）注水

注入部位：分馏塔顶出口管线。

注水水质：本装置含硫污水、净化水（水质要求见表

6.4）或除盐水。

用量：控制 pH 值小于 8.5。

18. 焦化装置富气压缩机的防腐操作如何控制？

（1）注缓蚀剂(必要时)

注入部位：富气压缩机出口注水线。

用量：推荐不宜超过 $20\mu g/g$（相对于富气流量，连续注入）。

注入方式：缓蚀剂注入推荐采用原剂注入方式，推荐使用自动注入设备，保证均匀注入。

（2）注水

注入部位：富气压缩机出口管线。

注水水质：本装置含硫污水、净化水（水质要求见表6.4）或除盐水。

用量：控制 pH 值小于 8.5。

19. 焦化装置蒸发式空冷器防腐操作如何控制？

冷却水水质：除盐水。

浓缩倍数：以氯离子浓度计，浓缩倍数不大于 5。

缓蚀剂：必要时使用缓蚀剂。

20. 焦炭塔防腐操作应如何控制？

焦炭塔长期周期性的冷热循环操作和载荷反复变化导致焦炭塔塔体变形。应控制升温和冷却速率在允许范围内。

21. 加氢装置的处理量及原料质量应如何控制？

装置应连续平稳操作，处理量应控制在设计范围内，超出该范围应请设计单位核算。

装置加工的原料油必须符合设计要求，原料中硫、氮、氯离子、铁离子和金属含量等应严格控制在设计值范围内。

新鲜氢气必须符合设计要求，特别要求氢气中不含氯离子。

22. 加氢装置加热炉的防腐操作应如何控制？

温度：控制加热炉不能超过许用温度。

控制排烟温度，确保管壁温度高于烟气露点温度5℃，硫酸露点温度可通过露点测试仪检测得到或用附件–烟气硫酸露点计算方法估算。

23. 加氢装置工艺防腐应如何控制？

（1）注缓蚀剂

① 脱硫化氢塔、脱丁烷塔、脱乙烷塔顶馏出线

注入位置：进空冷之前油气管线（注入口距空冷器入口大于5m）。

用量：推荐不宜超过 $20\mu g/g$（相对于塔顶总流出物，连续注入）。

类型：成膜型缓蚀剂。

注入方式：缓蚀剂注入推荐采用原剂注入方式，推荐使用自动注入设备，保证均匀注入。

排水控制指标：总铁≤3mg/L。

② 高压空冷器

注入位置：注水泵入口。

用量：根据装置实际腐蚀情况确定。

类型：多硫化物。

（2）注水

注入位置：高压空冷器前总管、高压换热器前。

注水量：保证总注水量的25%在注水部位为液态，并控制高分水 NH_4HS 浓度小于4%。

注水水质：除氧水或临氢系统净化水（用量最大不能超过注水量的50%），具体指标见表6.4，若在注水中加入多

198

硫化物，水中 pH 值必须≥7.5。

控制进冷高分入口温度 40~55℃。

（3）高压空冷器流速和流出物 K_p 值

加氢装置用硫化氢和氨的摩尔百分比乘积 K_p 来表征硫氢化铵的腐蚀程度（$K_p = [H_2S] \times [NH_3]$）。$K_p$ 值越大，即硫氢化铵浓度越高，发生腐蚀风险越严重。高压空冷器选用碳钢设备时，要控制 K_p 在 0.5 以下，流速控制在 3~6m/s，否则进行材质升级。

K_p 值计算比较复杂，可以使用"中国石化炼油技术分析及远程诊断系统"计算的数值。

24. 加氢装置开停工如何防护？

防止硫化亚铁自燃：推荐停工时采取 FeS 清洗钝化措施。

注意临氢系统的 Cr-Mo 钢回火脆性问题，在开停工过程中，凡临氢设备、管线应遵循"先升温、后升压，先降压、后降温"的原则。

防止 300 系列不锈钢连多硫酸应力腐蚀开裂：参考 NACE RP0170—2004《炼油厂设备停工期间避免奥氏体不锈钢出现连多硫酸应力腐蚀开裂的防护措施》，可在装置停工后马上用碱或苏打水溶液冲洗，或用干燥氮气或氮气/氨气吹扫，使之与空气隔绝。

25. 加氢装置循环氢脱硫应如何控制？

控制脱后 H_2S 含量≤0.1%（体）。

26. 催化重整装置的原料质量应如何控制？

催化重整原料的选择严格按照装置设计值控制，尤其是原料的硫含量、氮含量、氯含量和金属含量必须控制在设计范围内。

重整进料中硫含量低于 0.25μg/g 时，则需要向重整进料中注硫。注硫除了能抑制催化剂的初期活性，还有一个重要作用，即钝化反应器壁，形成保护膜，防止渗碳发生，减少催化剂积炭。

27. 重整装置加热炉的防腐操作应如何控制？

燃料：对于加热炉的燃料，要求燃料气含硫量小于 100mg/m³。

炉管温度控制：根据使用的炉管材料，控制炉管表面温度不超过最高使用温度，烧焦时不应超过极限设计金属温度。参见表 6.1。

露点腐蚀：控制排烟温度，确保管壁温度高于烟气露点温度 5℃，硫酸露点温度可通过露点测试仪检测得到或用附件-烟气硫酸露点计算方法估算。

28. 重整装置预加氢系统的防腐操作应如何控制？

（1）注缓蚀剂

注入位置：预加氢汽提塔塔顶挥发线进空冷之前(注入点距空冷器入口大于 5m)。

用量：不宜超过 20μg/g（相对于塔顶总流出物，连续注入）。

注入方式：缓蚀剂注入推荐采用原剂注入方式，推荐使用自动注入设备，保证均匀注入。

重整预加氢汽提塔顶冷凝水控制指标：总铁≤3mg/L。

（2）注中和剂

用量：控制冷凝水 pH 值 5.5~7.5。

注入位置：预加氢汽提塔塔顶挥发线进空冷之前(注入点距空冷器入口大于 5m)。

注入方式：推荐使用自动注入设备，保证均匀注入。

（3）注水

注入位置：预加氢反应流出物空冷器前管线。

水质：除氧水或临氢系统净化水（用量最大不能超过注水量的50%），具体指标见表6.4。

用量：保证总注水量的25%在注水部位为液态。

29. 重整装置芳烃抽提系统的防腐操作应如何控制？

控制溶剂pH值不低于8.0。

装置停工期间，再生后的溶剂应采用氮气密封保护，尽量避免与空气接触氧化而腐蚀设备。

控制溶剂再生塔温度低于160℃，防止重沸器加温超过溶剂分解温度造成腐蚀。

30. 重整装置催化剂再生系统的防腐操作应如何控制？

循环烧焦气应连续注碱。

控制循环碱液的Na^+浓度2%~3%（质），pH值8.5~9.5。

31. 重整装置开停工如何防护？

注意临氢系统的Cr-Mo钢回火脆性问题，在开停工过程中，凡临氢设备、管线应遵循"先升温、后升压，先降压、后降温"的原则。

防止300系列不锈钢连多硫酸应力腐蚀开裂：参考NACE RP0170—2004《炼油厂设备停工期间避免奥氏体不锈钢出现连多硫酸应力腐蚀开裂的防护措施》，可在装置停工后马上用碱或苏打水溶液冲洗，或用干燥氮气或氮气/氨气吹扫，使之与空气隔绝。

32. 制氢装置的原料质量应如何控制？

严格按照装置设计值控制加工原料的性质，保证加工原料性质在装置设计值范围之内。特别是预处理后原料中氯含量在设计值范围。

33. 制氢装置转化炉的防腐操作应如何控制?

(1) 温度控制

装置运行中防止管内催化剂架桥、结焦和粉碎堵塞,避免偏流造成局部过热,防止炉管的管壁温度超过许用温度,炉管的管壁温度控制在900℃以下。

(2) 燃料质量控制

对于加热炉的燃料,要求燃料气含硫量小于100mg/m^3。

34. 制氢装置工艺防腐应如何控制?

(1) 缓蚀剂

脱碳系统(钾碱溶液提纯氢气工艺):向配制钾碱溶液中加入缓蚀剂五氧化二钒,添加量0.5%左右。当溶液中总钒浓度低于0.15%,正五价钒浓度低于0.1%时,需要补充五氧化二钒缓蚀剂。

(2) 其他

脱碳系统(钾碱溶液提纯氢气工艺):控制脱碳系统中碳酸钾溶液的浓度小于10%,再生塔塔顶温度小于95℃,再生塔重沸器中转化气温度小于149℃。

35. 制氢装置脱碳系统钝化处理(钾碱溶液提纯氢气工艺)如何控制?

净化液中铁含量超过200μg/g,总钒含量低于0.15%,脱碳系统需要添加缓蚀剂五氧化二钒修复五氧化二钒氧化膜,对净化系统重新进行钝化处理:向净化液中添加五氧化二钒,使溶液中偏钒酸钾(KVO_3)的浓度提高到0.7%~0.8%,溶液首先在两塔(汽提塔、吸收塔)内进行24~36h钝化处理,然后建立贫液、半贫液循环钒化处理。

36. 减粘裂化装置的处理量及原料质量应如何控制?

装置应连续平稳操作，处理量应控制在设计范围内，超出该范围应请设计单位核算。

控制进装置原料油性质与设计原料油相近，且原油的硫含量原则上不能超过设计值。

37. 减粘裂化装置加热炉的防腐操作应如何控制?

燃料：燃料气含硫量应小于 $100mg/m^3$，燃料油含硫量应小于 1%(质)。

炉管温度控制：根据使用的炉管材料，控制炉管表面温度不超过最高使用温度，烧焦时不应超过极限设计金属温度。参见表 6.1。

露点腐蚀：控制排烟温度，确保管壁温度高于烟气露点温度 5℃，硫酸露点温度可通过露点测试仪检测得到或用附件-烟气硫酸露点计算方法估算。

38. 减粘裂化装置工艺防腐应如何控制?

(1) 注中和剂

注入条件：分馏塔顶排水 pH 小于 5.5。

位置：塔顶油气管线；

类型：有机胺/氨水，推荐注有机胺中和剂；

用量：注有机胺依据排水 pH 为 5.5~7.5 来确定；注无机氨水依据排水 pH 为 7.0~9.0 来确定；

注入方式：推荐结合 pH 在线检测系统，采取自动注入设备，确保均匀注入。

(2) 注缓蚀剂

位置：塔顶油气管线。

用量：不宜超过 $20\mu g/g$ (相对于塔顶总流出物，连续注入)。

注入方式：推荐使用自动注入设备，确保均匀注入。

（3）注水

位置：塔顶油气管线（中和剂、缓蚀剂注入点之后，但要避免在管线内壁局部形成冲刷腐蚀）。

用量：推荐 5%～7%（相对于塔顶总流出物，连续注入）。

注水水质要求：可采用除盐水或净化水，水质要求见表6.4。

39. 糠醛精制装置的防腐操作应如何控制？

（1）加热炉操作

燃料：燃料气含硫量应小于 $100mg/m^3$，燃料油含硫量应小于 1%（质）。

温度：加热炉出口温度不宜超过 220℃。

露点腐蚀：控制排烟温度，确保管壁温度高于烟气露点温度 5℃，硫酸露点温度可通过露点测试仪检测得到或用附件–烟气硫酸露点计算方法估算。

（2）原料脱气塔

脱气温度 75～100℃；顶真空度应小于 0.04MPa。

（3）管道流速控制

管道介质线速度控制在 12m/s。

（4）其他操作

溶剂回收部位加注适量中和缓蚀剂，对糠酸起到一定中和作用，使整个系统溶剂呈弱碱性，pH 值控制在 7～8。

缓蚀剂加注部位主要有：①萃取塔底抽出线至机泵入口处；②糠醛脱水塔进料线；③脱水塔顶分液罐的入口管线上；④向糠醛储罐和循环罐中直接加剂中和。

通常认为①不好，抽出油线中的压力较高且容易波动，

204

缓蚀剂流量不容易稳定控制；②、③、④结合使用，效果较好。

注剂由缓蚀剂向缓蚀阻焦剂，成分由无机氨、有机胺、向胺型抗氧剂和环胺类缓蚀剂等组成的混合物发展，新型缓蚀阻焦剂组分中抗氧化剂减缓了糠酸的形成，其他与糠酸形成络合物，有效中和糠酸。

溶剂贮罐用油或惰性气体保护，防止氧化变质。

余热锅炉采用脱氧水。

40. 酮苯脱蜡装置的防腐操作应如何控制？

对于"老三套"中的润滑油溶剂脱蜡装置，若采取先酮苯脱蜡后溶剂精制加工工艺，设备腐蚀主要为低温管线水露点腐蚀；若采用先溶剂精制后酮苯脱蜡加工工艺，设备腐蚀除了露点腐蚀外，更主要的是有机酸腐蚀。

（1）低温管线

对装置低温管线应进行超声波测厚，及时更换壁厚不合格管线，注意保温层下腐蚀的检测，并采用新型不掺水的保温、保冷材料。

（2）溶剂回收系统

溶剂回收部位加注适量中和缓蚀剂，对糠酸起到一定中和作用，使整个系统溶剂呈弱碱性，pH 值控制在 7~8。

（3）制冷系统

定期对真空过滤系统氨冷换设备进行检漏以及对密闭气酸碱性进行实时监测。

41. MTBE 装置的防腐操作应如何控制？

（1）萃取水

MTBE 装置主要发生萃取水的腐蚀，因此 MTBE 装置的防腐重点是萃取塔与甲醇塔。

（2）防腐工艺措施

加强对原料碳四的水洗和脱水，尽量降低进入净化器之前的原料碳四中的金属离子和碱性物含量。

将甲醇萃取循环水 pH 值的测定作为日常监控项目，定期按时检测循环水的 pH 值。

控制甲醇萃取循环水 pH 值在 6.5~8.0，定期对工艺水进行置换。

必要时采用醚后碳四进入萃取塔前增加碱洗系统，加碱中和的方法控制甲醇萃取循环水 pH 值，但要控制碱的加量，严格防止精馏塔顶甲醇带水。

严格操作和控制，避免"飞温"现象造成的催化剂中磺酸基团的脱落。

42. 干气、液化气脱硫装置的处理量及原料质量应如何控制？

装置应连续平稳操作，处理量应控制在设计范围内，超出该范围应请设计单位核算。

严格按照装置设计值控制加工原料的性质，保证加工原料性质在装置设计值范围之内。

43. 干气、液化气脱硫装置工艺防腐应如何控制？

（1）流速

换热器和管线的富胺液流速控制在不宜超过 1.5m/s，贫胺液流速控制在不宜超过 6m/s。

富胺液在管道内的流速应不高于 1.5m/s，在换热器管程中的流速不宜超过 0.9m/s，富液进再生塔流速不宜超过 1.2m/s。

再生塔顶酸性水系统碳钢管线控制流速不宜超过 5m/s，奥氏体不锈钢管线控制流速不宜超过 15m/s。

（2）温度

吸收塔操作温度小于50℃，再生塔重沸器蒸汽温度不宜超过149℃。

（3）缓蚀剂

根据情况可使用在胺液中添加缓蚀剂来减缓腐蚀。要考虑缓蚀剂的发泡问题。

热稳态盐含量不宜超过1%。

（4）惰性气体保护

对于储罐和储存容器需要用惰性气体(氮气)保护，防止氧进入胺液发生降解。

44. 如何防止干气、液化气脱硫装置中的奥氏体不锈钢应力腐蚀开裂？

氯离子含量大于10μg/g时，使用奥氏体不锈钢应注意以下问题：

（1）控制酸气吸收量小于30%(mol)（MEA、DEA为吸收剂）、40%(mol)（MDEA为吸收剂）

（2）应控制溶液pH值大于9.0，推荐控制溶液pH值大于10.0

45. 干气、液化气脱硫装置再生塔重沸器的防腐操作应如何控制？

重沸器要专用设计，设计时需有汽相空间，物流流速控制在1.5m/s以下。管程最好设计为正方型排列，加大出口管径。

46. 污水汽提装置的原料质量应如何控制？

酸性水原则上按加氢型酸性水(加氢裂化、加氢精制、渣油加氢等)与非加氢型的酸性水(常减压、催化裂化、焦化等)进行分类处理。

装置应连续平稳操作，处理量应控制在设计范围内，超出该范围应请设计单位核算。

47. 污水汽提装置工艺防腐应如何控制？

（1）塔顶温度

① 双塔系统　脱 NH_3 汽提塔塔顶温度应大于 82℃，防止气体冷凝物腐蚀和 NH_4HS 堵塞。

提高脱 H_2S 汽提塔汽提压力，降低塔顶温度（必须≥20℃），可使 NH_3 在水中的溶解度提高，又可消除或减少塔顶 H_2S 管线的结晶物；如果塔顶温度过低（≤19℃），H_2S 和水反应生成 $H_2S \cdot 6H_2O$，容易堵塞管道。

② 单塔工艺　控制塔顶温度大于 20℃。

（2）注水

如塔顶冷凝器或富氨气抽出侧线冷凝器压降增加，采用间断注水或用蒸汽加热措施。（防止塔顶冷凝器由于 NH_4HS、NH_4HCO_3 或氨基甲酸氨结晶引起的堵塞和腐蚀）。

H_2S 汽提塔低液变送器、玻璃板液面计、汽提塔流量计需打冲水洗，防止高浓度 NH_4HS 等结晶物堵塞仪表测量引线。

（3）流速

污水进料线和回流循环线的进料速度控制在 0.9~1.8m/s，减少管线的冲蚀和腐蚀。

H_2S/NH_3 汽提塔顶冷凝器物料速度控制 12.2m/s 以下。

汽提塔顶管线中气体的流速控制在 15.2m/s 以下，减缓冲蚀。

（4）酸性气

控制酸性气温度大于露点温度，避免在输送过程中产生腐蚀。

208

（5）保温措施

塔顶和塔顶管线需用保温措施，可同时对管线进行蒸汽伴热，防止气相冷凝物的腐蚀。

汽提塔和容器等需要保温措施，防止因剧烈降温出现结晶物。

脱 H_2S 汽提塔液控阀、压控阀需加伴热线和保温措施，防止结晶堵塞。

48. 污水汽提装置开停工如何防护？

开工时装置的设备和工艺管线推荐使用蒸汽或氮气或工业水置换装置内的空气，防止腐蚀和腐蚀产物堵塞管道。

停工时，用工业水切换原料污水并冲洗设备和管线。注意水不能窜进酸性气线和放火炬线，停工是不宜用压缩空气吹扫系统设备，防止发生腐蚀问题。

49. 硫磺回收装置的原料质量应如何控制？

严格按照装置设计值控制加工原料的性质，保证加工原料性质在装置设计值范围之内。酸性气的性能指标见表6.6。

表6.6　酸性气控制指标

项目	烃含量	质量指标	分析方法或标准
酸性气	%（质）	≤3	气相色谱法

50. 硫磺回收装置工艺防腐应如何控制？

（1）反应系统

① 反应炉

采用 H_2S/SO_2 自动分析仪，根据其比值调节配风，控制进入燃烧反应炉的空气量，防止出现过氧；

控制燃烧反应炉的外壁温度大于150℃，避免露点腐蚀。

② 废热锅炉

废热锅炉的过程气出口气流温度宜限制在 350℃ 以下，防止废热锅炉出口管箱及出口管线遭受高温硫化腐蚀。

③ 硫冷凝冷却器

当硫冷凝冷却器管束选用碳钢时，壁温宜控制在 350℃ 以下。

④ 系统设备和管线

改善内外保温隔热结构，维持金属壁温，避免露点腐蚀。

（2）急冷水系统

根据实际操作情况，定期清理急冷水过滤器。

控制急冷水 pH 值不小于 5.5。

（3）尾气焚烧炉

避免焚烧炉炉膛温度的突升突降。

控制排烟温度，确保废热锅炉管壁温度高于烟气露点温度 5℃，硫酸露点温度可通过露点测试仪检测得到或用烟气硫酸露点计算方法估算。

51. 硫磺回收装置开停工如何防腐？

装置停工时吹扫介质中不能含有硫化氢、二氧化硫、三氧化硫等腐蚀性组分，在高温时过氧时间尽可能短，保证装置停工后，设备和管线内部不应存在任何酸性介质（残硫、过程气）。对于任何不需要打开检查的设备和管线应充满氮气保护密封，防止系统中湿气的冷凝，保持温度在系统压力所对应的露点温度以上。

对于检查或检修的设备，应先用氮气吹扫设备，清除酸性介质和腐蚀产物。对于废热锅炉炉管、硫冷凝冷却器内存在硫化亚铁腐蚀产物，需要按照相关标准进行处理，防止硫化亚铁自燃。

装置开工时，废热锅炉和硫冷器壳体通加热蒸汽，防止设备升温时局部过冷，生成凝结水造成腐蚀。

52. 氢氟酸烷基化装置的原料质量应如何控制？

新鲜原料异丁烷和丁烯经干燥后，含水量应小于 $20\mu g/g$。

严格控制 HF 酸中含水量，确保在 $2\% \sim 3\%$ 以下，当含水超标时，应及时再生脱水。

53. 氢氟酸烷基化装置工艺防腐应如何控制？

严格控制操作温度，禁止超温，超流量运行；

在无水氢氟酸中（酸浓度 $85\% \sim 100\%$，酸中含水 $\not> 3\%$），碳钢使用温度不高于 $71℃$；

蒙乃尔合金在任意浓度的氢氟酸中长期使用温度不超过 $149℃$；

尽量减少装置开停工次数，避免空气进入系统。

54. 硫酸烷基化装置工艺防腐应如何控制？

使用碳钢时，硫酸浓度不能低于 65%；硫酸流速一般限制在 $0.6 \sim 0.9 m/s$。

脱丁烷塔和脱异丁烷塔塔顶管线建议注入 $5 \sim 10\mu g/g$ 的成膜型胺类缓蚀剂，控制塔顶水冷凝液 pH 值 $6 \sim 7$；

在装置停工期间，设备冲洗要采取恰当的排放和冲洗程序，防止生成稀酸造成碳钢的腐蚀。为使设备不受气体影响，常用水灌满设备，直到排放水的 pH 值大于 6.0。然后，尽快把设备里的水排光。

在设备检修期间水洗之前，常用低浓度苛性碱冲洗反应器、沉降器、储槽和其他设备，应注意苛性碱的浓度，避免发生碱开裂。

55. 工程上如何将介质中 Cl⁻ 的含量估算成 pH 值?

工程上常应用表 6.7 将介质中 Cl⁻ 的含量估算成 pH 值。

表 6.7　将 Cl⁻ 含量估算成 pH 值

Cl⁻量/ppm(质)	pH 值
3610~12000	0.5
1201~3600	1.0
361~1200	1.5
121~360	2.0
36~120	2.5
16~35	3.0
6~15	3.5
3~5	4.0
1~2	4.5
<1	5.0

注:假定介质中无碱性成分。

56. 工程上如何预测碳钢和 300 系列奥氏体不锈钢在 HCl 介质中的均匀腐蚀率?

工程上常应用表 6.8 及表 6.9 来预测碳钢和 300 系列奥氏体不锈钢在介质中的均匀腐蚀率。

表 6.8　估算碳钢在 HCl 介质中的腐蚀率　　mpy

pH 值	温度/℃			
	≤38	38~66	66~93	>93
0.5	999	999	999	999
0.6~1.0	999	999	999	999
1.1~1.5	400	999	999	999
1.6~2.0	200	700	999	999
2.1~2.5	100	300	400	560

pH 值	温度/℃			
	≤38	38~66	66~93	>93
2.6~3.0	60	130	200	280
3.1~3.5	40	70	100	140
3.6~4.0	30	50	90	125
4.1~4.5	20	40	70	100
4.6~5.0	10	30	50	70
5.1~5.5	7	20	30	40
5.6~6.0	4	15	20	30
6.1~6.5	3	10	15	20
6.6~7.0	2	5	7	10

表 6.9　估算 300 系列不锈钢在 HCl 介质中的腐蚀率　　mpy

pH 值	温度/℃			
	≤38	38~66	67~93	>93
0.5	900	999	999	999
0.6~1.0	500	999	999	999
1.1~1.5	300	500	700	999
1.6~2.0	150	260	400	500
2.1~2.5	80	140	200	250
2.6~3.0	50	70	100	120
3.1~3.5	30	40	50	65
3.6~4.0	20	25	30	35
4.1~4.5	10	15	20	25
4.6~5.0	5	7	10	12
5.1~5.5	4	5	6	7
5.6~6.0	3	4	5	6
6.1~6.5	2	3	4	5
6.6~7.0	1	2	3	4

介质中的 Cl^- 会使 300 系列不锈钢产生应力腐蚀开裂，如采用双相不锈钢可防止 Cl^- 引起的应力腐蚀开裂。

57. 硫化氢主要来源于哪里?

硫化氢主要来源于硫化物的热分解，而硫化氢的发生量主要由硫化物的含量、热稳定性和温度所决定。

58. 对 $HCl-H_2S-H_2O$ 的防腐一般采用什么方法?

对 $HCl-H_2S-H_2O$ 的防腐一般以工艺防腐措施为主，材料防腐为辅。工艺防腐措施采用"一脱三注"(包括电脱盐、注中和剂、注水、注缓蚀剂等)。

59. 为什么说原油电脱盐是炼油厂重要的预处理装置?

原油电脱盐是炼油厂重要的预处理装置，由于常减压塔顶冷却系统腐蚀的根本原因是由于原油含盐，形成 $HCl-H_2S-H_2O$ 腐蚀，因此，原油深度脱盐是降低腐蚀的最根本手段。电脱盐作用是通过注水洗出原油中可溶于水的大部分无机盐类以及其他杂质，减轻常减压装置"三顶"系统的腐蚀，减少后续催化裂化和加氢裂化装置催化剂的中毒。由于塔顶冷凝水中存在大量的 Cl^-，易引起奥氏体不锈钢的应力腐蚀开裂，双相不锈钢和钛是较为合适的材料选择，但价格较为昂贵。因而塔顶系统在材料选择上以碳钢为主，以注中和剂、注缓蚀剂、注水为主的工艺防腐措施便成为炼油厂抑制塔顶系统低温腐蚀的关键。

60. 电脱盐原理是什么?

原油所含盐类均溶解在原油的水中，因此脱盐实际是指脱出原油中的水分。而原油脱水就是要把稳定的原油乳化液体系破坏掉，使水积聚排走。如利用高压电场的作用，使原油乳化液破乳，以达到油水分离的目的。

脱盐过程包括原油预热，加入新鲜的洗涤水，通过混合使之与原油中的残留盐、水及其他杂质充分接触，并需要向原油中注入少量的破乳剂，以促进乳化液的破乳，使之和杂质更有效地分离。经混合器、混合阀或泵混合后的乳化液进入电脱盐罐。在罐内，原油乳化液通过金属电极产生的高压电场，受电力的作用小水滴聚结成大水滴，当水滴足够大时，就会在油层中沉降。沉降到容器下部的积水由液面计控制，连续自动地排出罐外，而脱盐脱水后的原油从脱盐罐的顶部出口管引出。原油中的水溶性盐及其他杂质，以及悬浮在水中的污物也可随污水不断排出。

61. 为什么说深度脱盐是降低腐蚀的最根本手段？

一级脱盐一般不能有效除去易水解的钙镁含量，因此必须进行二次脱盐。同时，使用一次脱盐时，常由于原油盐水含量和乳化液稳定性的变化，而影响脱盐效果的稳定性，所以也不能有效控制腐蚀。影响脱盐效果的因素很多，如原油性质不同，破乳的难易和油水分离的速度不同；原油的加热温度直接影响脱盐率；脱盐时的注水量是否合适与脱盐率有很大关系；原油在电脱盐器内的停留时间对脱盐率的影响也很大；电场强度选择是否合适、破乳剂的好坏、进厂原油含水含盐量的多少等均对脱盐效果有很大的影响。

62. 目前国内常用的电脱盐技术有哪些？

目前国内通常采用的电脱盐电场分布形式主要包括交流电脱盐技术、交直流电脱盐技术、鼠笼式平流电脱盐技术和高速电脱盐技术。

63. 破乳剂有何作用？

破乳剂是一种高分子量的非离子型表面活性剂，其作用是破坏电脱盐罐内的油水乳状液，促进油水分离。原油乳状液的稳定作用主要来自天然乳化剂在油水界面形成的吸附膜，但因其在油水界面上的活性并不太大，故界面张力相对较高。加入的破乳剂分子首先分散于原油乳状液中，由于破乳剂都是表面活性很强的表面活性剂，能显著降低界面张力，并强烈地吸附在油水界面上，把那些原来吸附在油水界面上表面活性远不及破乳剂的天然乳化剂置换出来，改变了界面性质，形成不太坚固的界面膜。从而使分散于油中的水滴聚结合并，最后借油水密度差，使水滴沉降。

64. 为什么说破乳剂具有很强的针对性？

由于国内外原油的组成各不相同，特别是原油中存在的乳化剂的类型和含量存在差异，因而造成破乳剂具有很强的针对性，一种特定类型的破乳剂仅满足少数原油的破乳要求，这就是所说的原油破乳剂具有很强的针对性。由于破乳剂具有很强的针对性，因而破乳剂的筛选和评定工作显得异常重要，通过筛选和评定工作可以筛选出合适的破乳剂，以满足现场的破乳要求。

65. 破乳剂的种类有哪些？各有什么特点？

按照目前使用的情况，破乳剂可分为水溶性破乳剂和油溶性破乳剂两大类。

（1）油溶性破乳剂

油溶性破乳剂相对分子质量相对较高，破乳效果好，用量少，价格昂贵。此外，油溶性破乳剂经电脱盐装置后存在于油中，可减轻污水处理的难度。

（2）水溶性破乳剂

水溶性破乳剂相对分子质量相对较低，破乳效果一般，用量大，价格便宜。水溶性破乳剂在经过电脱盐后溶于水中，随电脱盐排出水进入污水处理系统，增加了污水处理系统的难度。

66. 破乳剂的注入量一般是多少？注入点应如何确定？

（1）油溶性破乳剂注量一般为 2~5mg/L（单级，按原油计），具体用量依据电脱盐工艺条件评定结果和现场脱后含盐含水数据决定。

（2）水溶性破乳剂注量一般为 15~30mg/L（单级，按原油计），具体用量依据电脱盐工艺条件评定结果和现场脱后含盐含水数据决定。

（3）油溶性破乳剂可采用原剂注入，用计量泵通过管线至注入口，一级电脱盐的注入口应选在原油泵前（或一级混合器前），二级电脱盐的注入口应选在二级混合器前。

（4）水溶性破乳剂应稀释到1%注入，一级电脱盐的注入口应选在原油泵前（或一级混合器前），二级电脱盐的注入口应选在二级混合器前。

67. 塔顶注氨（中和剂）的目的是什么？

塔顶注氨（中和剂）的目的是中和馏出物中仍还残存的 HCl，并调节系统中冷凝水的 pH 值。但注氨后在水露点以上生成的 NH_4Cl 结晶不溶于烃类，容易结垢、沉淀和堵塞设备。当有 H_2O 存在时，又发生如下反应：

$$NH_4Cl+H_2O \Longrightarrow NH_4OH+HCl$$

二次放出 HCl，造成 HCl 的连续腐蚀。另外，氨比水易挥发，在高浓度 HCl 的水汽初凝区中，氨基本处于气相。因此氨对水汽初凝区中的 HCl 的中和效率很低。同时，塔顶注氨难以准确控制冷凝水的 pH 值。由于注氨有以上的一些不足，因此，国外有采用油溶性的有机胺来代替氨。但有机胺所带来的问题是，有机胺在油相，而腐蚀性介质在水相，中和时必须经过相交换，因而也使冷凝区得不到有效保护。

目前认为，将注氨和注水相结合是一个不错的方法。一方面水的注入使 HCl 被稀释，提高了 pH 值，减缓腐蚀。另一方面，增大水量也就增大了 NH_4Cl 的溶解量，避免了因 NH_4Cl 沉积而造成的垢下腐蚀。

注氨的位置应在初凝区之前，既氨将气体中和，不使氯化氢溶于初凝的水中成为强腐蚀性的盐酸。采用低浓度的氨水比采用氨气更有效，而其注入量则是通过控制冷凝排水的 pH 值来控制的，而在什么样的 pH 条件下最好，各装置应经过仔细的评定或根据操作经验来确定。注入的水量应不低于塔顶馏出物重量的 5%。

68. 塔顶注中和剂(注氨或胺)的主要作用是什么？

塔顶注中和剂(注氨或胺)的主要作用是中和塔顶的腐蚀性酸液，提高冷凝液的 pH 值，减缓设备的腐蚀。

69. 如何选择中和剂？

在炼油厂塔顶系统采用和中和剂主要是胺和氨水，氨水价格便宜，易得，成本低；有机胺中和性能好，但价格昂贵。目前在炼油厂存在以下三种方案：

(1) 全有机胺中和剂

全有机胺中和剂注入塔顶挥发线后，能迅速进入初凝区中和冷凝下来的 HCl，有效减缓初凝区的腐蚀，同时采用全有机胺中和剂可避免氨盐结垢而引起的垢下腐蚀。

(2) 氨水+中和缓蚀剂

若考虑到全有机胺中和剂价格昂贵，可考虑采用氨水+

中和缓蚀剂，由于二合一中和缓蚀剂中含有一定量的有机胺中和剂，可以和氨水配合使用，一方面可减低成本，另一方面可起到部分有机胺的作用。本方案目前在炼油厂被大量采用。

（3）氨水+缓蚀剂

氨水+缓蚀剂是传统方案，氨水的中和能力差，需过量注入，另一方面氨盐结垢而引起的垢下腐蚀。本方案目前在炼油厂较少采用。

70. 如何控制塔顶的 pH 值？

针对上述三种方案，可采取不同的 pH 值控制范围。由于全有机胺中和剂的中和效果好，pH 值易于控制，因而 pH 值控制范围为 5.5~7.5。氨水的中和能力差，需过量注入，因而 pH 值控制范围为 7.0~9.0。如表 6.10 所示。

表 6.10　塔顶的 pH 值控制范围

方案	pH 值控制范围
全有机胺中和剂	5.5~7.5
氨水+中和缓蚀剂	7.0~9.0
氨水+缓蚀剂	7.0~9.0

71. 应如何考虑中和剂的注入量和注入口结构形式？

① 炼油厂现场一般根据冷凝水 pH 值的控制范围来调节中和剂的注量。

② 全有机胺中和剂采用原剂注入，用容积式泵（包括计量泵、比例泵、齿轮泵等）通过管线输送至注入口。

③ 浓度为 1%~5% 的氨水，经过泵和流量计通过管线输送至注入口。

④ 注入口的结构设计应考虑在注入口末端加喷头或设

计成喇叭状，以便中和剂在物料中均匀分散。

⑤ 注入管应选用耐蚀材料。

72. 塔顶注缓蚀剂有什么作用？

塔顶挥发线注缓蚀剂可对其后设备进行保护。注入氨使冷凝系统在高 pH 值下操作，有利于碳钢的防腐，但 NH_4Cl 的沉积和 NH_4Cl 的水解、氯离子的增加均对后序工况不利。因此，许多炼油厂都采用相对低的 pH 值，而用缓蚀剂作补充保护。

常减压装置塔顶冷凝冷却系统的缓蚀剂采用成膜性缓蚀剂，主要成分包括烷基吡啶季胺盐、烷基酰胺、烷基咪唑啉季胺盐、成膜剂和添加剂。成膜性缓蚀剂能吸附在金属表面，形成一层疏水性的保护膜，割断了腐蚀介质与金属的接触途径，从而达到减缓腐蚀的目的。

73. 缓蚀剂的种类有哪些？各有什么特点？

在炼油厂塔顶系统采用缓蚀剂分为水溶性缓蚀剂和油溶性缓蚀剂两种，水溶性缓蚀剂价格便宜，注入量大；油溶性缓蚀剂价格昂贵，注入量小。目前在炼油厂存在以下三种方案：

（1）油溶性缓蚀剂

油溶性缓蚀剂注入塔顶挥发线后，部分可随塔顶回流进入塔内，扩大缓蚀剂的保护范围。

（2）中和缓蚀剂（二合一）

二合一中和缓蚀剂复配了有机胺中和剂和水溶性缓蚀剂，同时起到中和和缓蚀双重作用，在使用过程中需要和氨水配合使用。本方案目前在炼油厂被大量采用。

（3）水溶性缓蚀剂

水溶性缓蚀剂需要与氨水配合使用。本方案目前在炼油厂较少采用。

74. 缓蚀剂的注入量一般是多少? 注入点应如何确定?

① 油溶性缓蚀剂注量一般为 10~20mg/L(按塔顶馏出物计),具体可根据冷凝水中铁离子浓度进行调节。油溶性缓蚀剂注量应不超过 20mg/L,否则易引起塔顶分离罐的油水乳化。

② 水溶性缓蚀剂注量一般为 20~50mg/L(按塔顶馏出物计),具体可根据冷凝水中铁离子浓度进行调节。

③ 水溶性中和缓蚀剂注量一般为 50~100mg/L(按塔顶馏出物计),具体可根据冷凝水中铁离子浓度进行调节。

④ 油溶性缓蚀剂采用原剂注入,用计量泵通过管线至注入口。计量泵流量应考虑最大流量设计。

⑤ 水溶性中和缓蚀剂和水溶性缓蚀剂用水稀释到 1%~3%,经过泵和流量计通过管线至注入口。

⑥ 注入口末端应加喷头或设计成喇叭状,以便缓蚀剂在物料中均匀分散。

75. 塔顶注水的目的是什么?

塔顶注水是炼油厂经常采用的工艺防腐手段,在常减压装置的初馏塔塔顶、常压塔塔顶和减压塔塔顶,催化裂化的分馏塔塔顶,催化裂化的分馏塔前,气压机后,加氢裂化的高压空冷前一般采用注水工艺。

常减压装置的"三顶"的注水有以下三方面的目的:

① 通过注水来控制和调节初凝区的位置。

② 注水可以抑制氨盐结垢,避免垢下腐蚀的产生。

③ 注水稀释初凝区的酸液,提高初凝区的 pH 值。

催化裂化的分馏塔塔顶，催化裂化的分馏塔前，加氢裂化的高压空冷前注水的主要目的是溶解氨盐，消除结垢，避免产生垢下腐蚀。

76. 应如何考虑注水的注入量和注入口结构形式？

（1）注水量

① 蒸馏塔顶挥发线注水的水质和来源，应根据各企业实际情况确定，注水量一般为 5%~7%。

② 应控制注水中的腐蚀介质含量，防止注水堵管。

（2）注入口结构

塔顶注水时需要考虑注水点的结构以及注入水与油料的混合。避免在注水点附近产生局部的露点，造成露点腐蚀。

77. 原油电脱盐的控制指标是多少？

原油电脱盐技术控制指标如表 6.11 所示。

表 6.11　原油电脱盐技术控制指标

项目名称	指　标	测定方法
脱后含盐/（mg/L）	≤3	GB/T 6532—2012 《原油中盐含量的测定电位滴定法》
脱后含水/%	≤0.2	GB/T 260—77《原油产品水分测定法》
污水含油/（mg/L）	≤150	

78. 催化裂化装置分馏塔顶工艺防腐控制指标是什么？

催化裂化装置分馏塔顶挥发线可注中和剂和缓蚀剂，排水铁离子含量应不高于 3mg/L。催化裂化装置气压机出口处可注净化水或除盐水，注水量视实际情况确定。

79. 加氢裂化装置、加氢精制装置、重整装置、减粘装置、焦化装置分馏塔和汽提塔顶工艺防腐控制指标是什么？

根据实际情况在塔顶挥发线上可注缓蚀剂，也可同时注中和剂和缓蚀剂，排水铁离子含量应不高于 3mg/L。

在加氢裂化装置和加氢精制装置中，为了防止反应产物高压空冷器铵盐结垢和腐蚀，在高压空冷器入口应连续注净化水或除盐水，同时可视实际情况加注缓蚀剂。

80. 脱硫系统的再生塔顶馏出线工艺防腐控制指标是什么？

有关装置脱硫系统的再生塔顶馏出线可注缓蚀剂，排水铁离子含量应不高于 3mg/L。

81. 糠醛装置工艺防腐控制指标是什么？

糠醛装置在脱水塔前的水溶液罐中应注入缓蚀剂，塔顶凝液的铁离子含量应不高于 3mg/L。

82. 如何应对丙烷脱沥青装置的湿 H_2S 腐蚀？

① 控制好原料的性质，依原料性质的变化，及时调整操作参数；

② 采取工艺防腐措施，从源头上抓，装置增设碱洗脱除 H_2S 措施，用于控制腐蚀介质的含量，是解决设备腐蚀的关键；

③ 在易受 H_2S 腐蚀威胁的部位采用耐 H_2S 腐蚀的钢材，丙烷罐材质选用抗 HIC 钢，或罐内采用表面改性技术，提高丙烷罐的耐蚀性；

④ 加强监测，除对丙烷罐开展定点测厚外，还要进行 UT 检查，及时发现异常情况，消除隐患；另外，也可以安装氢探针，进行在线监测。

83. 高温缓蚀剂有什么作用？

高温缓蚀剂主要用于抑制炼油厂的高温环烷酸腐蚀，也就是为抑制常减压装置高温部位的环烷酸腐蚀，可考虑加注高温缓蚀剂，并且主要用于碳钢和低合金钢管道的防腐。

84. 高温缓蚀剂的种类有哪些？各有什么特点？

高温缓蚀剂一般为两类，一类是含有活性硫组分的非磷系缓蚀剂，一类是磷系缓蚀剂。非磷系缓蚀剂的活性硫组分在高温下能产生硫化物作用，从而形成一层硫化物的膜以阻止环烷酸的腐蚀。但是随着温度的升高和酸值的增加，硫化物膜会与具有活性的环烷酸亚铁反应而失去保护作用。磷系缓蚀剂在高温下具有一定程度的热裂解作用，从而形成具有活性组分的物质，其与金属能形成一层很致密的膜，达到保护金属外壁的作用。

85. 高温缓蚀剂注入点的选择原则是什么？

高温缓蚀剂注入点的选择原则是：

① 高温缓蚀剂主要用于抑制炼油厂的高温环烷酸腐蚀。

② 高温缓蚀剂主要用于碳钢和低合金钢管道的防腐。

③ 加工高酸原油的减压塔侧线如减二线、减三线和减四线可考虑加注使用高温缓蚀剂。

86. 如何控制高温缓蚀剂的注量？

高温缓蚀剂的注量：

① 高温缓蚀剂的注入方案分预膜期注入和正常注入。初次投用和每次检修后的前 15 天为预膜期。

② 高温缓蚀剂的注入依据侧线的酸值，以及监测的侧线铁离子数据和腐蚀探针数据来确定。

③ 高温缓蚀剂预膜期的注量不应超过 30mg/L，正常注入量不应超过 20mg/L。

87. 如何防止热交换器内浮头螺栓发生硫化物应力腐蚀开裂？

加氢装置及脱硫装置后冷器内浮头螺栓硫化物应力腐蚀开裂的防止方法：

① 控制螺栓应力值不超过屈服值的 75%；

② 控制螺栓硬度低于 HB235；

③ 采用合理的热处理工艺，如 30CrMo，淬火后采用 620~650℃ 高温回火可防止裂断。

88. 怎样应对 HCN-NH₃-H₂S-H₂O 的腐蚀？

对 $HCN-NH_3-H_2S-H_2O$ 的腐蚀可采用如下的方法进行防腐。

可采用水洗法，将氰化物脱除。为提高水洗效果，可用碱性水洗涤，如回注催化冷凝水作为 H_2S 和 HCN 的吸收剂。

直接或间接注入多硫化物，可将氰化物消除。在碱性、有氧的条件下，多硫化物与氰化物反应：

$$(NH_4)_2S_{n+1} + HCN \longrightarrow NH_4CNS + NH_4HS_n$$

从而消除 CN^- 促进氢渗透的作用。

89. 使用一氧化碳助燃剂后，为什么稳定吸收系统冷凝水中 S²⁻、CN⁻ 和 NH₃-N 含量会减少？

第一是由于助燃剂改善了催化剂的活性和选择性。使催化裂化反应产生了某些变化，因此有一部分硫氮化合物没有形成 H_2S、HCN、NH_3 进入催化富气，而是以其他形式进入了汽油、煤油、柴油和液态烃；第二由于助燃剂中的油是良好的加氢催化剂，因此在催化裂化催化剂中加入助燃剂后会加速加氢反应的进行；第三，由于助燃剂加入后，吸附在催化剂表面的硫氮化合物比没加助燃剂前难脱附，这些没脱附的硫氮化合物被待生剂带入再生器，在再生烧焦条件下，使 H_2S、NH_3 在再生器里变成了 SO_2、SO_3、NO、N_2 进入了烟气中。

总之，使用一氧化碳助燃剂能使稳定吸收系统冷凝水中

S^{2-}、CN^-、NH_3-N 含量降低的根本原因就在于一氧化碳助燃剂提高了烧焦能力，提高了催化剂的活性和选择性。

90. 氢脆破坏的防护措施是什么？

氢脆破坏的钢表面用低碳钢或奥氏体不锈钢衬里能有效防止氢渗透，钢表面喷铝或渗铝对防止氢脆也有一定效果。

91. 如何抑制 $RNH_2-CO_2-H_2S-H_2O$ 的腐蚀？

对 $RNH_2-CO_2-H_2S-H_2O$ 的腐蚀，采用合适的操作条件，完善设备设计，防止胺溶液的污染及在系统中使用缓蚀剂等腐蚀控制方法，则脱硫装置的腐蚀问题可以解决。

采用合适的操作条件，如根据操作实践，对胺液浓度和设备运行负荷进行合理的控制；解吸塔加热蒸汽尽可能用低压饱和蒸汽温度控制在 140℃ 左右；根据酸气含量对解吸塔操作条件进行相应调整，尽量减少进入重沸器的酸气含量；改变溶剂，如用二异丙醇胺—环丁砜水溶液代替醇胺作为酸气吸收剂对金属的腐蚀具有更多的优点。采用沉降法或过滤法从胺盐中除去污染物以净化胺溶液，有助于降低 $RNH_2-CO_2-H_2S-H_2O$ 的腐蚀。使用缓蚀剂经济有效并且简便易行，如偏钒酸钠在一乙醇胺脱 CO_2 装置中有良好缓蚀效果，但在含有大量 H_2S 的天然气和炼厂气一乙醇胺装置中的缓蚀效果并不理想。酒石酸锑钾和偏钒酸钠混合缓蚀剂受 H_2S 的影响较小，用于一乙醇胺脱 CO_2 装置可使腐蚀速度降低两个数量级。合理选择耐蚀材料，如为了减轻冷凝器酸性水的腐蚀，可使用钛管和铝管。操作温度高于 90℃ 的碳钢设备及管线进行焊后消除应力热处理，可防止碱性环境中由碳酸盐引起的应力腐蚀开裂。

92. 如何防范连多硫酸应力腐蚀开裂？

连多硫酸引起腐蚀破裂产生时间，长达数年，短则 3 天，后果严重，必须引起高度重视。

避免此类介质的腐蚀是使设备停工时不与空气接触，可充氮气保护。一般腐蚀只发生在 pH<5 的范围内，因此可适当用碱液清洗，但必须去掉钠离子(钠易破坏加氢催化剂)。也可选用耐蚀材料等。

93. 如何对 S-H$_2$S-RSH 的高温腐蚀进行防护？

对 S-H$_2$S-RSH 的高温腐蚀的防护，主要是从耐蚀钢材上考虑。因合金元素铬、铝可以提高钢的抗氧化、抗硫化性能，所以耐蚀钢材上尤其以含铬、铝等合金元素的合金钢或低合金钢使用的比较多。也使用金属保护层如喷铝和渗铝保护层、复合衬里保护层，使用化学药剂对设备进行抗垢和除垢，使用多效缓蚀剂等。

对 S-H$_2$S-RSH 高温防腐选材，工程上的依据为修正的 McConomy 曲线。

94. 怎样估算"硫+环烷酸"的腐蚀速率？

表 6.12~表 6.17 是油中硫和环烷酸在不同温度下对不同材料的腐蚀率。该表是根据修正的 McMonomy 曲线，增加了环烷酸的影响，由表中可以看出环烷酸的影响较大。如果流速大于 30m/s，按表 6.12~表 6.17 查出的腐蚀率乘以 5 的系数。国外设计标准腐蚀裕度一般取 2.5 或 3.8mm，按 10 年寿命计，年腐蚀裕度为 0.25 或 0.38mm (10mpy 或 15mpy)。如果查表腐蚀率在 10~15mpy 之间，有两种选择：将材料升高一级或设计腐蚀裕度取 3.8mm。

表 6.12　硫+环烷酸腐蚀率估算表(碳钢)　　mpy

硫/%（质）	酸值/（mg KOH/g）	温度/℃							
		<232	233~260	261~288	289~316	317~343	344~371	372~399	>400
≤0.2	≤0.3	1	3	7	15	20	35	50	60
	0.31~1.0	5	15	25	35	45	55	65	75
	1.1~2.0	20	25	35	65	120	150	180	200
	2.1~4.0	30	60	60	120	150	160	240	240
	>4.0	40	80	100	160	180	200	280	300
0.21~0.6	≤0.5	1	4	10	20	30	50	70	80
	0.51~1.0	5	10	15	25	40	60	80	90
	1.1~2.0	8	15	25	35	50	75	90	110
	2.1~4.0	10	20	35	50	70	100	120	130
	>4.0	20	30	50	70	90	120	140	160
0.61~1.0	≤0.5	1	5	10	25	40	60	90	100
	0.51~1.0	5	10	15	30	50	80	110	130
	1.1~2.0	10	15	30	50	80	100	130	150
	2.1~4.0	15	30	50	80	100	120	140	170
	>4.0	25	40	60	100	120	150	180	200
1.1~2.0	≤0.5	2	5	15	30	50	80	110	130
	0.51~1.0	7	10	20	35	55	100	130	150
	1.1~2.0	15	20	35	55	100	120	140	170
	2.1~4.0	20	30	55	85	110	150	170	200
	>4.0	30	45	75	120	140	180	200	260
2.1~3.0	≤0.5	2	7	20	35	55	95	130	150
	0.51~1.0	7	10	30	45	60	120	140	170
	1.1~2.0	15	20	40	60	75	140	170	200
	2.1~4.0	20	35	60	90	120	170	200	260
	>4.0	35	50	80	120	150	200	260	280
>3.0	≤0.5	2	8	20	40	60	100	140	160
	0.51~1.0	8	15	25	45	65	120	150	170
	1.1~2.0	20	25	35	65	120	150	180	200
	2.1~4.0	30	60	60	120	150	160	240	240
	>4.0	40	80	100	160	180	200	280	300

注：40mpy = 1mm/a。

表 6.13　硫+环烷酸腐蚀率估算表(5%铬钢)　mpy

硫/%（质）	酸值/(mgKOH/g)	温度/℃							
		<232	233~260	261~288	289~316	317~343	344~371	372~399	>400
≤0.2	≤0.7	1	1	2	4	6	8	10	15
	0.71~1.5	2	3	4	6	10	10	15	20
	1.6~2.0	7	10	15	20	25	35	45	50
	2.1~4.0	10	15	20	30	40	45	50	60
	>4.0	15	20	30	40	50	60	70	80
0.21~0.6	≤0.7	1	2	3	5	8	10	15	20
	0.71~1.5	2	3	4	6	10	15	20	25
	1.6~2.0	2	4	6	8	15	20	25	30
	2.1~4.0	4	6	8	10	15	20	30	35
	>4.0	6	8	10	10	20	25	35	40
0.61~1.0	≤0.7	1	2	4	6	10	15	23	25
	0.71~1.5	2	4	6	8	15	20	25	30
	1.6~2.0	4	6	8	10	15	20	30	35
	2.1~4.0	6	8	10	10	20	25	35	40
	>4.0	8	10	10	15	20	30	40	50
1.1~2.0	≤0.7	1	2	5	8	15	20	30	35
	0.71~1.5	3	5	10	15	20	30	35	40
	1.6~2.0	5	10	15	20	30	35	40	45
	2.1~4.0	10	15	20	30	35	40	45	50
	>4.0	15	20	30	35	40	50	60	70
2.1~3.0	≤0.7	1	3	6	9	15	20	35	40
	0.71~1.5	5	7	10	15	20	25	40	45
	1.6~2.0	7	10	15	20	25	35	45	50
	2.1~4.0	10	15	20	30	40	45	50	60
	>4.0	15	20	30	40	50	60	70	80
>3.0	≤0.7	2	3	6	10	15	25	35	40
	0.71~1.5	5	7	10	15	20	30	40	45
	1.6~2.0	7	10	15	20	25	35	45	50
	2.1~4.0	10	15	20	30	40	45	50	60
	>4.0	15	20	30	40	50	60	70	80

表 6.14 硫+环烷酸腐蚀率估算表(9%铬钢) mpy

硫/% (质)	酸值/ (mg KOH/g)	温度/℃							
		<232	233~ 260	261~ 288	289~ 316	317~ 343	344~ 371	372~ 399	>400
≤0.2	≤0.7	1	1	1	2	3	4	5	6
	0.71~1.5	1	2	2	4	4	5	6	8
	1.6~2.0	2	4	5	8	10	15	15	20
	2.1~4.0	3	6	10	12	15	20	20	25
	>4.0	5	8	12	15	20	25	30	30
0.21~ 0.6	≤0.7	1	1	2	3	4	6	7	8
	0.71~1.5	1	1	2	4	5	7	8	10
	1.6~2.0	2	2	3	5	8	8	10	10
	2.1~4.0	3	3	5	8	10	10	12	15
	>4.0	4	5	8	10	10	12	15	15
0.61~ 1.0	≤0.7	1	1	2	3	5	8	9	10
	0.71~1.5	1	2	3	5	8	10	10	10
	1.6~2.0	2	3	5	8	10	10	10	15
	2.1~4.0	3	5	8	10	10	15	15	15
	>4.0	5	8	10	10	15	15	20	20
1.1~ 2.0	≤0.7	1	1	2	4	6	10	10	15
	0.71~1.5	1	2	3	5	7	10	15	15
	1.6~2.0	2	3	4	6	8	12	15	20
	2.1~4.0	3	5	9	8	10	15	20	20
	>4.0	5	8	10	12	15	20	20	25
2.1~ 3.0	≤0.7	1	1	3	4	7	10	15	15
	0.71~1.5	1	2	4	6	8	10	15	15
	1.6~2.0	2	4	5	8	10	15	15	20
	2.1~4.0	3	6	10	12	15	20	20	25
	>4.0	5	8	12	15	20	25	30	30
>3.0	≤0.7	1	1	3	5	8	10	15	15
	0.71~1.5	2	3	5	8	10	15	15	20
	1.6~2.0	3	5	10	12	15	20	20	25
	2.1~4.0	5	8	12	15	20	25	30	30
	>4.0	7	9	15	20	25	30	35	40

表 6.15　硫+环烷酸腐蚀率估算表(12%铬钢)　mpy

硫/%（质）	酸值/（mg KOH/g）	温度/℃							
		<232	233~260	261~288	289~316	317~343	344~371	372~399	>400
≤0.2	≤0.7	1	1	1	1	1	1	2	2
	0.71~1.5	1	1	1	1	1	2	4	5
	1.6~2.0	2	2	2	4	4	5	8	10
	2.1~4.0	5	10	15	20	25	30	25	40
	>4.0	10	15	20	25	30	25	40	45
0.21~0.6	≤0.7	1	1	1	1	1	2	3	3
	0.71~1.5	1	1	1	1	1	2	3	3
	1.6~2.0	1	2	2	2	2	4	5	5
	2.1~4.0	2	3	3	3	3	5	10	15
	>4.0	3	4	5	8	10	12	15	20
0.61~1.0	≤0.7	1	1	1	1	1	2	3	4
	0.71~1.5	1	1	1	1	1	2	3	4
	1.6~2.0	2	2	4	5	6	6	7	8
	2.1~4.0	3	3	5	8	10	12	15	20
	>4.0	4	5	5	8	10	15	20	25
1.1~2.0	≤0.7	1	1	1	1	2	3	4	5
	0.71~1.5	1	1	1	1	2	3	4	5
	1.6~2.0	2	2	3	5	7	8	10	10
	2.1~4.0	3	3	5	8	10	12	15	20
	>4.0	5	8	10	12	15	20	25	30
2.1~3.0	≤0.7	1	1	1	1	2	3	5	6
	0.71~1.5	1	1	1	1	2	3	5	6
	1.6~2.0	2	5	7	9	10	12	15	15
	2.1~4.0	3	8	10	15	20	20	25	30
	>4.0	5	10	15	20	25	30	35	40
>3.0	≤0.7	1	1	1	1	2	4	5	6
	0.71~1.5	1	1	1	1	2	4	5	6
	1.6~2.0	3	5	7	9	10	12	15	15
	2.1~4.0	4	8	10	15	20	20	25	30
	>4.0	5	10	15	20	25	30	35	40

表 6.16 硫+环烷酸腐蚀率估算表(18-8钢)　　mpy

硫/%（质）	酸值/（mg KOH/g）	温度/℃							
		<232	233~260	261~288	289~316	317~343	344~371	372~399	>400
≤0.2	≤1.0	1	1	1	1	1	1	1	1
	1.1~2.0	1	1	1	1	1	1	1	1
	2.1~4.0	1	1	1	1	2	3	4	4
	>4.0	1	1	1	2	3	4	5	6
0.21~0.6	≤1.0	1	1	1	1	1	1	1	1
	1.1~2.0	1	1	1	1	1	1	1	1
	2.1~4.0	1	1	1	1	2	3	4	4
	>4.0		1	1	2	3	4	5	6
0.61~1.0	≤1.0	1	1	1	1	1	1	1	1
	1.1~2.0	1	1	1	1	1	1	1	1
	2.1~4.0	1	1	1	2	3	4	5	6
	>4.0		2	2	4	6	8	10	12
1.1~2.0	≤1.0	1	1	1	1	1	1	1	1
	1.1~2.0	1	1	1	1	1	1	1	1
	2.1~4.0	1	1	1	2	3	4	5	6
	>4.0	1	2	2	4	6	8	10	12
2.1~3.0	≤1.0	1	1	1	1	1	1	1	1
	1.1~2.0	1	1	1	1	1	1	1	1
	2.1~4.0	1	2	4	6	8	10	12	
	>4.0	1	2	4	7	10	14	17	20
>3.0	≤1.0	1	1	1	1	1	1	1	2
	1.1~2.0	1	1	1	1	1	2	2	2
	2.1~4.0	1	2	2	4	6	8	10	12
	>4.0	1	2	4	7	10	14	17	20

232

表 6.17　硫+环烷酸腐蚀率估算表(316 钢)　　　mpy

硫/% (质)	酸值/ (mg KOH/g)	温度/℃							
		<232	233~ 260	261~ 288	289~ 316	317~ 343	344~ 371	372~ 399	>400
≤0.2	≤2.0	1	1	1	1	1	1	1	1
	2.1~4.0	1	1	1	1	1	2	2	2
	>4.0	1	1	1	2	4	5	7	10
0.21~ 0.6	≤2.0	1	1	1	1	1	1	1	1
	2.1~4.0	1	1	1	1	2	2	2	2
	>4.0	1	1	2	3	4	5	7	10
0.61~ 1.0	≤2.0	1	1	1	1	1	1	1	1
	2.1~4.0	1	1	1	1	2	2	2	3
	>4.0	1	1	2	3	5	5	7	10
1.1~ 2.0	≤2.0	1	1	1	1	1	1	1	1
	2.1~4.0	1	1	1	1	3	3	3	4
	>4.0	1	1	3	5	5	5	7	10
2.1~ 3.0	≤2.0	1	1	1	1	1	1	1	1
	2.1~4.0	1	1	1	2	3	3	4	5
	>4.00	1	1	3	5	5	6	8	10
>3.0	≤2.0	1	1	1	1	1	1	1	1
	2.1~4.0	1	1	1	2	4	5	5	6
	>4.0	1	2	3	5	5	6	8	10

　　以上的表格可方便选材和设备管理估算材料寿命，真正掌握腐蚀规律要长期积累数据，包括原油中硫化物的形态，不同温度的腐蚀数据，现场腐蚀调查资料等。比如，委内瑞拉炼油厂炼当地原油，含总硫 3.0%，酸值 2.5mgKOH/g，减压塔底抽出线碳钢管线用了 40 年。因为 90%的硫化物是噻吩硫，不但不分解而且对环烷酸腐蚀起缓蚀效果。

95. 除了查表估算腐蚀速率外，是否有公式计算腐蚀速率？两者的误差多少？

如知道各馏分硫化物的组成还可按以下公式计算碳钢腐蚀率。

$$腐蚀率(mpy) = F_V \times F_S \times F_K [aC_{H_2S} + bC_S + cC_{RSH} + dC_{RSR} + eC_{RSSR}]$$

式中，硫化物是质量百分数，系数 $F_K = 100$，系数 F_S 范围为 $1 \sim 6$，全液相取 1，全汽取 6（汽相比液相腐蚀严重）。如果液体蒸发量小于 60%，可取 $F_S = 1$，如蒸馏装置的常压炉，如果液体蒸发量大于 70%，可取 $F_S = 6$，两相流的情况下气相 $60\% \sim 70\%$，取 $F_S = 6$。

系数 F_V 考虑速度的影响，包括弯头、大小头、三通等因流体湍流引起的速度增加，其范围为 $1 \sim 10$。速度小于 60 $\sim 75 \text{m/s}$，取 $F_V = 1$；大于 75m/s，取 $F_V > 1$。系数 a，b，c，d，e 因材料而不同，表 6.18 是碳钢的系数。

表 6.18　计算碳钢腐蚀率的经验系数

温度/℃	a	b	c	d	e
260	0.4	0.23	0.1	1	0.75
316	0.65	0.70	1.0	1.0	1.5
371	1.0	2.5	2.5	2.5	2
427	2	5	5.5	3.5	2.5
482	3	6	5.8	3.5	3.0
538	3	6	5.8	3.5	3.0

以沙特原油常压塔测线馏分环境下的碳钢为例计算腐蚀率，其相应硫化物浓度如表 6.19 所示，计算结果见表 6.20。表 6.20 中对比了公式法与查表法所得结果的差异，可见两种方法所得腐蚀率相当。

234

表 6.19　以沙特中原油(含硫 2.48%)常压塔侧线馏分，
计算对碳钢的腐蚀率

侧线	温度/℃	总 S	S	H$_2$S	RSH	RSSR	RSR
常一	200~250	0.41	0	0	0.73	0.12	48.25
常二	250~300	1.06	0	0	0.28	0	25.28
常三	300~350	1.46	0	0	0.18	0	21.23

表 6.20　计算与查表 6.17 结果　　　　mpy

	常一	常二	常三
计算	2.34	27.1	78.1
查表 6.17	4	30	80

计算结果与查表基本一致。

96. 减缓环烷酸腐蚀的措施是什么?

为减缓环烷酸的腐蚀，一般可采用以下的措施;

① 如有可能，可将环烷酸含量较高的原油与环烷酸含量较低的原油混合，形成环烷酸含量较低的原油进行混炼，从而达到降低原油酸值的目的。

② 使用油溶性缓蚀剂，可使腐蚀速率由 7.5~10mm/a，降到 1.125mm/a。

③ 从原油中脱出环烷酸，以达到降低原油中环烷酸的含量。

④ 在某些情况下，改变环烷酸形式也可降低环烷酸对材料的腐蚀。如使环烷酸与有机胺反应，生成酸值低、腐蚀性小的酰胺，使酸值为 5.9mg KOH/g 的重质油的腐蚀率可由 0.68mm/a 降到 0.055mm/a。

⑤ 选择合式的结构材料，选材时要注意操作温度、原

油酸值、流速流态等工艺条件。如温度低于220℃条件下可使用碳钢；Cr5Mo钢仅可用于加热炉管、管线和热交换器；含钼的AISI316和317是耐环烷酸腐蚀最好的不锈钢，但在高流速和冲击条件下，316的腐蚀率也很快。

⑥ 控制汽/液相的流速和流态，消除不合理的结构。

97. H_2–H_2S 的腐蚀主要通过什么防护？

H_2–H_2S 的腐蚀主要通过材料防腐。工程上依据根据NACE T8委员会总结的高温 H_2 和 H_2S 中各种钢材腐蚀速率的预测曲线：Couper Gorman（库柏-格曼）曲线族进行选材。

为减缓高温 H_2–H_2S 的腐蚀，根据 H_2 或 H_2–H_2S 的操作条件，合理选用碳钢、铬钼钢或1Cr18Ni9Ti不锈钢。一般加氢装置在240℃以下时，在 H_2+H_2S 介质中，使用碳钢可满意地操作。温度超过240℃使用铬钼钢（仅有 H_2 存在）及Cr13型或奥氏体不锈钢（抗 H_2+H_2S 腐蚀）。因Cr13型不锈钢有475℃的脆化，故使用Cr13时，操作温度不应超过357℃。

为防止热壁加氢反应器高温 H_2–H_2S 的腐蚀，内壁堆焊不锈钢。为防止高温裂纹，堆焊层表面以下2mm范围内的金相组织应为均匀的奥氏体+铁素铁双相组织。

为防止奥氏体不锈钢换热器管束产生应力腐蚀破裂，焊接结构的1Cr18Ni9Ti管束后，整个管束要进行消除应力热处理，且处理后硬度应低于HB235。

为防止奥氏体不锈钢产生连多硫酸的应力腐蚀开裂，在停工时，应立即碱洗所有设备，以中和酸性物质（连多硫酸）和洗去氯。

98. 如何估算"H_2-H_2S"的腐蚀速率?

可依据 Couper Gorman 曲线族编制的根据温度和 H_2 中 H_2S 含量(摩尔分数)查 H_2+H_2S 腐蚀率估算表。表 6.21~表 6.25 即是在加氢工艺循环氢气中,氢和硫化氢在不同温度下对不同材料的腐蚀率。表中 A 代表汽油、煤油、柴油,B 代表减压馏分油。

表 6.21　H_2+H_2S 腐蚀率估算表
(碳钢/1.25%Cr/2.25%Cr)　　　　mpy

H_2S/% (mol)	油	温度/℃											
		204~232	233~260	261~288	289~316	317~343	344~371	372~399	400~443	444~454	456~482	482~510	511~538
<0.002	A	1	1	1	1	2	3	4	6	8	10	14	18
	B	1	1	1	2	3	5	7	10	14	20	26	34
0.002~0.005	A	1	1	1	2	4	6	8	12	16	22	29	37
	B	1	2	3	4	7	11	16	22	31	41	55	71
0.006~0.01	A	1	1	2	3	5	7	11	15	21	29	38	50
	B	1	2	4	6	9	14	21	29	41	55	73	94
0.01~0.05	A	1	2	3	5	9	13	19	27	38	51	67	87
	B	2	4	6	10	16	25	36	51	71	96	130	170
0.06~0.1	A	1	2	4	7	10	16	23	33	46	62	82	110
	B	2	4	8	13	20	30	44	63	87	120	160	200
0.11~0.5	A	2	3	6	10	15	23	34	48	66	90	120	150
	B	3	6	11	18	29	44	64	91	130	170	230	300
0.51~1	A	2	4	7	11	17	26	38	54	75	100	130	170
	B	4	7	12	21	32	49	72	100	140	190	250	330
>1	A	3	5	8	13	21	32	47	67	93	130	170	220
	B	5	9	15	26	40	61	89	130	180	240	310	410

表 6.22 $H_2 + H_2S$ 腐蚀率估算表(5%Cr 钢)　　　mpy

H_2S/%	油	温度/℃											
		204~232	233~260	261~288	289~316	317~343	344~371	372~399	400~443	444~454	456~482	482~510	511~538
<0.002	A	1	1	1	1	1	2	3	4	6	8	11	14
	B	1	1	1	2	2	4	6	8	12	16	21	27
0.002~0.005	A	1	1	1	2	3	5	7	9	13	18	23	30
	B	1	1	2	4	6	9	13	18	25	33	44	57
0.006~0.01	A	1	1	2	2	4	6	9	12	17	23	31	40
	B	1	2	3	5	7	11	17	24	33	44	58	76
0.02~0.05	A	1	2	3	4	7	10	15	22	30	41	54	70
	B	2	3	5	8	13	20	29	41	57	77	100	130
0.06~0.1	A	1	2	3	5	8	13	19	27	37	50	66	85
	B	2	4	6	10	16	24	36	51	70	94	130	160
0.11~0.5	A	1	3	5	8	12	19	27	39	53	72	95	120
	B	3	5	9	15	23	35	52	73	100	140	180	240
0.51~1	A	2	3	5	9	14	21	31	44	60	81	110	140
	B	3	6	10	17	26	40	58	82	110	150	200	270
>1	A	2	4	7	11	17	26	38	54	75	100	130	170
	B	4	7	12	21	32	49	2	100	140	190	250	330

表 6.23 $H_2 + H_2S$ 腐蚀率估算表(9%Cr 钢)　　　mpy

H_2S/%	油	温度/℃											
		204~232	233~260	261~288	289~316	317~343	344~371	372~399	400~443	444~454	456~482	482~510	511~538
<0.002	A	1	1	1	1	1	2	3	4	5	7	9	12
	B	1	1	1	1	2	3	5	7	10	13	17	23
0.002~0.005	A	1	1	1	2	2	4	6	8	11	15	19	25
	B	1	1	2	3	5	7	11	15	21	28	37	48

续表

H₂S/%	油	204~232	233~260	261~288	289~316	317~343	344~371	372~399	400~443	444~454	456~482	482~510	511~538
						温度/℃							
0.006~0.01	A	1	1	1	2	3	5	7	10	14	20	26	34
	B	1	1	2	4	6	10	14	20	27	37	49	64
0.02~0.05	A	1	1	2	4	6	9	13	18	25	34	45	59
	B	1	2	4	7	11	17	24	35	48	65	86	110
0.06~0.1	A	1	2	3	4	7	11	16	22	31	42	55	72
	B	2	3	5	9	13	20	30	42	59	79	110	140
0.11~0.5	A	1	2	4	7	10	16	23	32	45	61	80	100
	B	2	4	7	12	19	30	43	61	85	120	150	200
0.51~1	A	1	2	4	7	12	18	26	37	51	68	90	120
	B	3	5	8	14	22	33	49	69	96	130	170	220
>1	A	2	3	6	9	14	22	32	45	63	85	110	150
	B	3	6	10	17	27	41	60	86	120	160	210	280

表 6.24　H₂+H₂S 腐蚀率估算表(12%Cr 钢)　　mpy

H₂S/%	204~232	233~260	261~288	289~316	317~343	344~371	372~399	400~427	428~454	456~482	482~510	511~538
						温度/℃						
<0.002	1	1	1	1	2	3	4	5	6	9	11	14
0.002~0.005	1	1	1	1	2	3	4	6	8	11	14	18
0.006~0.01	1	1	1	2	2	4	5	7	9	12	15	19
0.02~0.05	1	1	1	2	3	4	6	9	12	15	19	25
0.06~0.1	1	1	1	2	3	5	7	10	13	17	22	27
0.2~0.5	1	1	2	3	4	6	9	12	16	21	27	34
0.6~1	1	1	2	3	5	7	10	13	18	23	30	38
>1	1	2	3	4	7	10	13	18	25	32	42	53

239

表 6.25　H₂+H₂S 腐蚀率估算表(18-8 钢)　　mpy

H₂S/%	温度/℃										
	204~232	233~260	261~288	289~316	317~343	344~371	372~399	400~427	428~454	456~482	482~510	511~538
<0.002	1	1	1	1	1	1	1	1	1	1	2	2
0.002~0.005	1	1	1	1	1	1	1	1	1	2	2	3
0.006~0.01	1	1	1	1	1	1	1	1	2	2	3	3
0.02~0.05	1	1	1	1	1	1	1	1	2	3	3	4
0.06~0.1	1	1	1	1	1	1	1	1	2	3	4	5
0.2~0.5	1	1	1	1	1	1	1	1	3	4	5	6
0.6~1	1	1	1	1	1	1	1	2	3	4	5	6
>1	1	1	1	1	1	2	2	4	5	7	9

99. 氢腐蚀主要通过什么防护?

对氢腐蚀一般也为材料防腐,一般选用铬钼钢。与高温高压氢介质接触的设备应按美国石油协会 API 941(RP)(2008)抗氢曲线(Nelson 曲线)等选材。

100. 渗碳速度与什么有关? 如何防护?

渗碳速度与温度有关,温度越高,渗碳速度越快。如果操作不当,引起设备局部过热,则很容易加速渗碳速度。气流组成影响渗碳腐蚀,当混合气体中有氢气时,能促进渗碳反应的进行。合金元素 Cr、Ni、Si 对防止碳的吸收作用是十分显著的。

在制氢装置中,预脱硫后的原料烃以水碳比 4~5 的比例与过热水蒸汽混合,经加热到 500℃后进入转化炉炉管。在装满催化剂的炉管内进行转化反应,转化温度约 700~850℃。但炉管管壁工作温度可高达 850~920℃,并且内外壁温差大(28～101℃)。炉管在应力(工作应力、自重应力、停开工引起的热疲劳及热冲击)和温度的共同作用下，其过热损坏表现为渗碳、蠕变和破裂。破裂经常是纵向的，也有贯穿炉管壁厚的裂纹。

为抑止转化炉管的高温渗碳腐蚀，在工艺操作上严格按要求进行，要防止管内催化剂架桥、结焦和粉碎堵塞，以避免局部过热，要尽量减少频繁开停工。提高炉管制造质量，要符合规定要求。要选用配套焊条或焊丝焊接，提高焊接质量，避免焊缝损伤。使用新型的耐高温腐蚀材料，如改良型的 HK—40 离心铸造管。

101. 防止高温氢腐蚀的常用方法有哪些？氢腐蚀一般发生在什么部位？

防止氢腐蚀的常用方法有降低设备材质的含碳量、降低氢气的压力和降低温度、在材料中加入亲碳素体元素如 Cr、Mo 等。另外停工时不把反应器的温度降低到135℃以下，也可降低氢的腐蚀。

氢脆一般通过加热即可消除，即在停工时采用较彻底的释放方案，冷却速度慢，在较高温度时要多停留一段时间，避免异常的升温和紧急停工。氢腐蚀引起钢组织发生化学变化，使机械性能变坏，故为不可逆过程。

高温氢腐蚀一般在加氢和催化重整装置的临氢设备和管线上发生。

102. 高温烟气中含有哪些腐蚀剂？各起什么作用？

氧是高温烟气腐蚀的腐蚀剂，生成的腐蚀产物对连续快速反应有一定的保护作用，即金属的氧化速度与腐蚀暴露时间的平方根成正比。二氧化硫对金属的腐蚀作用仅次于氧，但其破坏性有时比氧化更严重。由于铁的氧化物和硫化物具有较低的共熔点，熔融后的混合物能渗到晶粒间造成金属的腐蚀，因此含硫高温烟气会增加氧化速度。金属在高温蒸汽中生成疏松垢层，容易脱落，因此高温蒸汽的氧化作用比相同温度的空气要强。烟气中二氧化碳含量越高，腐蚀性也越强烈，而一氧化碳增加时，则减轻铁的腐蚀。燃料中的钒含量，既使只有几十个 ppm，也会发生钒腐蚀，使铬钢的耐热抗氧化性能受到严重影响。

103. 催化裂化装置再生烟气中的 CO_2、O_2、N_2、NO_x 和水蒸气是如何产生的？

在催化裂化装置的反应—再生系统中，为了提高再生效果和热能回收率，大量使用助燃剂，使 CO 完全燃烧，提高了烟气中 CO_2 的含量，加剧了钢的腐蚀。再生烟气的组成比较复杂，各组成成分之间的比例也是变化不定的。其主要成分为 CO_2、O_2、N_2、NO_x 和水蒸气。CO_2 和 CO 来自焦炭燃烧，而为了使焦碳尽可能燃烧得完全一些，O_2 的供应量总是有一些过剩，因此烟气中总有一定量的剩余 O_2 存在。在高温和某种催化剂的作用下，N_2 和 O_2 生成氮氧化合物而使烟气中含有 NO_x。水蒸气的来源则比较多，一是空气中带来，二是焦碳上附着的油或氢燃烧时生成，三是有时为了不使 CO 与 O_2 发生"二次燃烧"（主要在稀相段及旋风分离器入口）和不使再生器局部超温而喷水等等，使烟气中含一定的水蒸汽。

104. 为什么说催化装置再生系统设备发生的裂纹属于硝酸盐应力腐蚀引起的？

（1）从裂纹所在焊缝情况看，裂纹宏观形态特征如下：裂纹场从内表面开始向外表面发展，裂纹发生部位金属未见明显塑性变形；裂纹宽度较窄，向纵深方向发展很深，且多数裂纹穿过整个壁厚，裂纹有主干，有分支，呈树枝状，裂纹表面具有典型的沿晶特征或扇花型花样。上述特征呈典型应力腐蚀裂纹形态，即设备裂纹性质属应力腐蚀裂纹。

（2）烟气冷凝水酸性较强，pH 值为 2.0，烟气水蒸气含量约为 8.9%。对催化装置的烟气、烟气冷凝水、原料油、生成油以及催化剂等进行分析，并对烟气露点进行了测试，测试的有关数据看出，烟气中的硫化物以 SO_x 的形式存在，氮化物以 NO_x 的形式存在；再加上烟气中含有一定量的水蒸气，这样烟气冷凝水中就会有 $SO_{2\sim4}$、NO_3 以及 NO_2 的存在，从而表现出较强的酸性。

（3）实测烟气酸露点温度值为 142℃，设备壁温 90～110℃，所以设备壁温在烟气露点温度之下，设备内壁腐蚀介质溶液就会对设备产生腐蚀。

从上述对再生系统设备进行的各项测定和分析情况看，各种宏观和微观形态特征，可以认定该装置已发生的再生器和三旋的设备焊缝裂纹属于硝酸盐应力腐蚀。

105. 如何防止高温烟气的腐蚀？

为防止高温烟气的腐蚀，主要是采用耐热钢和耐热强度钢，所加合金元素与氧的亲合力要大于氧与铁的亲合力，如铬、铝、硅、钼、钨等。

106. 炼油企业常见的湿硫化氢损伤类型有哪几种？

在炼油企业，碳钢和低合金钢的湿硫化氢损伤表现为氢鼓泡（HB）、氢致开裂（HIC）、应力导向氢致开裂（SOHIC）以及硫化物应力腐蚀开裂（SSC）四种损伤类型。

107. 导致湿硫化氢损伤的敏感因素有哪些？

导致湿 H_2S 损伤是由环境、设备和管道所用材料以及应力状态等因素共同决定其敏感性。其中环境因素包括介质和温度两个因素：

（1）介质：

① 含游离水（液相中）；

② 以下四个条件之一：

a. 游离水中 H_2S 溶解量大于 50ppm（质）；

b. 游离水 pH 值小于 4，且有溶解的 H_2S 存在；

c. 游离水 pH 值大于 7.6，水中溶解的 HCN 大于 20ppm（质），且有溶解的 H_2S 存在；

d. H_2S 在气相中的分压大于 0.0003MPa。

特别是当设备和管道的介质环境符合以下任何一条时，称为湿 H_2S 严重损伤环境：

a. 液相游离水的 pH 值大于 7.8，且在游离水中的 H_2S 大于 2000ppm；

b. 液相游离水的 pH 值小于 5，且在游离水中的 H_2S 大于 50ppm；

c. 液相游离水中存在 HCN 或氢氰酸化合物，且大于 20ppm。

湿硫化氢损伤环境的介质严重度见表 6.26。

表 6.26　湿硫化氢损伤环境的介质严重度（参照 API RP581）

水的 pH 值	水的 H_2S 含量			
	<50ppm	50~1000ppm	1000~10000ppm	>10000ppm
<5.5	低	中	高	高
5.5~7.5	低	低	低	中
7.6~8.3	低	中	中	中
8.4~8.9	低	中	中	高
>9.0	低	中	高	高

244

（2）温度（参照 API RP571—2003）

HB、HIC 和 SOHIC 损伤发生的温度范围为常温至 150℃；SSC 通常发生在 82℃ 以下。

（3）材料

发生湿 H_2S 损伤的材料主要为碳钢和低合金钢。特别是有些使用年限较长的球罐，其材质为 CF62 等高强钢，其损伤敏感性高。

（4）材料硬度

硬度是 SSC 的一个主要因素。见表 6.27、表 6.28。

（5）应力状态

冷加工或焊接成形，没有进行消除应力热处理的设备和管道其损伤敏感性高。

表 6.27　SSC 敏感性（参照 API RP581）

介质严重度	焊接时焊缝最大布氏硬度			焊后热处理(PWHT)后最大布氏硬度		
	<200	200~237	>237	<200	200~237	>237
高	低	中	高	无	低	中
中	低	中	高	无	无	低
低	低	低	中	无	无	无

表 6.28　HIC/SOHIC 的敏感性（参照 API RP581）

介质严重度	高硫钢 S>0.01%		低硫钢 S：0.002%~0.01%		超低硫钢 S<0.002	
	焊接	焊后热处理	焊接	焊后热处理	焊接	焊后热处理
高	高	高	高	中	中	低
中	高	中	中	低	低	低
低	中	低	低	低	无	无

第七章　循环水系统的腐蚀

1. 循环水质量应符合什么要求？

循环水水质应符合 GB 50050—2007 循环水水质的控制要求。

2. 循环水系统工艺防腐措施是什么？

（1）缓蚀阻垢剂

缓蚀阻垢剂应针对水质和工况选择高效、低毒、化学稳定性和复配性能好的环境友好型药剂，当采用含锌盐药剂配方时，循环冷却水中锌盐含量应小于 2mg/L（以锌离子计）；循环冷却水系统中有铜合金换热设备时，水处理药剂配方应有铜缓蚀剂。

（2）微生物控制

循环冷却水微生物控制宜以氧化型杀菌剂为主，非氧化型杀菌剂为辅。当氧化型杀菌剂连续投加时，应控制余氯量为 0.1~0.5mg/L，冲击投加时，宜每天投加 2~3 次，每次投加时间宜控制水中余氯 0.5~1mg/L，保持 2~3h。非氧化型杀菌剂已选择多种交替使用。

（3）循环水浓缩倍数

循环水浓缩倍数应按照中国石化有关要求进行控制，当出现超标时，可采取增大排污量的方式来调整。

系统排污量（m^3）=［（实测浓缩倍数-应控浓缩倍数）/（实测浓缩倍数-1）］×系统保有水总量

（4）循环水温度控制

控制循环水出换热器的温度不宜超过 60℃。

3. 循环水系统腐蚀监检测方式是什么?

腐蚀监检测方式包括在线检测(在线 pH 计、高温电感或电阻探针、低温电感或电阻探针等)、化学分析、定点测厚、腐蚀挂片测试等。各装置应根据实际情况建立腐蚀监检测系统,保证生产的安全运行。

另外,需要使用监测换热器法,模拟生产装置换热器的操作条件,利用饱和蒸汽做热介质,运行一个月后取下测算腐蚀率及粘附速率、污垢热阻反映结垢情况。具体方法参照《中石化冷却水分析和试验方法》。

4. 循环水系统如何操作?

循环水系统开车前应进行清洗和预膜处理,清洗和预膜处理程序宜按人工清扫、水清洗、化学清洗、预膜处理顺序进行。

人工清扫范围包括冷却塔水池、吸收池和首次开车时管径不小于 800mm 的管道。

水清洗管道内清洗流速不应低于 1.5m/s。

化学清洗剂及清洗方式根据具体情况确定,化学清洗剂后立即进行预膜处理。

预膜剂配方和预膜操作条件可根据试验及相似条件的运行经验确定。

5. 循环水运行效果指标是什么?

现场监测换热器碳钢试管腐蚀速度应≤0.075mm/a、黏附速度应≤20mg/(cm^2·月),生物黏泥应≤3mL/m^3。

6. 循环水系统应进行哪些与腐蚀相关的化学分析项目及分析频次?

循环水系统与腐蚀相关的化学分析见表 7.1。

表 7.1 循环水日常水质分析项目

项目名称	指标	分析频率
浊度	≤20 NTU	1次/天
pH 值	6.8~9.5	1次/天
总磷(以 PO_4^{3-} 计)	≥8.5mg/L	1次/天
钙硬度(以 $CaCO_3$ 计)	150~880mg/L	1次/天
总碱度(以 $CaCO_3$ 计)	200~500mg/L	1次/天
钙硬+碱度(以 $CaCO_3$ 计)	600~1200mg/L	1次/天
总硬度(以 $CaCO_3$ 计)	≤850mg/L	1次/天
K^+	(实测值)mg/L	1次/天
总铁	≤1.0mg/L	1次/天
浓缩倍数	≥3.0	1次/天
Cl^-	≤700mg/L	1次/天
SO_4^{2-}	≤800mg/L	1次/天
SiO_2	≤175mg/L	1次/天
电导率	≥5500μS/cm	1次/天
正磷	(实测值)mg/L	1次/天
Zn^{2+}	(实测值)mg/L	1次/周
COD	≤100mg/L	1次/周
油	<10mg/L	1次/周
粘泥	≤3.0mL/m³	1次/周
异养菌	≤$1.0×10^5$ 个/mL	1次/周
铁细菌	≤$1.0×10^2$ 个/mL	1次/月
硫酸盐还原菌	≤$0.5×10^2$ 个/mL	1次/月
总固体	(实测值)mg/L	2次/月
总溶固	(实测值)mg/L	2次/月
悬浮物	(实测值)mg/L	2次/月
余氯	0.5~1.0mg/L	1次/天

7. 炼油厂使用大量冷却水的目的是什么？冷却系统的防护主要包括哪些内容？

使用冷却水的目的在于：油品的冷凝和冷却，避免轻质油的损失和减少火灾危险；洗涤油品；装置内机泵与空压机的冷却和设备抽真空等。

冷却水的防护主要包括有：防止冷却水对设备的腐蚀和结垢；避免水质的污染与积污；凉水塔木材构件的防腐。

8. 什么叫结垢？水结垢对设备运行有何影响？

所谓结垢是指在冷却水系统中，某些有机物在管道和冷却器管壁上的结晶沉淀，这种沉淀物通常是坚硬、致密的，并且牢固地附着在金属表面上，其主要成分是碳酸钙。

结垢对设备运行的影响有：管壁结垢后会降低换热效率；管内壁结垢使管截面积减小，会加大管网的水头损失，浪费电力；缩短设备运行时间；污染水质。

9. 按腐蚀和结垢情况，冷却循环水可分成几种类型？

按腐蚀和结垢的情况，循环水可以分成三种类型：

（1）全结垢型　系统部位发生程度不同的结垢，但不发生腐蚀；

（2）结垢—腐蚀型　系统高温部位发生结垢，低温部位发生腐蚀；

（3）全腐蚀型　系统各部位均发生不同程度的腐蚀，没有任何结垢现象。

10. 结垢受哪些因素影响？如何防止结垢？

影响结垢的主要因素有如下：

（1）温度　较高的温度为成垢提供了必要的能量，往往使硬垢易于形成；

（2）pH值　碱度升高时，碳酸钙的溶解度下降，在碱液中易形成垢；

（3）高浓度的溶解性固体能减小水中硬垢形成倾向。

防止结垢的基本方法有：软化法(药剂软化、离子交换和电渗析法)、pH调节法(酸化法、碳化法)、防垢剂处理法(磷化法、有机物法)和排污法。

11. 循环冷却水腐蚀受哪些因素影响？有何方法可以防止循环冷却水的腐蚀？

循环冷却水腐蚀影响因素包括：水质稳定性是决定因素，即金属/水界面能否生成一层不透性的完整的保护膜(钝化膜、有机吸附膜和薄的硬垢层)；金属表面无有效保护膜时，冷却水中溶解的气体如氧气、二氧化碳、硫化氢、二氧化硫、氯气等均加速铜和碳钢的腐蚀；介质中低pH值、溶解盐，特别是氯化盐和硫酸盐会加速金属腐蚀；水中的悬浮物在低速时会引起垢下腐蚀，在高速时会引起磨蚀；各部位温差和水流速的不同会引起局部腐蚀；水中微生物会引起金属的微生物腐蚀。

防止循环冷却水腐蚀的基本方法有：控制薄垢生成法(提高碳酸盐硬度、调节pH值)；添加各种类型的缓蚀剂；外加电流阴极保护法；牺牲阳极保护法；涂复涂料保护法；选择耐蚀材料。

12. 在循环冷却水系统中，金属腐蚀的控制指标是多少？

根据GB 50050—2007《工业循环冷却水处理设计规范》中对循环冷却水系统中腐蚀控制指标规定：碳钢管壁的腐蚀速率宜小于0.125mm/a(5mpy)；铜、铜合金和不锈钢换热器的管壁的腐蚀速率宜小于0.005mm/a(0.2mpy)。

13. 循环冷却水的水质标准是什么?

根据 GB 50050—2007《工业循环冷却水处理设计规范》,对敞开式循环冷却水的水质要求见表 7.2。

表 7.2　循环冷却水的水质标准

项目	单位	要求和使用条件	允许值
悬浮物	mg/L	根据生产工艺要求确定	≤20
		板式、翅片管式、螺旋板式	≤10
pH 值	mg/L	根据药剂配方确定	7~9.2
甲基橙碱度	mg/L	根据药剂配方和工况条件确定	≤500
Ca^{2+}	mg/L	根据药剂配方和工况条件确定	30~200
Fe^{2+}	mg/L		<0.5
Cl^-	mg/L	碳钢换热设备	≤1000
		不锈钢换热设备	≤300
SO_4^{2-}	mg/L	$[SO_4^{2-}]$ 与 $[Cl^-]$ 之和	≤1500
硅酸	mg/L		≤175
		$[Mg^{2+}]$ 与 $[SiO_2]$ 的乘积	<15000
游离氯	mg/L	在回水总管处	0.5~1.0
石油类	mg/L		<5
		炼油企业	<10

14. 一般对循环冷却水必须作哪些分析?

水质全分析项目包括有:pH 值、总碱度、总硬度、耗氧量、二氧化硅、悬物、蒸发残渣、灼烧残渣和含盐量。含盐量中的阳离子包括:Na^+、K^+、Ca^{2+}、Mg^{2+}、NH_4^+、Fe^{2+}、Fe^{3+}、Al^{3+}、Cu^{6+}、Zn^{2+}、Mn^{2+}。阴离子包括:SO_4^{2-}、Cl^-、HCO_3^-、CO_3^{2-}、NO_2^-、SiO_3^{2-}、S^{2-}、PO_4^{3-}。

15. 什么样的水是稳定的？有什么方法可鉴定水的稳定性？

在设备中不产生结垢和腐蚀的水可认为是稳定的水。水中碳酸钙的饱和程度直接影响到水的稳定性。因次确定碳酸钙的饱和度成为鉴定水的稳定性的基础。

常用的水值稳定性鉴定方法有：安定度指数方法、饱和指数法、极限碳酸钙硬度法和稳定性指数法。

16. 腐蚀与结垢有何关系？水质稳定处理的基本方法是什么？

冷却水的腐蚀与结垢是密切相关的。一般未经任何处理的冷却水通常会发生不同程度的腐蚀和结垢。全结垢型的水，在设备不同部位会发生不同程度的结垢现象，而不发生腐蚀。结垢—腐蚀型水，则在设备的高温区发生结垢，而在低温区发生腐蚀。全腐蚀型水则在设备的各部位发生不同程度的腐蚀而没有结垢。

不同类型的水值要采用不同的处理方法。对全结垢型的水要采用降低成垢物的含量、调节操作条件阻止硬垢生成、加入抗垢剂等方法。对结垢——腐蚀型水要综合考虑各种因数，可适当加入阻垢剂和缓蚀剂。对全腐蚀型水，要适当提高成垢物含量，调节操作条件生成薄垢或加入缓蚀剂。

17. 在现场如何进行水质的稳定性处理？

首先，由于腐蚀与结垢密切相关，因此防垢与防腐必须同时进行，及必须采用多种方法，使其相互取长补短密切配合，达到最好的水质稳定性处理。第二，稳定性处理方案必须通过严密的实验室试验和工业试验方能确定。实验室试验的目的在于通过水质的预处理（软化、硬化、酸化、碱化）将水质的安定度指数调正到 1 附近。在预处理的基础上，再用其他方法(添加缓蚀剂、抗垢剂)来减少腐蚀或结垢，从大量的药剂中筛选出效果好、成本低、来源充足、使用方便的稳定剂配方。工业性试验的目的在于在现场的水质条件、运行情况下对稳定剂进行试用，以便对稳定剂进行调整。最后，为保证冷却水稳定处理方案的顺利实施，并获得良好结果，必须建立一套监测控制规程。

18. 炼油厂循环水系统中的腐蚀主要由什么造成?

循环水系统中的腐蚀主要是由于循环水中溶解的盐、气体、有机化合物或微生物造成的。冷却水腐蚀可以导致不同形式的损伤，包括均匀腐蚀、点蚀、微生物腐蚀、应力腐蚀开裂和垢下腐蚀等。

19. 循环水系统的主要腐蚀类型有哪些? 可能发生的部位在哪里?

(1)异种金属接触导致的电偶腐蚀

在冷却水系统中电偶腐蚀实例很多，如某厂的一台换热器管板为碳钢，管束为不锈钢，由于不锈钢和碳钢之间存在电位差，碳钢作为阳极腐蚀严重，不锈钢腐蚀轻微。

(2)溶解氧导致的腐蚀

冷却水系统常采用敞开式循环冷却水系统，由于金属的电极电位比氧的电极电位低，金属受水中溶解氧的腐蚀是一种电化学腐蚀，其中金属是阳极遭腐蚀，氧是阴极，进行还原，反应式如下:

阳极过程: $M \longrightarrow M^{2+} + 2e$

阴极过程: $1/2O_2 + H_2O \longrightarrow 2OH^-$

在冷凝器等热交换器的碳钢面板上也常见到黄褐色或砖红色的鼓包，敲破鼓包后下面是黑色粉末状物，这些都是腐蚀产物。当将这些腐蚀产物清除后，便会出现因腐蚀而造成的陷坑。

（3）氯离子导致的腐蚀

氯离子造成的腐蚀都发生在孔蚀或缝隙腐蚀中。在这种情况下金属在蚀孔内或缝隙内腐蚀而溶解，生成 Fe^{2+}，引起腐蚀点周围的溶液中产生过量的正电荷，吸引水中的氯离子迁移到腐蚀点周围以维持电中性，因此腐蚀点周围会产生高浓度的金属氧化物 MCl_2，之后 MCl_2 会水解生成不溶性的金属氢氧化物和可溶性的盐酸。

（4）微生物导致的腐蚀

冷却水中的细菌主要有粘液细菌、铁细菌和硫酸盐还原菌等。粘液细菌吸附水中的污物形成生物粘泥团，造成换热器堵塞。

（5）其他腐蚀因素

一些重金属离子如铜、银、铅对钢、铝、镁、锌等起有害作用。在酸性溶液中 Fe^{3+} 具有强烈的腐蚀性。循环水中往往含有泥土、砂粒、焊渣、麻丝、腐蚀产物等不溶性物质，这些物质有些是从空气中进入的，有些是安装时带入的，也可能是在运行中生成的。这些不溶物一方面易在滞流区域沉积造成垢下腐蚀，另一方面随水流冲击管壁，对硬度较低的金属或合金(例如铜管)产生磨损腐蚀。

20. 防止循环水系统腐蚀的控制方法有哪些？

水质控制是防止循环水系统腐蚀的最根本方法。常用水质控制方法包括腐蚀控制、结垢控制、微生物控制、清洗预膜等。

21. 水垢如何控制？

冷却水中如无过量的 PO_4^{3-} 或 SiO_2，则磷酸钙垢和硅酸盐垢是不容易生成的。循环冷却水系统中最易生成的水垢是

254

碳酸钙垢，因此水垢控制主要是指如何防止碳酸盐水垢的析出。

考虑控制水垢方案时，要结合循环水量大小、要求如何、药剂来源等，因地制宜地选择控制方案。控制水垢析出的方法，大致有以下几类。

① 从冷却水中除去成垢的钙离子：离子交换树脂法，石灰软化法。

② 降低 pH、稳定重碳酸盐：加酸，通 CO_2 气。

③ 投加阻垢剂：各种阻垢剂及分散剂有聚磷酸盐、有机多元磷酸、有机磷酸酯、聚丙烯酸盐等。

22. 污垢如何控制？

污垢的形成主要是由尘土、杂物碎屑、菌藻尸体及其分泌物和细微水垢、腐蚀产物等构成。因此，欲控制好污垢，必须做到以下几点。

① 降低补充水浊度；

② 做好循环冷却水水质处理；

③ 投加分散剂；

④ 增加旁滤设备。

23. 冷却水系统中微生物如何控制？

冷却水系统中微生物引起的腐蚀、粘泥及其生长的控制方法主要有以下一些。

① 选用耐蚀材料：金属材料耐微生物腐蚀的性能大致可以排列如下：

钛>不锈钢>黄铜>纯铜>硬铝>碳钢。

目前常用的海洋用低合金钢耐受好氧性和厌氧性细菌腐蚀的能力都较低。

一般来讲，硫、磷或硫化物夹杂物含量低的合金耐受硫酸盐还原菌腐蚀的能力较高。

　② 控制水质；

　③ 采用杀生涂料：偏硼酸钡、氧化亚铜、氧化锌、三丁基氧化锡等；

　④ 阴极保护；

　⑤ 清洗；

　⑥ 添加杀菌剂。

24. 水冷器的防腐措施是什么？

水冷器选材要根据管程和壳程的操作条件、操作温度综合考虑，可以参考装置的冷换设备选材。一般冷却器常用材质有碳钢、低合金钢、奥氏体不锈钢、钛、双相钢、Monel等。由于循环水浓缩导致系统氯离子高，因此选择不锈钢时要注意。对于微生物腐蚀，选材可以按照以下顺序进行：

钛>不锈钢>黄铜>纯铜>硬铝>碳钢。

炼油厂水冷器通常采用碳钢+表面处理的方式。表面处理方法有涂料、镍磷镀等。其中采用水冷涂料防腐比较成功。采用表面处理技术要注意施工质量管理，同时要防止针孔等现象的发生。

有企业采用涂料+牺牲阳极保护的方法，获得了满意的防腐效果。牺牲阳极通常选用镁合金阳极，阳极块安装在冷却器管箱或浮头的隔板上。阳极块的布局原则是：不能影响管程介质的流速；阳极前端与管板间距要小于阳极之间及阳极与封头内表面的距离；阳极平面布局要尽量均匀。

25. 为什么要对冷却水进行监测和控制？监测控制项目包括哪些内容？在日常运行中要对冷却水系统中的补充水和循环水进行哪些检测和控制？

现场控制分析及监测控制规程是水质稳定处理的重要环

节，是为了确保水稳定性处理方案的顺利进行，确保冷却水在规定范围内保持某些化学物的平衡以防止水的结垢、腐蚀和其他的一些问题。

监测控制项目由水处理方法和操作条件决定，一般包括有水质的现场控制分析、水质的稳定性控制和现场腐蚀性试验。

检测和控制项目包括：pH 值、悬浮物与浊度、含盐量、钙离子浓度、镁离子浓度、铝离子浓度、铜离子浓度、总铁、碱度、铝离子浓度、硫酸根浓度、硅酸、油、游离余氯浓度、磷酸盐浓度、浓缩倍数。

26. 水质的现场控制分析和水质的稳定性控制包括哪些项目？如何作好控制分析？

水质的现场控制分析和稳定性控制包括有：在对水进行处理时，要分析定安度指数、pH 值、碱度、硬度、电导率；在进行稳定性处理时要分析所加入的缓蚀剂含量；用定安度指数来控制水处理中酸或碱的添加量。

现场控制方法要采用快速、准确、简单易行的方法；控制分析次数视水质的稳定性而定，在水质不稳定时，分析较频繁；每次分析后要作好记录；对水处理有问题的分析结果要及时通知有关部门，以便采取措施；对系统水和补充水要定期进行全分析。

27. 有什么方法可判断冷却水稳定性处理的效果？各有何特点？

判断冷却水稳定性处理的效果可用现场腐蚀性试验方法和现场腐蚀调查方法。而现场腐蚀性试验方法由常用挂片试验和电阻探针法试验。

现场挂片试验和电阻探针试验不能准确测定系统中金属

表面的实际腐蚀速度，但能提供在此操作条件下金属的相对腐蚀速度，这对于筛选缓蚀剂是相当有效的。而现场腐蚀调查能直接观察到金属表面的腐蚀、结垢和污垢状况。

28. 常减压装置循环水应如何控制？

循环水流速宜大于 0.5m/s；

水冷器中工艺介质温度宜小于 130℃；

循环水出水冷器温度应不宜超过 60℃。

第八章 储运系统的腐蚀与防护

1. 油罐的腐蚀有什么危害？

许多港口及炼油厂都建有大量的储油设施，这些设施的可靠运行对高效生产及环境安全有着直接关系。而油罐的腐蚀不仅缩短了油罐正常的使用寿命，而且使油品中掺入铁锈等杂质，这些杂质的掺入或造成炼油后续工段催化剂中毒，或对成品油质量造成不良影响。

2. 原油罐内部的腐蚀部位如何分布？

原油罐内部的腐蚀部位大致可分为：水相、水与油界面、汽液交界面、顶部汽相部位、加热盘管，分布如图 8.1 所示。

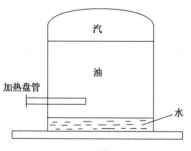

图 8.1　油罐示意图

（1）罐底

一般腐蚀程度比较严重，大多为溃疡状的坑点腐蚀，有的已经穿孔。主要发生在焊接热影响区、凹陷及变形处。

（2）罐顶

腐蚀程度次之，为伴有孔蚀的不均匀全面腐蚀。

（3）罐壁

腐蚀较轻，为均匀腐蚀，主要发生在油水界面、油与空气交替接触处。

3. 油罐内的腐蚀常见于什么地方？最为严重的部位在哪？

油罐顶盖的腐蚀常见于顶盖四周，搭接焊部位和顶盖金属与顶盖承力部件之间的缝隙区。顶盖各承力部件的腐蚀程度是不一致的，处于液面变化区的衍架部件腐蚀最为严重。角钢之间的缝隙积存腐蚀生成物和机械杂质，会将缝隙胀大。在个别情况下，缝隙可胀大到 $25\sim33mm$。

罐壁下层圈板和罐底的腐蚀往往呈溃疡状。

收发油管附近的金属腐蚀受损特别严重，原因是高速运动的机械杂质对已遭受严重电化学腐蚀的金属又增加了一层机械损伤。

另外，较轻质的油品从气体空间吸收氧的能力更大，因此腐蚀速度从顶罐底到顶罐是依次递增的。

对于汽油和其他轻质油品，腐蚀速度的增长远比煤油和柴油快。

最为严重的腐蚀区是在油品面下一点的地方，而对煤油、柴油及其他重质油品来说则是在油罐的顶盖处。

4. 油罐的腐蚀机理是什么？

（1）油罐气相部位以化学腐蚀为主，气相部位基本上为均匀腐蚀。

这是因为油料中挥发出的酸性气体 H_2S、HCl，外加通过呼吸气阀进入罐内的水分、氧气、二氧化碳、二氧化硫等腐蚀气氛在油罐上凝结成酸性溶液，导致化学腐蚀的发生。

硫化物的腐蚀。在石油的硫化物当中，硫化氢的腐蚀性最强，硫化氢的腐蚀作用具有电化学性质，腐蚀过程在溶解有硫化氢、二氧化碳、水蒸气和氧的水薄膜下面进行。某些油品中含有硫化氢(含硫原油)是造成油罐内壁化学腐蚀的重要原因，其中罐顶受腐蚀损害最为严重，有的2~3年就会报废。化学腐蚀反应式为：

$$O_2+2Fe+2H_2S \Longrightarrow 2FeS+2H_2O$$
$$4Fe+6H_2S+3O_2 \Longrightarrow 2Fe_2S_3+6H_2O$$
$$H_2S+2O_2 \Longrightarrow H_2SO_4$$

硫化氢不仅造成化学腐蚀，而且由于腐蚀产物硫酸的存在，还可能进而造成电化学腐蚀。硫化氢对油罐内壁产生的腐蚀是严重的，当空气的相对湿度等于或大于80%时，这种腐蚀现象就更为严重。硫化氢的浓度愈大，腐蚀速度愈快。硫化氢含量的绝对值并不起主要作用，关键是氧与硫化氢的容积比，当介质中氧与硫化氢之比为114：1时，腐蚀性最大，这是一种临界比值。因此，改变氧与硫化氢的比值是减轻硫化氢腐蚀的重要手段。另外，从某些轻质油料(例如裂化汽油)中挥发出来的不饱和气态烃，对油罐内壁也会引起化学腐蚀作用。

(2) 油罐的储油部位腐蚀速率低，一般不会造成危险。

但是在气、液交界处，即干湿交界处环境潮湿富氧，具备了电化学腐蚀的两个基本要素。

(3) 罐底内表面其腐蚀形貌为点蚀。

主要原因是罐底积聚了酸性水，酸性水中含有大量的富氧离子，成为较强的电解质溶液，产生化学腐蚀；加上油中固体杂质和油罐腐蚀产物大量沉积于罐底，它们与油罐罐底有不同的电极电位，这就形成了腐蚀电池，产生了电化学腐蚀。

　　水在油品中的溶解度与油品的种类无关，主要取决于油品温度。常温下油品溶解水量为 $0.04 \sim 0.09 cm^3/L$，含水量常是饱和的，甚至有过多的凝析状水存在。含氧量以汽油为最高，汽油对氧的溶解比柴油高 3~4 倍，因此汽油罐腐蚀最为严重，它比一般重油罐腐蚀情况高出 20 倍。增加油品的收发次数，将使吸入罐内的水分和氧气增加，因此能加剧罐内壁的腐蚀。当油品温度升高时，可加速油品的自然对流，这将造成罐底的水分向上运动和面层的氧气向下运动，这样也将造成有利于腐蚀的条件。因此油品加温将加快罐内壁的腐蚀，甚至油罐的向阳面经常受阳光照射，它的腐蚀程度可比背阳面高一倍。油品中的胶质，能起到保护层的作用，防止氧气与罐壁表面接触，因此它能起到降低腐蚀程度的作用。精馏油品含胶质少，所以精馏油品储罐的腐蚀程度要超过一般油品储罐。据上述分析可知，油罐内壁腐蚀最严重的部位是储油罐的顶部、油面上下运动的罐壁部分和油罐底部。经常储油的罐壁部分，因接触水分和氧气较少，反而腐蚀较轻。油品中氧气主要是从气体空间吸收来的（油品经过加工后含氧量很少）。油品含氧量的多少，与油品的吸氧能力、油罐气体空间的空气数量及其在油品中的自然混合和扩散程度有关。油罐底部常有积水，这是因为油罐气体空间中的水分凝聚沉积或油品收发时混入的。

　　罐底水中因常含有矿物质（电解质），也会发生电解质腐蚀。如一些盐类电解质溶于水中生成电解液，因而，对油罐产生腐蚀。例如氯化镁溶于水中，水解后生成盐酸。

$$MgCl_2 + 2H_2O \Longrightarrow Mg(OH)_2 + 2HCl$$

$$2HCl+Fe\!=\!\!=\!\!=\!FeCl_2+H_2$$

罐底内壁因化学成分的不均一（尤其在焊缝处更明显），在电解液的作用下将形成腐蚀电池，产生电化学腐蚀。另外，油罐顶部的腐蚀生成物，例如硫化亚铁和硫化铁，落到罐底后，由于它们的电位比钢的电位更负，在电解液的作用下也能促使底板的电化学腐蚀。

当罐底有水垫层时，能起到降低电解液浓度的作用，有利于降低底板的电化学腐蚀，但水垫层的水应经常更换。

5. 影响油罐腐蚀过程的因素是什么？

（1）金属表面状况对腐蚀过程的影响

金属表面覆盖上一层完整的氧化膜，可以保护金属不受周围介质的侵蚀。当氧化膜破裂时，金属便开始腐蚀，氧化膜破裂将导致铁与氧化膜形成腐蚀电池。在这种条件下，腐蚀部位呈斑痕状。

（2）介质的温度对腐蚀过程的影响

温度对腐蚀速度具有独特影响，腐蚀速度很大程度上与温度的绝对值关系并不密切，而主要是受温度变化的支配。如果由于工艺条件的限制，在石油处理过程中不能尽量降低石油的温度，则必须对从设备中流出来的石油和水进行预先冷却，使之降到与周围介质相同的温度。预冷却能够降低介质的腐蚀性，因而在油罐定期收发油时，能相应地减轻油罐内表面在冷凝条件的腐蚀，同时也能减少昂贵的石油轻质馏分的损耗。

（3）腐蚀过程与气体空间的体积有关

对于立式油罐来说，气体空间的体积首先决定于罐顶盖的样式，使用浮顶时，气体空间的体积最小。对于锥形和拱顶盖来说，气体空间的体积均占油罐总容积的 8%~10%，在油罐容积没有得到充分利用的情况下，气体空间所占的比例还要大。因此，浮顶油罐的腐蚀过程远比拱顶油罐的腐蚀过程缓慢。为了减轻后者的腐蚀，在使用过程中必须最大限度地将油罐装满。

6. 如何对石油产品贮罐进行防护？

用于油罐内壁的防护方法很多，如表面镀、渗耐腐蚀材料，水泥沙浆衬里，喷刷防腐蚀涂料等。目前，国内主要采用抗静电防腐蚀涂料。由于油料在流动、过滤、搅拌、喷射、灌注等过程中，可能产生静电荷、携带静电荷的流体进入储罐后，则发生电荷的积聚，引起电位的升高。该电位是否会上升到超过安全极限值，取决于油料中的静电荷是否能够迅速释放。否则，由于静电荷的积聚，可能发生火灾或爆炸事故。因此，所选涂料除应具有良好的耐油、耐水性，附着力强，柔韧性好，抗冲击、抗老化等性能外，还必须满足油罐内壁防腐蚀涂料的体积电阻率应低于 $10^8 \Omega \cdot m$ 的要求。

涂料防腐蚀是涂层将金属与介质隔开，起到保护金属的作用。但由于涂层本身有微孔，老化后又易出现龟裂、剥离等现象，如施工不良，产生针孔，这样裸露的金属形成小阳极，涂层部分成为大阴极而产生局部腐蚀电池，进而使漆膜破坏得更为严重。因此，采用单独的涂料保护，有时会得不到满意的效果。可采用涂料与阴极保护联合防护，则裸露的金属获得集中的电流保护，弥补了涂层缺陷，又防止了涂层的恶化，因而可延长使用周期。

7. 石油产品贮罐内壁油漆涂层设计原则是什么？

GB 13348—2009《液体石油产品静电安全规程》中规定："使用防静电防腐蚀涂料，涂料体电阻率应低于 $10^8 \Omega \cdot m$

（面电阻率应低于 $10^9\Omega$ ）"。其后，GB 16906—1997《石油罐导静电涂料电阻率测定法》，进一步对石油产品贮罐防静电防腐蚀涂料作出油漆材料电阻率及施工验收的规范。

国外大型炼油厂的贮罐，依据不同油品的使用要求及不同结构类型贮罐，而分别选择不同种类的涂料。一个有综合产品的炼油厂，几乎都会用上无机富锌漆、酚醛环氧漆、环氧漆及聚氨酯漆四类涂料，以分别满足不同的技术要求。通常是遵循下列通则选用涂料品种：

① 苯类、醇类、醚类、酯类等有强溶解能力的石油产品储罐，应使用无机富锌漆。因为其他漆种均不能耐受这些石油产品的长期浸泡。例如，涂环氧漆的贮罐，若贮存甲醇、丁醇、燃料级酒精等醇类产品和乙醚、异丙醚等醚类产品时，连续贮存不能超过 60 天；酮类酯类的大多数品种，更不能盛载于涂环氧漆的贮罐。但涂装无机富锌漆的贮罐，对上述产品的贮存时间则无限制。

② 要求工作温度较高的贮罐，大多选择酚醛环氧漆。例如高含蜡的原油罐，设计工作温度高达 80℃，只能选择酚醛环氧漆。酚醛环氧漆不但能耐受较高浸泡温度且漆膜耐水性、耐硫化氢等腐蚀介质性能也优异，所以十分适合不同产地来源的原油贮罐选用。

③ 浮顶罐内壁，宜选择耐太阳照晒以及耐磨擦性能优越的聚氨酯漆。

④ 没有上述特定要求的贮罐内壁，大多选用环氧漆，特别是涉及盛载有卫生要求的物料，环氧漆更是首选涂料。

8. 国内外储罐阴极保护技术的差别是什么?

国外阴极保护技术起步较早，发展较快。美国环保局（EPA）明文规定，至 1998 年底所有地下储罐必须装备阴极保护设施。国内储罐阴极保护技术起步较晚，大多数储罐并未进行阴极保护设计，据检测，腐蚀也相当严重。GB 50393—2008《钢质石油储罐防腐蚀工程技术规范》规定：钢质原油储罐内底板应采用牺牲阳极法。钢质石油储罐外底板或与土壤接触的壁板应采用阴极保护措施，宜采用强制电流法；罐径小于30m的储罐宜采用牺牲阳极法；对于储罐罐群宜采用强制电流法。

9. 什么是网状阳极？

网状阳极是混合金属氧化物网状与钛金属连接片交叉焊接组成的外加电流阴极保护辅助阳极。将该阳极网预埋在储罐基础中，可为储罐底板提供保护电流。该技术为美国 CORRPRO 集团的专利技术，与其他阴极保护方式相比，具有如下优点。

① 电流分布非常均匀，输出可调，储罐能得到充分保护。

② 产生的杂散电流很少，不会对其结构造成腐蚀干扰。

③ 不需回填料，安装简单，可保证质量，储罐与管道之间不需要绝缘。

④ 不容易受日后工程施工损坏，使用寿命长。

缺点是钛金属连接片交叉焊接难度大，如果焊接质量不好会造成局部保护不到

网状阳极可放置在罐底板与防渗膜或混凝土基础之间，距离罐底板的最小距离为15cm，无需填料，仍能保证电流的均匀分布。由于混合金属氧化物阳极具有其他阳极所不具备的优点，它已成为目前最为理想和最有前途的辅助阳极材料。网状阳极系统在国外已应用多年，国内也已在储罐上安装应用。

10. 牺牲阳极系统的优缺点是什么？

采用牺牲阳极系统对储罐进行保护，安装简单，不会产生腐蚀干扰，但储罐与管道以及其他系统绝缘性要好，否则储罐难以得到充分保护。其他系统包括管网、仪器连接线、电缆套管、混凝土钢筋以及罐群接地系统。对这些系统进行绝缘，花费大且维护费用高，因此该系统经常是无效的。

牺牲阳极系统的驱动电压一般低于 0.7V，限制了阴极保护系统的电流输出。一旦储罐与上述任何系统发生短路，不但使储罐保护困难，而且牺牲阳极系统会很快耗尽，缩短保护寿命。

11. 深井阳极系统的优缺点是什么？

主要应用于已建成的储罐，尤其适用于空间狭小地区，其缺点是阴极保护电流不均匀，部分区域保护不到，容易产生腐蚀干扰；阳极工作条件恶劣，容易过早损坏。

12. 柔性阳极系统的优缺点是什么？

该阳极由包敷在电缆外部的导电橡胶制成，橡胶外面包裹一层炭粉回填料。该系统可以铺设在储罐底板下面，电流分布均匀，不易产生腐蚀干扰，但存在以下缺点。

① 运输和安装费用比网状阳极系统高，每盘阳极很重，增加了搬运难度。

② 填料带容易损坏而导致填料漏失，需要以后填充。

③ 在电流作用下，导电橡胶随时间推移易老化开裂，导致铜芯电缆迅速腐蚀，致使系统过早失效。该系统不能过度弯曲。

④ 现场需要多根电缆连接，质量难以保证。

13. 储罐的防腐对策是什么？

钢制储罐过去通常是通过防腐覆盖层来控制腐蚀的，然而防腐覆盖层的防腐年限相对较短，同时在工程实际中，由于各种因素的影响，防腐覆盖层难以达到完整无损，常在覆盖层漏敷或损伤处发生腐蚀，尤其在罐底板腐蚀极为严重。阴极保护是根据电化学腐蚀的原理，通过阴极极化的方法抑制腐蚀电池的产生，从而达到防腐的目的。但单独采用阴极保护时，其所需保护电流密度很大，在 SY/T 0047—1999《原油处理容器内部阴极保护系统技术规范》中推荐裸板的保护电流密度在高温含去极化剂的水中达几百 mA/m^2，其经济性能较差。因此需对原油罐内不同的腐蚀环境和因素对症下药。

推荐防腐措施是罐顶、罐壁采用导静电涂料防腐，而罐底采用涂层与阴极保护联合保护。这样既可降低阴极保护费用，又可通过阴极保护弥补由于覆盖层受损或老化所形成的腐蚀缺陷，延长油罐的安全使用寿命。中国石化《加工高含硫原油储罐防腐蚀技术管理规定(试行)》也有详细要求。

阴极保护的方法分为外加电流法和牺牲阳极法。而原油储罐罐底内壁应实施牺牲阳极阴极保护，因为这种方法对原油罐安全可靠、无需专人管理，且保护效果好。

牺牲阳极材料主要有三大类，即锌合金、铝合金、镁合金。在原油储罐内，由于镁合金阳极存在产生电火花的可能，且其驱动电位过大，阳极寿命短，效率低，因此不能使用。同时原油储罐内的工艺温度常常达到 60℃，锌合金牺牲阳极有发生极性逆转，成为阴极的可能，因此也不能使用。因此只有铝合金牺牲阳极可用于原油储罐罐底内壁阴极保护。

14. 如何设计罐内底板的防腐方案?

罐内底板采用涂层加高效铝牺牲阳极联合保护是储罐常用手段。涂层采用不导静电的涂料(建议采用环氧树脂类或

268

聚氨脂类涂料），涂层厚度不小于 120μm，然后按设计安装高效铝牺牲阳极，并对焊口进行补涂防腐涂层处理。罐内其他部位采用抗静电涂层保护，涂层总厚度不小于 180μm，涂料可采用环氧抗静电涂料、环氧氯磺化聚乙烯抗静电涂料、聚氨脂抗静电类涂料等。涂层进行施工前，需对表面进行前处理，先对表面进行清理，然后进行喷砂除锈，喷砂除锈需达到 GB 8923—88《涂装前钢材表面锈蚀等级和除锈等级》中的 Sa2.5 级的要求。

15. 原油储罐浮顶的腐蚀原因是什么？

原油储罐的罐顶和上部壁板内侧虽然不直接与原油相接触，但却处在从原油蒸发出的轻质组分的气相环境中。气相中含有 CO_2、SO_2、H_2S 等腐蚀性气体，在 O_2 和蒸汽等作用下，对罐顶和上部壁板造成化学腐蚀；由于储罐中经常吸入新鲜空气，因此罐顶和不储油的罐壁上部钢板处在不断腐蚀的环境中。

16. 原油储罐底板外壁的腐蚀原因是什么？

对于海边、滩涂等地区，其土壤含盐量和含水量均较高，土壤电阻率较低，腐蚀性较强。此种环境中的储罐其罐底基础沥青砂层由于老化开裂，基础内的水分可以通过裂缝渗透到罐底，使储罐外壁底板发生腐蚀；另外雨水也可能沿储罐侧壁通过储罐底板与沥青砂之间的缝隙渗透进来，在透气程度不同的区域之间构成了氧浓差电池，而且往往是大阴极小阳极的模式，局部的腐蚀速度特别快，在缝隙内还有可能形成缝隙腐蚀的自催化效应；杂散电流的腐蚀；硫酸盐还原菌的存在；施工质量不合格，例如焊缝不合格或用海砂作为基础带入氯离子等，以上因素均可能造成储罐外壁底板发生腐蚀。

17. 对储罐底板外壁如何防腐？

对储罐底板外壁一般采用阴极保护的方法防止腐蚀。阴极保护可以通过牺牲阳极法和外加电流法实现。

牺牲阳极法是将被保护金属和一种可以提供阴极保护电流的金属和合金(即牺牲阳极)相连，使被保护体极化以降低腐蚀速率的方法。在被保护金属与牺牲阳极所形成的大地电池中，被保护金属体为阴极，牺牲阳极的电位往往负于被保护金属体的电位，在保护电池中是阳极，被腐蚀消耗，故此称之为"牺牲"阳极。通常用作牺牲阳极的材料有镁和镁合金、锌合金、铝合金等。镁阳极适用于淡水和土壤电阻率较高的土壤中，锌阳极大多用于土壤电阻率较低的土壤和海水中，铝阳极主要应用在海水、海泥以及原油储罐污水介质中。

牺牲阳极保护法的主要特点是：适用范围广，尤其是中短距离和复杂的管网；阳极输出电流小，发生阴极剥离的可能性小；随管道安装一起施工时，工程量较小；运行期间，维护工作简单。

外加电流法是将被保护金属与外加电流负极相连，由外部电源提供保护电流，以降低腐蚀速率的方法。外部电源通过埋地的辅助阳极将保护电流引入地下，通过土壤提供给被保护金属，被保护金属在大地电池中仍为阴极，其表面只发生还原反应，不会再发生金属离子的氧化反应，使腐蚀受到抑制。强制电流保护法的主要设备有，恒电位仪、辅助阳极、参比电极。

强制电流保护法的主要特点是：适用于长输管线和区域性管网的保护；输出电流大，一次性投资相对较小；安装工

270

程量较小，可对旧管道补加阴极保护；运行期间需要专业人员维护；容易实现远程自动化监控。

阳极地床一般分为浅埋阳极地床和深井阳极地床两种。浅埋阳极地床的特点是：土方开挖量大，安装简便，技术要求低，便于维修，对附近地下钢结构影响大，保护距离短，阴极保护电流分布不均匀，适用于短距离管道。深井阳极地床是近几年大量应用的一种先进的阴极保护技术。它是将辅助阳极安装在直径200~400mm、深度100m以内的阳极井中，与浅埋阳极地床相比，其优点为：占地少，对非保护的地下钢结构的影响小，保护体上电流分布均匀，保护距离长，适用于复杂的、屏蔽现象严重的管网和罐区，是区域性阴极保护的主要技术之一。

18. 储罐底板外侧阴极保护常用技术是什么？

目前，储罐底板外侧阴极保护常用技术可以分为以下几种方式：

牺牲阳极系统：采用牺牲阳极系统对储罐实行保护，安装简单，不会产生腐蚀干扰。但是，除非储罐与管道以及其他系统绝缘良好，否则储罐难以得到充分保护。其他系统包括管网、仪器连接线、电缆套管、混凝土钢筋以及罐群接地系统等。对如此多的部分采取绝缘不仅花费大，而且以后的维护费用高。因此，该系统经常是无效的。

沿海的一些储罐是座落在混凝土基础上的，对于这种建造方式，不适于采用牺牲阳极系统进行阴极保护。

深井阳极系统：该系统主要应用于已经建成的储罐，属于外加电流阴极保护技术的一种，尤其适用于空间狭小地区。其缺点是阴极保护电流可能不均匀，可能导致有些区域保护不够充分，同时可能产生杂散电流。优点是可以将整个油罐区及其地下金属构筑物联合保护，即对某一特定面积内的所有金属构筑物进行全面保护——区域性阴极保护。随着新式阳极材料的应用，深井阳极系统满足了大电流保护的要求。

网状阳极系统：网状阳极阴极保护方法是目前国际上流行且成熟针对新建储罐底板外壁的一种有效的阴极保护方法，在国内也已开始大量应用，属于外加电流阴极保护技术的一种。但网状阳极只能应用于新建储罐，因为网状阳极需要预铺设在储罐沙层基础中。

19. 各类油品储罐的腐蚀有何不同？腐蚀较严重的部位在哪里？

一般轻质油比重质油储罐的腐蚀重；而焦化汽油、焦化柴油和裂化汽油等比直馏轻质油重；中间罐比成品罐腐蚀重；油罐腐蚀严重部位是污油罐和轻质油罐（石脑油罐及汽油罐等）的气液处及其以上气相部位，其次是轻质油罐底和重质油罐（原油罐渣油罐等）油水交界面（油罐周围1m高左右）的罐壁和罐底。

20. 各类油品储罐的罐内防腐对策是什么？

① 汽油罐、石脑油罐、航煤罐等整台罐进行内防腐，采取涂料全面防腐措施，其中航煤罐由于其油品质量要求很高，选涂料较困难，故有时采用防腐费用较高的喷铝方法。

② 渣油罐及柴油罐等重质油罐主要进行罐底和周围高2m左右部位防腐，其中原油罐、渣油罐采用涂料加牺牲阳极阴极保护联合防护措施，而柴油罐则宜采取导电涂料全面防腐。

③ 溶剂油罐，如二甲苯等由于其本身对有机涂料有溶胀作用，故基本上不进行涂料防腐，而用喷铝的方法。

21. 储罐外壁腐蚀原因是什么？

储罐外壁腐蚀主要发生大气腐蚀。特别对于近海岸，由于海洋大气相对湿度大，含有更多的水分和盐分，使储罐腐蚀比其他地方更严重。原油储罐所处的大气环境中的氧、水蒸气、二氧化碳可导致原油储罐罐体的腐蚀，同时由于原油储罐的周边环境一般为石油化工业，工业大气中二氧化硫、硫化氢、二氧化氮等有害气体都比空气密度大，不易飘逸扩散，溶于雨水雾气中，造成局部腐蚀性气体浓度高，引起钢铁的腐蚀。大气中的水气会在金属设备表面冷凝而形成水膜，这种水膜溶解了大气中的气体及其他杂质，起到电解液的作用，使金属表面发生电化学腐蚀。

储罐外壁的腐蚀发生过程是：

阳极反应：$Fe \longrightarrow Fe^{2+} + 2e$

阴极反应：$O_2 + 2H_2O + 4e \longrightarrow 4OH^-$

总反应：$2Fe + 2H_2O + O_2 \longrightarrow 2Fe(OH)_2 \downarrow$

氢氧化亚铁在大气环境下转变为三氧化二铁或四氧化三铁，形成疏松的氧化层。在锈层表面，空气中的氧与水不断进行阴极反应，而在锈层与金属的结合面，则不断进行阳极反应，这种氧浓差电池引起的大阳极小阴极反应，又由于氯离子的存在，反应进行得相当快，从而形成局部腐蚀，最终导致穿孔。在罐顶凹陷处、焊缝凹陷处和罐底板等易积水的地方，腐蚀尤为严重。

22. 如何防止球罐发生硫化物应力腐蚀开裂？

防止球罐发生硫化物应力腐蚀开裂应注意以下几点：

① 对球罐用钢板应 100%超声波检验，并严格执行焊接工艺；

② 球罐焊后要进行整体消除应力热处理，焊缝硬度控制低于 HB200；

③ 降低液化石油气中的 H_2S 含量小于 100ppm（液化石油气经脱硫或碱洗处理）。

第九章　管道的腐蚀与防护

1. 原油管道的内腐蚀是什么？

原油管道的内腐蚀（化学腐蚀）：指金属表面与周围介质发生化学作用而引起的腐蚀。

在原油中含有大量的水、无机盐，还含有少部分有机酸、硫化物等，它们的存在使输油管道和储罐造成了化学腐蚀。

① 原油所带油田水中含大量的盐分，这些盐水解成盐酸直接腐蚀钢铁设备：

$$MgCl_2+H_2O =\!=\!= Mg(OH)Cl+HCl$$
$$Fe+2HCl =\!=\!= FeCl_2+H_2$$

② 原油内含硫化物对金属设备的腐蚀（R—表示烃基）：

硫化氢：$Fe+H_2S =\!=\!= FeS+H_2$

硫：$Fe+S =\!=\!= FeS$

硫醇：$Fe+2RSH =\!=\!= (RS)_2Fe+H_2$

③ 原油中的酸类（如环烷酸）对金属直接腐蚀。

2. 输油管道的外腐蚀是什么？

管道使用中的所有腐蚀现象在本质上都属电化学腐蚀。其特点在于电化学腐蚀可分为阳极过程和阴极过程这两个相对独立并可同时进行的过程。管道腐蚀中电化学腐蚀是最普遍、最常见的。其电流流出（电子流入）的部位叫阳极，电流流进（电子流出）的部位叫阴极。输油管道外腐蚀主要包括如下几类：

（1）电偶腐蚀

最常见也是最易忽视的电偶腐蚀是将一截新管子焊接在一条旧管道上时发生的。新管总为阳极，其腐蚀速度与土壤种类、阳极和阴极的相对面积等关系极大。如果接上的这截新管子很短，其腐蚀速度就非常快，因为这个小阳极区必须为比它大得多的阴极区(旧管道)供电。

另一类常见的电偶腐蚀是由于管子金属表面的条件差异而产生的。管子埋地后，表面的伤痕或刮痕很快成为活泼的阳极区。在管子接箍或管件附近，光洁表面上的螺纹也属于这种情况。在这两种情况下，光洁表面成为阳极区，而其余管子表面为阴极区。在某些土壤中，这样的腐蚀电池非常活泼且破坏性很强，这是由于小阳极区与大阴极区的差异造成的。

第三种常见的电偶腐蚀发生在新管表面。加工期间嵌入管子表面内的轧制氧化皮起着不同于管材的异金属的作用。氧化皮区与管体金属间存在电化学差异，导致与氧化皮相邻的金属腐蚀，最终形成蚀坑。

（2）宏电池腐蚀

沿管线发生的这类宏电池腐蚀通常是由土壤种类差异或土壤条件不同引起的。

① 由埋地管道的土壤环境差异导致的宏电池腐蚀

土壤结构不同，其中的腐蚀性离子、pH、含水量和透气性(含氧量)均不同；当管道途径相邻两种差异明显的土壤环境时，在两类完全不同的土壤环境的作用下，管道不同管段之间会因为极化电位（或电化学反应不同）而产生电位差，导致电位较低的管段形成阳极区而被腐蚀，电位较高的管段作为阴极区而腐蚀不明显。如果阻碍电流从阳极经土壤到达阴极的电阻很高，腐蚀速度就很慢。相反，土壤电阻很低时这种宏电池导致的腐蚀速度就很快。

② 土壤局部酸化产生的区域性腐蚀

在化工厂附近的管道或储罐，由于大气中含有较多的 CO_2、SO_2 等气体，它们在扩散或溶解到潮湿的土壤当中形成 H_2CO_3、H_2SO_3，使局部土壤酸化，在钢铁表面形成酸膜，钢铁就好象放在酸性"溶液"中，钢铁构件会由于酸性介质的存进作用而腐蚀速率加快，酸性介质为阴极、钢铁为阳极，形成区域性的宏电池腐蚀。

③ 由于产生浓差电池而造成的腐蚀

这种腐蚀现象是埋地管道最常见的一种。由于在管道的不同部位氧的含量不同，因而形成氧气浓差电池，在氧浓度大的部位金属的电极电势高，是腐蚀电池的阴极；氧浓度小的部位，金属电极电势低，是腐蚀电池的阳极。例如管道埋地下由于上部土壤中氧气比下部多，氧气压上部比下部大，致使上部电极电势比下部高，形成阴极区，下部为阳极区，因而下部遭腐蚀，常常发现管道底部穿孔就是这一原因。

又如管道通过不同性质土壤交接处的腐蚀，粘土段氧浓度小，卵石或疏松的碎石层氧浓度大，因此在粘土段管道发生腐蚀穿孔，特别是在两种土壤的交界处腐蚀最严重。

当管子经过含盐量不同的地段时，相当于一导体与两种浓度不同的电解质相接触，例如管道经过有一定深度的河滩地时，处于不同埋深的管体周围土壤的含水量和含氧量差异很大，可能发生较剧烈的氧浓差电池腐蚀。

（3）杂散电流腐蚀

当管子铺设在电气铁路、发电厂附近或附近构筑物正处于外加直流电的保护时，就会发生杂散电流腐蚀。此时，大地(土壤)常用作电流的回路。然而，电流往往偏离其直接通道，而以地下管道等其他构筑物作为旁路。由于电流"偏离"

了其预定通道，所以称作"杂散电流"。这种电流流到管子上的那些部位，就成为腐蚀电池的阴极而受到保护。相反，电流离开管子的那些部位，就成为电池的阳极而受到腐蚀。

（4）细菌腐蚀

细菌腐蚀（更具体地说，厌氧菌腐蚀）往往不易被识别。现代细菌腐蚀理论认为土壤里存在的细菌引起土壤物化性能改变。细菌腐蚀可能起因于浓差充气产生的活性原电池，也可能是因为破坏了沿原电池阴极表面正常聚积的保护性氢离子膜（它可以降低金属的活性），而产生腐蚀的结果。这类腐蚀只在特定条件下发生，此处没有氧气存在，硫化物则是腐蚀产物。细菌腐蚀受到许多因素的影响，如土壤含水量、土壤呈中性或酸性、有机质（树叶、树根、木质纤维）的类型和丰富程度、不可缺少的化学盐类。所有这些都是作为细菌食物必不可少的。此外，管子周围的土壤温度也应适合细菌的繁殖。

（5）其他类型

直接化学侵蚀当电化学反应是自然存在时，在直接化学侵蚀中检测不出电流流动，也没有明显的阳极区或阴极区。它往往是腐蚀产物引起的副作用的结果，或是由于侵蚀、温度变化或在负荷下金属挠曲造成保护膜机械性脱落的结果。

3. 输油管道上常采用防腐涂层有哪些？各有何优缺点？

在输油管道上常采用石油沥青、煤焦油沥青、塑料胶粘带、塑料套管等做防腐涂层，这几种防腐层各有不同的优缺点。石油沥青涂层的技术成熟，成本较低，但机械强度及低温韧性较差，易受细菌腐蚀；施工时劳动条件差，在我国使用较多；煤焦油沥青涂层的技术也较成熟，成本低，但机械强度及低温韧性差，施工劳动条件差，稍有毒性，损耗大；塑料胶粘带防腐可靠，便于施工，但粘结力较差；塑料套管、环氧粉末喷涂层的机械性能和低温性能均较好,我国目前也在使用,但成本也较高。

4. 运行初期的管道如何检查?

由于可能存在的设计、制造、施工等问题,当管道初期升温和升压后,这些问题都会暴露出来。此时,操作人员应会同技术人员,有必要对运行的管道进行全面系统的检查,以便及时发现问题,及时解决。在对管道进行全面系统的检查过程中,应着重从管道的位移情况、振动情况、支承情况、阀门及法兰的严密性等方面进行检查。

5. 为什么要进行巡线检查及在线检测?

在管道投入运行过程中,由于操作波动等其他因素的影响,或管道及其附件在使用一段时期后因遭受腐蚀、磨损、疲劳、蠕变等损伤,随时都有可能发生管道的破坏,故对在用管道进行定期或不定期的巡检,及时发现可能产生事故的苗头,并采取措施,以免造成较大的危害。管道的巡线检查内容除全面进行检查外,还可着重从管道的位移、振动、支撑情况、阀门及法兰的严密性等方面检查,并判断管道的安定性和可靠性,从而保证管道的安全运行。

6. 如何进行管道的末期检查及寿命评估?

管道经过长时期运行,因遭受到介质腐蚀、磨损、疲劳、老化、蠕变等的损伤,一些管道已处于不稳定状态或临近寿命终点,因此更应加强在线监测,并制定好应急措施和救援方案。做好救援方案准备的同时,还应加强在役管道的寿命评估,从而变被动安全管理为主动安全管理。总起来说,主要是针对管道材料已发生的蠕变、疲劳、相变、均匀腐蚀和裂纹等几方面进行评估。

7. 防腐涂料的类型有哪些?

①牺牲型涂料,通常是富锌涂料。一旦发生刮擦或其它

破损，曝露在外的锌会作为牺牲阳极发生腐蚀，保护钢管表面。

②屏蔽型涂料，它使湿气远离钢管表面。这就除去了腐蚀回路要素中的一项——电解液，从而可以防止腐蚀。

③缓蚀(防锈)型涂料，(通常仅为底漆) 它除了可作为屏蔽以外，可以通过使用具有抑制作用的颜料(与缓蚀剂类似)，有效地帮助控制腐蚀。例如，红丹1和磷酸锌这些颜料与涂料中吸收到的湿气发生反应，然后与钢管发生反应，使其钝化，从而降低其腐蚀特性。

8. 什么是熔结环氧粉末(FBE)涂层？

热固性重防腐环氧粉末涂料又称熔融结合环氧粉末涂料，简称熔结环氧粉末，是一种以空气为载体进行输送和分散的固体涂料，将其施涂于经预热的钢铁制品表面，熔化、流平、固化形成一道均匀的涂层，故得此名，英文简称 FBE (Fusion Bonding Epoxy Powder Coatings)。熔结环氧粉末因其优异的防护性能，一直是世界管道工程的首选防护层材料。

9. 什么是 3PE 防腐涂层？

热固性重防腐环氧粉末涂料是防腐涂料中与钢管粘结力最强、抗各种环境腐蚀最好、抗机械冲击最高的防腐涂料。但由于涂覆层只有不到 1mm，抗尖锐物体的冲击较差。为克服上述缺点，开发了三层 PE 结构，这是一种将利用环氧树脂的抗阴极剥离粘接性、聚乙烯的抗冲击强度与聚氨酯的保温性相结合的复合结构。它结合了高密度聚乙烯包覆和熔结环氧粉末的优点，该体系环氧粉末与钢管表面结合牢固，利用高密度聚乙烯耐机械损伤，两层之间特殊的胶层使三者形成分子键结合的复合结构，从而实现了防腐性能、力学性能的良好结合。

据权威部门检测，用 3PE 防腐技术的埋地管道寿命可长达 50 年。

10. 漆膜有缺陷时对腐蚀速率有哪些影响？

防腐涂料对钢管的保护作用会因漆膜的不连续(气孔、刮擦、针孔)而受到严重影响。

漆膜不连续情况下的腐蚀速率会受到很多因素的影响，包括：

- 涂料/涂料系统的类型；
- 涂层膜厚；
- 不连续处出现的电解液(如有的话)；
- 底材上出现的内在氧化皮。

11. 为什么要检查防腐涂层膜厚和漏涂点？

防腐涂层的检查主要应测量干膜厚(DFT)和检测是否有漏涂点。太厚或太薄的涂层，通常会引起早期涂料缺陷和昂贵的修理费用。应检测并修补漏涂点或针孔(也就是不连续处、空白点、内含物、膜厚低的区域或涂层内的破裂)，以确保获得有效的涂层系统。任何缺陷，即使小至一个漏涂点，对于关键区域的涂层性能来说，也是不能接受的，特别是埋地长输油气管道。

检查仪器分为两大类：破坏性检测仪器和非破坏性检测仪器。

破坏性检测仪器通常用于调查涂料缺陷的原因和其它专门的用途。它们通常不用于常规的质量控制测试。通常包括：

- 油漆检查仪器(托克测厚仪)，用于测量涂层厚度；
- 附着力测试仪，用于测量涂层的附着力。

通常，不应进行损坏涂层的测试，除非业主要求或同意采用这种方法。

非破坏性检测仪器，如果正确使用的话，不会损坏涂层。这些仪器包括：

- 湿膜测厚仪；
- 干膜测厚仪，包括：拉伸式磁性仪、固定探头式磁性仪。

大多数类型的干膜测厚仪是非破坏性的。

漏涂点检测仪，包括：低压直流(湿海绵)检测仪、高压直流检测仪、高压交流检测仪。

12. 漏涂点的检测应注意什么?

检测漏涂点是为了发现漆膜内的裂口、针孔和其它缺陷或不连续处。在进行检测前，涂层应合理固化(但不是完全固化，以便于修补)。没有固化的涂层会显示假的漏涂点。例如，涂层内残留的溶剂会产生不稳定的点(电阻小)，高压漏涂点检测仪会将其击穿，从而在原先不存在漏涂点的地方产生漏涂点。尽管如此，在某些情况下，例如，涂装的是硬酚醛或玻璃鳞片环氧涂料，使用者可选择在涂料最终固化前检测涂层的漏涂点，这样，如有漏涂点，任何漏涂点修补材料可与下面的涂层有效结合。涂层内的漏涂点应予以修补。修补结束后，应再次检测涂层，以确保修补是成功的。

13. 高压脉冲直流漏涂点检测仪的用途及原理是什么? 检测中应注意什么?

这种检测仪由电源(例如，电池或高压线圈)、探测电极和从检测仪连至涂漆底材的接

地线组成。电极在表面上移动。在任何漏涂点、空白点、漆膜不连续处等地方，电极与底材之间的空隙就会出现弧状闪光，同时，检测仪会发出声音。

通常，高压脉冲漏涂点检测仪的电压输出范围为 900～15000V，有些情况下可能高达 40000V。它们设计用于定位施工在导电底材上的非导电涂层中的漏涂点。通常，这种类

型的装置用于漆膜厚度范围在 $300 \sim 4000\mu m$（$12 \sim 160$mil）之间的防腐涂层。

在可能的地方，应将接地线直接连接在金属构件上。如果无法进行直接连接，高压漏涂点检测仪可与拖地线一起使用，条件是待检测构件也应与地面相连。该连接可通过直接接触（管道躺在湿的土壤上）或固定一根接地线，并在地面和构件之间的某个点相接来获得。

按规定，或者如参考标准所示，进行电压设定。

应注意的是：①如果电压设得太高，它会破坏涂层。如果在检测时，涂层还未释放完所有或绝大多数溶剂含量，检测同样也会破坏涂层。一旦在涂层和底材之间产生火花，漏涂点就已存在于涂层内（即使在测试之前涂层内没有针孔或破裂）。②使用仪器时，以每秒钟约 0.3m 的速度移动电极，每个地方只检测一次（按照 NACE SP0188）。电极移动过快，可能会遗漏漏涂点；移动太慢，则可能会损坏涂层薄的点。③高压漏涂点检测仪产生极大的电能。虽然它不足以对人造成生命危险（即使是在最高输出电压），但它对系统来说的确是种电击，而且有可能会引起随后的灾祸，如从脚手架上摔下。操作工应穿戴防护设备，例如橡皮靴，且不应在湿的或潮湿条件下操作该设备。如果在湿的表面上使用该仪器，它会给出错误的漏涂点指示。④该仪器本身并不安全，如在爆炸性大气中使用的话，还有可能引起爆炸。

高压漏涂点检测仪不但能检测穿透至底材的任何漏涂点或针孔，而且能发现涂层内隐藏的低膜厚区域或空白点。

14. 高压交流漏涂点检测仪的用途及原理是什么？

交流型漏涂点检测仪用于检测钢质底材上的非导电衬里，例如，橡胶、玻璃或板衬。交流检测仪有各种电压，但最典型的是用于测试非常厚的涂层，其测试电压为

$25000 \sim 60000V$。

交流检测仪基于特斯拉线圈的原理，它不采用接地线。探头发出蓝色电晕放电，但当它通过衬里中的断裂处，或在衬里内含有其它物体时，火花就会在缺陷处跳至表面上。表面污染物和潮气也会引起火花，所以，应清理这些区域，并再次测试以证实是否存在针孔或漏涂点。

交流型漏涂点检测仪(相对脉冲直流漏涂点检测仪而言)通常较少使用。如使用不当，交流漏涂点检测仪引起严重触电的可能性比直流高压漏涂点检测仪要大得多；因此，操作时必须非常小心。

15. 低压(湿海绵)漏涂点检测仪的用途及检测注意事项是什么?

这种漏涂点检测仪是一种高灵敏度、低电压(湿海绵)电子设备，它由电池供电，输出电压的范围为 $5 \sim 120V$(直流)，具体电压取决于设备制造商的电路。

检测仪由以下部件组成：

- 便携式电池驱动电子仪器；
- 带夹子(用于夹住海绵)的非导电手柄；
- 开孔海绵(纤维素)；
- 接地线。

湿海绵漏涂点检测仪便于携带，易于操作。它们可有效用于厚度达 $500\mu m$(20mil)的涂层。它们是非破坏性的，在进行检测时不会破坏涂层。但不能用于危险环境。

待检测涂层应彻底干燥并充分固化。理论上来讲，涂装操作会在漏涂点检测之前就已完成(即，面漆已施工)，可以减少检测时对涂层损坏的影响。但是，涂层不应完全固化，因为发现有漏涂点的地方还必须进行修补。

16. 为什么埋地钢质管道易发生腐蚀穿孔？

由于土壤中含有水，具有导电性，对金属的腐蚀过程经常以腐蚀速度较快的电化学方式进行，导电性越好的土壤腐蚀性也就越强。

大多数土壤中生存着各种微生物，土壤微生物的新陈代谢会参与或影响着腐蚀的进行。

电气化铁路、电解/电镀车间以及电焊机等在土壤中产生的杂散电流对地下金属结构更是具有较强的破坏性。

干旱的沙漠地区，尽管土壤中含水量非常低，但是由于沙漠土壤的透气性非常好(砂质土壤)，且含盐量很高，所以也具有极强的腐蚀性。

17. 为什么说防腐涂层结合阴极保护是埋地管道的最佳防腐方法？

对于埋地管道，广泛采用的保护方法是施加防腐蚀涂层并附加阴极保护，这也是世界范围内所公认的最佳保护方法。

通过给管道施加阴极电流，主动为腐蚀环境提供足够的电子，来阻止管道金属腐蚀(失去电子)，这个过程叫做阴极极化。

18. 确保腐蚀控制系统长期有效的措施是什么？

涂层完整和阴极保护系统正常运行是腐蚀控制长期有效的关键。

首先要针对具体的使用环境，正确选择适宜的涂层品种和涂层结构；

其次是产品的质量保证和良好的涂装施工；

此外，通过定期检测涂层并对破损、剥离、脱落的涂层进行相应的修补或更新，也是维持涂层的完整性所不可缺少的。如果涂层整体性能下降，则要考虑防腐大修，更换新的涂层。

定期检测防腐涂层的性能和阴极保护系统的作用效果，发现问题及时采取相应的措施进行修补或更新，可以确保腐蚀控制系统的长期有效性。

19. 表面有严重划伤的管道，当涂层破损时易发生何种腐蚀？

在涂层破损处土壤中腐蚀介质和水直接接触管道，而且在阴极保护电位的作用下，管道涂层破裂处发生析氢：$H^+ + e \rightarrow H$，氢原子很小，很容易渗透到管道金属内部，并在应力诱导下在划伤部位富集，当两个氢原子相遇结合成氢分子，随着氢的不断富集，内部压力不断升高，当内部氢压产生应力+残余应力+工作应力>金属的极限强度时，就会形成孔洞和裂纹。随着氢的进一步积聚，已形成的孔洞发生连接，裂纹不断扩展。再看应力条件，由于管线钢强度较低，对氢致开裂（HIC）的敏感性不高，因此在正常使用条件下一般不会发生氢致开裂。然而在管道有明显的表面划伤时将引发局部的塑性变形，造成表面硬度明显偏高，在划伤的局部区域具有很高的残余应力和应变，因此对 HIC 敏感，易发生氢致开裂腐蚀。

20. 管道检测主要有哪些技术手段？

管道检测主要技术手段见表 9.1。

21. 有哪些常用的不开挖管道外腐蚀检测技术？

可实现不开挖、不影响正常工作的前提下，对管道腐蚀状况进行检测的方法有管中电流法（PCM）、密间隔电位检测法（CIPS）、瞬变电磁法（TEM）等。

表 9.1 管道检测主要技术汇总表

序号	技术名称	主要功能	检测精度	适用材质	适用管道规格	温度范围	局限性
1	超声波测厚	测厚	0.1mm	金属材料		420℃以下	在高温环境数据会变小,需要进行校正
2	超声波检测(UT)	检查金属材料内部缺陷		金属材料	厚度≥6mm	80℃以下,使用特殊探头和温度补偿器可以做到200℃	对近表面缺陷不敏感,有时需要 MT 或 PT 进行补充检测
3	射线检测(RT)	检查金属材料缺陷		金属材料		常温	
4	磁粉检测(MT)	铁磁性材料表面缺陷		金属材料		80℃以下	必须是铁磁性材料
5	渗透检测(PT)	金属表面缺陷		金属材料	金属材料		80℃以下
6	低频导波	实现长距离管道不拆包温,不去除外覆盖层管道内外腐蚀检测	管道壁厚截面积的3%	碳钢、低合金钢、奥氏体不锈钢	直径:2~22in	80℃以下	对轴向缺陷下敏感
7	高频导波	实现管段(1m内)不拆包温,不去除外覆盖层管道内外腐蚀检测	管道壁厚截面积的2%	碳钢、低合金钢、奥氏体不锈钢	直径:4~23in	80℃以下	

287

序号	技术名称	主要功能	检测精度	适用材质	适用管道规格	温度范围	局限性
8	漏磁检测	能够在不去除外防腐层的情况下,实现管道内腐蚀检测	最大精度:30%点蚀(6mm壁厚);40%点蚀(12mm管壁厚);50%点蚀(19mm管壁厚)	铁磁性材料	管径:150~400mm;厚度范围:≤19mm;穿透涂层性:是,涂层无磁性;最大涂层范围:6mm	80℃以下	
9	远场涡流检测	能够在不去除外防腐层的情况下,实现管道内外腐蚀检测,探头分为内置式和外置式	12.7%T	金属材料	外置式:厚度6in至平板;内置式,厚度2~8in	80℃以下	精度不够高

288

序号	技术名称	主要功能	检测精度	适用材质	适用管道规格	温度范围	局限性
10	脉冲涡流	能够在不去外防腐层和保温层的前提下，实现管道剩余壁厚的测量	5%T	碳钢、低合金钢	壁厚范围：3mm＜δ＜65mm；管径：绝缘层厚度：＜50mm；覆盖层厚度：＜150mm；（不锈钢、铝）1mm	温度范围：−150℃＜T＜500（400）℃	
11	TOFD检测	一种超声波检测技术，利用衍射原理实现缺陷检测		金属材料	壁厚：＞40mm	80℃以下	不适合薄壁管
12	不开挖外防腐层检测	对埋地管线不用开挖检测外防腐层破损点	mV	埋地管道	所有埋地管道		必须要有测试桩
13	阴保测试	测试阴保系统是否正常工作		埋地管道	所有阴保系统		必须要有测试桩

序号	技术名称	主要功能	检测精度	适用材质	适用管道规格	温度范围	局限性
14	杂散电流检测	对长输管道具体的某个部位是否存在杂散电流进行测试		埋地管道	所有阴保系统		
15	SCT 检测	通过收集大地对管道的磁化信号变化，判断管道金属损失情况，给出风险等级		碳钢、合金钢	所有埋地管道		定性分析，评价风险等级
16	通球漏磁检测	在管道内运行管道猪，全面检测管道磁化，对管壁强磁金属损失、管径变化和里程等情况	国内最高96 个探头，已经实现高精度检测	碳钢、合金钢	一般外径不小于 273mm		需要管道内径变化不大，管道弯头一般大于 1.5DN，能够让管道猪通过

22. 超声导波检测技术有何优点？

超声导波具有沿传播路径衰减小、传播距离远的特点，在检测信号中还可以包含从激励点到接收点间的整体信息，非常适合长距离管道的缺陷检测，因而陪受关注。它与传统检测方法相比具有突出的优点：一是由于超声导波沿传播路径衰减小，可沿管道传播几十米远的距离，且回波信号包含管道整体性信息，因此相对于超声检测漏磁检测等常规无损检测技术，导波检测技术实际上是检测了一条线；二是由于超声导波在管的内外表面和中部都有质点的振动，声场遍及整个壁厚，因此，整个壁厚都可以被检测到，这就意味着既可以检测管道的内部缺陷和可以检测管道的表面缺陷。

23. 电指纹法(FSM)监测技术是什么？有何优点？

电指纹法(FSM)技术就是在监测的金属段上通直流电，通过测量所测部件上微小的电位差确定电场模式。将电位差进行适当的解剖或直接根据电位差的变化来判断整改设备的壁厚减薄。FSM可以不受干扰地监测设备内部腐蚀。监测所用的灵敏电极和其他部件均安装在被监测管道、罐和容器的外侧。FSM的独特之处在于将所有测量的电位同监测的初始值相比较。这些初始值代表了部件最初的几何形状，可以将它看成部件的"指纹"，电指纹法名称即缘于此。与传统的腐蚀监测方法——探针法相比，FSM在操作上有以下优点：①没有元件暴露在油气介质和腐蚀环境中；②没有插入管道的危险；③不存在监测部件损耗问题；④在进行装配或发生误操作时没有泄露的危险；⑤腐蚀速度的测量是在管道、罐或容器上进行，而不用小探针或试片测试；⑥敏感性和灵活性要比大多数非破坏性试验好。

24. 天然气管线对管材有何要求？

输送压力从 20 世纪初的 0.25MPa 上升到 90 年代的 10MPa 以上，管线钢的屈服强度则从 170MPa 提高到 500MPa 以上。目前，国内外天然气高压输送呈现出采用高钢级钢管的发展态势。50~60 年代最高压力为 6.3MPa，70~80 年代最高压力为 10MPa，90 年代已达 14MPa. 国外新建天然气管道的设计工作压力都在 10MPa 以上。

随着输送压力的不断提高，输送钢管也相应地迅速向高钢级发展。60 年代一般采用 X52 钢级，70 年代普遍采用 X60~X65 钢级，近年来以 X70 为主，X80 也开始应用。

25. 管道失效的主要原因是什么？

造成管道失效的原因很多，常见的有材料缺陷、机械损伤、各种腐蚀(包括应力腐蚀和氢脆)、焊缝裂纹或缺陷、外力破坏等。

管道的断裂失效通常是由于各种因素如原始缺陷或腐蚀、疲劳、应力腐蚀等首先形成裂纹，缺陷或裂纹的扩展导致管道局部泄漏，当裂纹扩展到一定长度时发生失稳扩展而断裂。

总体说，油气管道失效的主要原因是：外力损伤、腐蚀、管材缺陷。其中外力损伤包括各种机械损伤和第三方影响；腐蚀包括内外局部腐蚀和应力腐蚀；管材缺陷包括制造焊缝缺陷、施工对接焊缝缺陷等。

无论管道以何种原因破坏，其失效过程必然包括缺陷(或裂纹)的萌生、长大和最后断裂几个阶段。

26. 管道断裂有哪些类型？

管道断裂类型有：①脆性断裂，主要用管材的韧性控制；②塑性失稳，主要用管材的应力—应变特性和极限承载能力控制；③弹塑性断裂，由管材的强度和韧性联合控制；④延性裂纹的扩展与止裂，是输气管道中的重要问题。止裂判据有速度判据和能量判据。

27. 管道疲劳破坏是什么引起的？

管道疲劳破坏是由于管内输送介质压力的变化，如频繁切换油泵、改变输送流量、温度和压力等；或多次停输以及反复进行压力试验引起的。

28. 管道腐蚀最重要的类型是什么？

腐蚀是输送管道最重要的失效形式。氢鼓包(HB)、氢致开裂(HIC)、应力导向氢致开裂(SOHIC)是其中最重要的类型。①氢致开裂(Hydrogen Induced Crack，HIC)：氢致开裂除环境因素的影响外，主要受材料本身因素(如化学成分、夹杂物、组织状态及其均匀性、强度水平等)的控制。②氢致应力腐蚀开裂：是金属材料在拉伸应力和致氢环境介质的共同作用下所产生的破坏。

金属材料在拉伸应力的作用下所产生的氢致开裂称为应力导向氢致开裂(Stress Oriented HIC，SOHIC)。

对管道的安全可靠性危害最大的是硫化氢应力腐蚀破坏。

29. 海底管线与陆上管线的差别是什么？

海底管线是投资巨大的永久性工程，一般要求在免维修的条件下正常运行 20 年以上。海底管线与陆上管线在输送的功能方面没有本质的差别，但海底管线处于海底，多数埋在海床土中，不像陆上埋地管线，人员可以接近，而且可以反复查看和检测；所以海底管线的检测、修复难度大，费用高，需要适用于海洋环境的检测船舶和检测仪器。海底输油管线一般采用双层钢管，外管外防腐采用三层 PE 或熔结环氧。输气管线采用单层管，直径大于305mm时施加混凝土配重层。

海底管线外壁腐蚀较陆上管线严重而且复杂，海底管线除遭受各种腐蚀介质的腐蚀外，某些海域的管道受风浪、潮水、冰凌等影响较大产生变形甚至断裂，还可能因抛锚撞击等而遭受破坏。因此，海底管线的检测重点在外检测，即水下无损检测。

30. 海底管线的损伤因素有哪些?

(1)腐蚀

海洋腐蚀属湿腐蚀，性质是电化学腐蚀，还有陆海交界处的宏电池腐蚀。同时由于疲劳和海洋生物的存在，还可能发生腐蚀疲劳，磨损腐蚀和微生物腐蚀。海洋环境分为海洋大气区、飞溅区、潮差区、全浸区和海泥区五大区。飞溅区为点蚀为主，腐蚀速率是大气区的2倍，全浸区的3倍。

(2)锚造成的撞击破坏

在港口、海湾、捕捞渔船作业和出没的浅海域锚击造成的破坏可能性大。

(3)浪和潮流形成的冲刷和悬空

波浪在浅水域海床附近冲刷，使管线暴露出来，很可能损坏管线或强行跳出原来的管沟以致断裂。埋在海床土里的管线附近潮流将基础掏空，其间距超过设计悬空跨距，出现管线断裂应力，也可能出现周期力，发生疲劳断裂。

(4)沉积物液化产生的浮力的损坏

当覆盖土层采用原土回填时，空隙渗漏液窜入覆盖土层中，使沉积物液化，一旦管线密度小于周围介质密度，管线浮在土—水界面处，暴露在波浪的水动力作用之下。

（5）滑移和沉积物迁移

不稳定的海床土浪的滑移和迁移可能与地震、冲蚀、异常潮流、波浪作用、虫蠕动、逆向滑移和重力滑坡有关。这种情况会使海底管线遭到严重的破坏。

（6）台风

台风诱发的风、波浪、潮汐和潮流对管线造成断裂破坏。

（7）海生物附着

海生物附着在管线表面，改变了管线表面的粗糙度和阻碍系数增大了管线的表面积，增加了管线的总重量，使管承受了最大的重量载荷、波浪载荷及海流作用力。海生物的附着增加了水下无损检测的困难。

第十章 防腐蚀技术管理

1. 防腐蚀管理重点抓哪几项工作?

① 加强原料控制;

② 强化工艺防腐;

③ 合理选材;

④ 加强腐蚀监检测。

2. 炼油厂的原料控制应遵循什么原则?

① 通过总部统一协调,尽量保证进厂原油品种稳定。

② 进厂原油应尽量做到"分贮分炼",如果原油硫含量和酸值不能满足常减压装置设计加工原油的硫含量和酸值时,可考虑在罐区对原油混掺,原油掺混时应采取有效措施使不同种类原油混合均匀,避免由于原油混合不均匀对设备造成的冲击。

③ 进一次加工装置原油必须进行腐蚀性介质分析(硫含量、酸值、盐、水分等),采样除了在原油罐区外,电脱盐罐前要求必须采样分析,但分析频次各企业可根据自身情况适当调整。

④ 必须跟踪监测电脱盐的运行状况,对脱后含盐、脱后含水、排水含油等指标定期监测,确保电脱盐系统的有效运行。

⑤ 进装置原油除考虑控制硫含量和酸值外,还应根据本企业电脱盐设施情况,对原油含盐、含水、密度等进行控制。

⑥ 进二次加工装置原料油的酸值、硫含量及其他腐蚀性介质含量应低于装置设计的酸值、硫含量及其他腐蚀性介质含量。

⑦ 当欲加工原油的酸值和硫含量高于装置设计的酸值和硫含量时，应组织有关部门进行装置的腐蚀适应性评估和RBI(基于风险的检验)风险评估，通过腐蚀适应性评估和RBI对全装置的设备、管道的腐蚀状况和安全隐患进行综合分析，摸清装置的薄弱环节，做到心中有数，有针对性的采取相应的措施，如材质升级、加强腐蚀监检测、完善工艺防腐措施等。

3. 如何强化工艺防腐？

① 电脱盐是蒸馏装置工艺防腐的基础，当原油性质发生变化时，应及时进行电脱盐工艺条件评定和药剂的筛选，确保脱后含盐含水达到控制指标。

② 常减压装置"三顶"和二次加工装置分馏系统的低温部位，当监控冷凝水的 pH 值小于 7 时，应考虑在水溶液的露点温度前加注中和剂。

③ 常减压装置"三顶"和二次加工装置分馏系统的低温部位，当塔顶油气中的无机盐冷凝后有可能结垢时，应考虑在水溶液的露点温度前加注水。

④ 常减压装置"三顶"和二次加工装置分馏系统的低温部位，当塔顶冷换设备为碳钢，且介质中腐蚀性介质含量较高时，可考虑在水溶液的露点温度前加注缓蚀剂。

⑤ 常减压装置减压系统的高温部位，当加工高酸原油时，若减压侧线管道材质为碳钢或低合金钢时，管道腐蚀严重时，可考虑在侧线抽出管线上加注高温缓蚀剂。

⑥ 工艺防腐药剂的使用效果应采用化学分析或仪器分

析方法进行跟踪监测，并根据监测结果及时调整注量。

⑦ 工艺防腐药剂注入口的设计应能保证注入的药剂在油气中均匀分散，避免在注入口附近管壁出现局部露点腐蚀；而且注入口应伸入工艺管道内，流向与工艺介质流向相同。

⑧ 原油加工方案和工艺流程的变化、操作条件的波动等因素有可能对装置的腐蚀位置和腐蚀程度产生影响，因而在生产过程中，应考虑加工方案的变化、操作条件波动带来的腐蚀问题。

4. 炼油装置设备、管道的选材应遵循什么原则？

① 设备选材前应对企业主要加工的原油品种进行硫分布、酸分布、流速和氯分布研究，以此作为选材的基础数据。

② 设备选材应参考装置腐蚀适应性评估和 RBI 风险评估，如果操作介质泄漏会造成人员中毒、着火等恶性后果，选材是应考虑升高一个等级。

③ 低温腐蚀部位的选材以碳钢为主，主要靠工艺防腐来解决，如果腐蚀严重，可以考虑选用更高的材质，如0Cr13、304、316、双相钢、Monel 等，但选用奥氏体不锈钢时要注意阴离子(如氯离子等)的影响，Monel 应考虑氨的腐蚀，防止出现点蚀或应力腐蚀开裂。

④ 对于高硫低酸原油，在高温下主要是高温硫的腐蚀，选材要根据现场经验和 API 581 标准，参考 McConomy 曲线进行。对于物料输送管道，介质温度<240℃的部位选材以碳钢为主；介质温度在 240～288℃ 之间时，原则上选用1Cr5Mo 钢；介质温度≥288℃的部位应选用铬含量在 5% 及以上的合金钢。如现用为碳钢材质的管道，应结合原油含硫

情况，在有可靠数据证明腐蚀速率<0.25mm/a，且腐蚀余量足够时，可继续使用碳钢，但必须加强监测。

⑤ 对于高硫高酸值原油，在高温下主要是环烷酸的腐蚀，选用设备材料根据硫含量和酸值，参考 API 581 和现场实际经验进行。通常含 Mo>2.5%(质)的 316 不锈钢耐高温环烷酸腐蚀性能良好。

⑥ 对于临氢设备管线，如果系统中含有 H_2S，则选材要依据 Couper 曲线进行。如果不含 H_2S，则依据 Nelson 曲线选材。

⑦ 加热炉炉管的选材除考虑输送介质外，还应根据炉膛温度和燃料性质，选用耐高温氧化、硫化、碳化、脱碳的材质。

⑧ 对于具有同样操作条件的管道选材应注意每条管道上各元件材料的协调和统一。同一根管道上的管子、管件、阀门、仪表管嘴及其根部阀等，原则上应选取同种材料或性能相当的材料；与主管相接的分支管道、吹扫蒸汽管道等的第一道阀门及阀前管道均应选取与主管道同种材料或性能相当的材料。

⑨ 在选用材料时，还应考虑介质的操作条件(如温度、压力)、流速以及是否处于相变部位等因素，从材料选择到结构设计进行特殊处理，如：加大流通面积、降低流速、适当增加壁厚、增设挡板以及局部材料升级等，以防止局部产生严重腐蚀，同时提高选材的经济合理性。

⑩ 当工艺技措改动时要考虑设备管线材质能否满足改动后工艺条件(腐蚀性介质、温度、流速等)要求，如果不能则需要进行材质更换或升级。

⑪ 要加强材料防腐技术的应用，包括涂料、表面处理、

阴极保护等。在采用新技术前应进行材料腐蚀试验，并考察其在其他企业的应用效果。

⑫ 压力容器、压力管道若经检测剩余壁厚小于最小允许壁厚，应立即更换；若经检测年腐蚀速率，压力容器大于 0.3 mm/a，压力管道大于 0.275mm/a，则应选用更好的耐腐蚀材料。

5. 设备腐蚀监检测应遵循什么原则？

① 定点测厚是炼油企业最直接有效的腐蚀监测方法，要求各企业根据《加工高含硫原油装置设备及管道测厚管理规定》、SY/T 6553—2003《管道检验规范在用管道系统检验、修理、改造和再定级》和自身装置特点全面开展这项工作。要求定点测厚规范、准确、数据处理及时，并实现测厚数据计算机管理。

② 腐蚀在线监测系统是炼油企业腐蚀监测的发展趋势，有条件的企业应尽快开展。推荐在低温腐蚀部位采用腐蚀在线监测系统，具体监测部位应由车间、机动、技术等部门联合确定。

③ 在高温高压部位可以采取腐蚀探针挂片进行腐蚀监测，有条件的可以增设腐蚀监测旁路，以保证监测的安全性。

④ 装置停工时应作好停工装置腐蚀检查工作。腐蚀检查前要根据装置运行情况和特点制定检查方案，并由专业防腐技术人员进行检查，检查完成后要提交检查报告和防腐建议。

⑤ 装置开工前应进行现场腐蚀挂片，各装置重要及腐蚀严重的塔、容器、冷换等部位都可以挂入现场腐蚀挂片，随装置运行一个周期后再取出测量腐蚀速度。

⑥ "三注"后的冷凝水分析要求各企业必须进行，监测频率为每周 3 次。有条件的企业可以增设 pH 在线监测系统，并逐步实现自动控制加药。

⑦ 催化、焦化等装置分馏塔顶冷凝冷却系统，稳定吸收的解吸塔顶系统，各加氢装置反应单元的高压冷凝冷却系统以及分馏单元分馏塔顶冷凝冷却系统等部位也可以考虑进行冷凝水或酸性水分析。

⑧ 为了监测高温环烷酸造成的腐蚀，可以进行原料油及侧线油酸值、铁离子或铁镍比的跟踪监测，根据其变化情况判断设备腐蚀情况。

⑨ 有溶剂的装置要分析溶剂，如胺脱硫要分析胺液的酸性气吸收量，胺老化物质的量，铁离子和机械杂质；如制氢装置采用本菲尔法用环丁砜溶剂要分析缓蚀剂 V_2O_5 浓度和铁离子。

⑩ 对进装置的物料进行腐蚀介质的跟踪，如油品的硫、酸、氮等，系统氢气含氯，化学水和循环水等。

⑪ 可以采取氢通量检测、红外成像、露点腐蚀监测、无损检测等其他腐蚀检测技术，提高腐蚀检测的准确性和工作效率。

⑫ 要及时跟踪国内外最新腐蚀监检测新技术，并不断在炼油企业推广应用。

6. 如何建立健全全厂腐蚀管理网络?

① 要形成由厂领导牵头，设备部门、工艺部门、生产车间、科研检测部门等组成的一体化腐蚀管理体系。

② 各部门都应建立相应的设备工艺防腐台账，对腐蚀事故、重点腐蚀监控部位、防腐措施等进行详细认真的记录和管理。

301

③ 有关部门应制订严格的腐蚀控制指标，加大对防腐措施，尤其是工艺防腐措施的考核力度，以提高各单位对腐蚀防护管理的重视程度，同时建立月报制度。

7. 为什么说设备防腐要从设计和管理入手？

对于炼油厂的腐蚀与防护，设计和施工过程的管理相当重要。在设计过程中，设计人员应当充分分析设备可能存在的腐蚀环境，判断可能发生的腐蚀类型，从设备选材、工艺设计、结构设计等方面出发尽可能消除腐蚀隐患。应加强对防腐方案设计的审核，征求相关腐蚀防护专家的意见，以保证方案切实可行。在施工过程中，要加强防腐材料和防腐施工质量的检验，尤其是施工过程中隐蔽环节(如涂装过程中的表面处理环节)的监督和检验。

8. 为什么说腐蚀监检测是炼油厂防腐管理的重点工作？

因为腐蚀监测的关键在于定点定人，即监测部位要确定，监测人员要固定。不仅要加强装置运行当中的腐蚀监检测，还应加强停工检修期间的腐蚀检查。此外，要加强对腐蚀监检测数据的处理和管理，真正实现腐蚀速度预测和剩余寿命评估。

9. 如何加强装置运行过程中的腐蚀控制？

① 为了防止设备腐蚀，很多生产装置都建立了相应的开停工方案和运行方案，如加氢装置运行中防止腐蚀的水冲洗方案、奥氏体不锈钢设备的停工碱洗方案等。在装置运行过程中要严格按照操作方案进行。

② 开工过程中，内部涂刷防腐涂料的设备应注意蒸汽吹扫环节，防止涂料由于不耐湿热环境而剥离脱落，造成防腐措施失效。

③ 停工过程中，应加强设备管道的吹扫和排空，防止

工艺介质或水的积存，造成设备在停工期间发生腐蚀。

④ 另外，当工艺操作参数（如温度、压力、流速等）发生变化时，应及时调整腐蚀控制方案。

⑤ 生产车间对腐蚀严重的设备管线应当建立腐蚀事故应急处理方案。

10. 为什么必须对设备的运行状况进行详细记录？一般须记录什么内容？

在设备的日常运行过程中，对设备的运行状况进行详细记录有利于腐蚀调查和腐蚀原因分析。由于设备的腐蚀取决于环境的腐蚀特性、材料的耐蚀性、设备的结构等很多因素。因此了解装置的工艺流程及设备的运行状况是腐蚀调查的最基本内容，特别是设备运行状况出现特殊变化时则要更加注意。

运行状况的记录一般包括有：环境条件的变化（介质成分、介质浓度、温度、流速、压力）、设备状态的变化（材料成分、表面状态、结构形状）、工艺条件的变化（加料量、加料时间）、运行中出现有什么特殊现象等。

11. 腐蚀调查的任务是什么？如何进行腐蚀调查？

腐蚀调查的任务是：调查设备腐蚀状况；分析腐蚀产物的成分和结构；调查设备的腐蚀环境。

腐蚀调查的一般程序是：首先进行腐蚀现象的观察和记录腐蚀状况，包括肉眼观察全面腐蚀和一般的局部腐蚀、探伤法检测设备表面及内部腐蚀性破坏伤痕和腐蚀状况、金相显微镜进一步分析腐蚀类型及腐蚀程度。随后进行现场测厚以计算腐蚀速率。第三是分析腐蚀产物的成分和结构。最后是进行腐蚀环境的调查，包括腐蚀性介质的种类、含量及变化、工艺操作条件（温度、压力、流速）。

12. 腐蚀检查方案制定原则是什么?

① 应根据装置物流、操作条件和设备(管道)的结构及材质、历年运行记录及本周期的运转情况,结合防腐经验制定检查方案。

② 检查方案应包括在线腐蚀监测方案和检修期间的腐蚀调查方案。

③ 对新建投产的生产装置,应根据工艺状况及材质情况,结合防腐蚀经验,分析可能发生的腐蚀类型和易受腐蚀部位,有针对性的制订腐蚀检查方案,并应在装置第一次大检修前制定出全面检查方案。

13. 腐蚀检查方案编制有哪些要求?

① 资料收集

a. 设计数据:设计图纸、计算方法,设备及管线的设计寿命、允许的最小壁厚等;

b. 安装数据;

c. 历年检修、抢修记录以及防腐蚀检查情况的记录;

d. 开停工记录;

e. 腐蚀介质及含量:物流、助剂的性质,特别是物流中硫、氯离子、氧等腐蚀性介质含量;

f. 工艺条件:操作压力、温度等变化情况;

g. 在线腐蚀监测数据:定点测厚数据、物流腐蚀性分析数据、腐蚀探针数据等;

h. 国内外同类装置腐蚀事故资料及防腐蚀经验。

② 依据最新的法规文件要求,及时修订以往制定的检查内容及判废标准。

③ 检查方案的内容应包括腐蚀检查对象、检查方法、人员要求及分工、质量和安全保证措施、腐蚀现象描述,以

及收集腐蚀产物并分析、典型腐蚀形貌拍照等。

14. 各类设备及管道腐蚀检查的主要内容是什么?

(1) 冷换设备

检查部位主要有管板、管箱、换热管、折流板、壳体、防冲板、小浮头螺栓、接管及联接法兰等。检查重点:

① 易发生冲蚀、汽蚀的管程热流入口的管端、易发生缝隙腐蚀的壳程管板和易发生冲蚀的壳程入口和出口;

② 容易产生坑蚀和缝隙腐蚀、应力腐蚀的靠近入口侧管板的换热管管段;

③ 介质流向改变部位,如换热设备的入口处、防冲挡板、折流板处的壳体及套管换热器的 U 形弯头等;

④ 对壳体应检查应力集中处是否产生裂纹;

⑤ 换热管测厚抽查;

⑥ 外观检查空冷管束翅片结垢和变形脱落情况,构架、风筒的腐蚀情况,叶片的裂纹;

⑦ 空冷器管束的管外测厚抽查(可拆去部分翅片),管内可采用内窥镜检查、内管涡流探伤或管内喷水型探头超声波探伤;

⑧ 空冷器重点检查正对集合管入口附近的换热管管端的冲刷腐蚀和集合管尾端的几排换热管的垢下腐蚀。

(2) 加热炉

① 检查炉管、弯头、对流室钢结构、吹灰蒸汽管线、炉体、烟囱钢结构和附属管线等部位的腐蚀状况、保温状况及内防腐蚀涂料状况等;

② 检查炉管内结焦的情况(可通过敲击炉管或采用内窥镜检查出口阀进行检查);

③ 对临氢炉管、介质易结焦炉管、表面氧化剥皮严重

305

的炉管及连续运行 6 年以上的炉管，必要时做金相检查、焊缝射线检查、表面硬度抽查或其他检测；

④ 加热炉的炉管应做全面测厚检查，每根炉管至少应有 3 个测厚点；

⑤ 按蠕变设计的炉管，应测量外径或周长。测量位置在火焰高度 2/3 的迎火面处；

⑥ 对对流室尾部易发生露点腐蚀的部位进行外观检查及测厚；

⑦ 加热炉筒体的每一圈板都应进行测厚，检查高温烟气及露点腐蚀情况。对炉膛衬里破损处应扩大检查。

（3）塔器、容器

检查部位包括封头、筒体内外表面的腐蚀状况、防腐层、绝热层及金属衬里、接管法兰、内件。重点检查以下部位：

① 积有水分、湿汽、腐蚀性气体或汽液相交界处；

② 物流"死角"及冲刷部位；

③ 焊缝及热影响区；

④ 可能产生应力腐蚀以及氢损伤的部位；

⑤ 封头过渡部位及应力集中部位；

⑥ 可能发生腐蚀及变形的内件（塔盘、梁、分配板及集油箱等）；

⑦ 接管部位；

⑧ 对金属衬里应检查有无腐蚀、裂纹、局部鼓包或凹陷；对衬里严重腐蚀或开裂的部位应检查母材的腐蚀状况。

（4）反应器

① 检查部位：壳体、内衬里、堆焊层、塔盘和其他受压元件、接管；热电偶凸台角焊缝、高压紧固螺栓；

② 对衬里应重点检查内衬里（冷壁）有无脱落、孔洞、损坏、穿透性裂纹、表面裂纹、麻点、疏松；

③ 对热壁反应器堆焊层（含支持圈）应检查有无裂纹、剥离；

④ 对内衬板应进行测厚及着色检查；

⑤ 对主焊缝和接管焊缝应进行裂纹探伤检查；

⑥ 对法兰梯形密封槽底部拐角处应进行裂纹检查。

（5）管道

① 重点检查部位及内容：

a. 受介质的湍流、气蚀、冲蚀、磨损作用严重的部位，如弯头、肘管、T型管、孔板和节流阀的下游管段、各种烟道气、油浆催化剂管线以及膨胀节、支吊架等；

b. 介质容易对管线产生电化学腐蚀的部位，如酸性气冷凝的部位、气液交界部位；

c. 对机泵进出口的管线，检查其疲劳裂纹与冲蚀；

d. 焊缝及热影响区，对高温异种钢管线接头部位应检查裂纹；

e. 盲头、跨线、盲肠、低点、排凝管等死角部位应进行测厚抽查。

② 对材质不明的管道应做材质鉴定。

③ 按"加工高含硫原油装置设备及管道测厚管理规定"的要求进行定点测厚；

④ 存在环烷酸腐蚀的管道，当操作温度大于230℃时，应对流速大的部位进行测厚；

⑤ 对工作温度小于100℃保温管线，检查保温材料和外腐蚀情况；

⑥ 对埋地管线应进行土壤腐蚀性调查、管道内外表面

的腐蚀状况调查以及阴极保护效果的评价;

⑦ 对循环水管应检查管内垢下腐蚀情况;

⑧ 对中压和高压蒸汽管线以及长期工作在高温条件下的管线进行蠕变检查,运行时间超过 $10 \times 10^5 \text{h}$ 的应做金相检查;

⑨ 对有应力腐蚀倾向的管线应检查焊缝及热影响区裂纹。

(6) 阀门

① 一般应做外观检查,主要检查阀体和阀杆及密封情况;

② 对易腐蚀的关键部位的阀门,尤其是高温部位的碳钢阀门和与管道异种材质的阀门,应进行抽查。从管路拆开,进行内部检查,包括检查法兰密封面和阀板测厚检查。

③ 在湿硫化氢条件下工作的阀门(含奥氏体不锈钢质阀门),必要时应检查其内部裂纹;

④ 用于节流的闸阀及介质腐蚀性很强的阀门,应对阀体进行定点测厚检查;

⑤ 对压差较大的闸阀,必要时检查内件的磨损情况;

⑥ 用于高温、开闭频繁的阀门,必要时对阀体内外表面进行着色检查。

(7) 机泵

① 对泵体及进出口接管进行定点测厚检查;

② 对泵进出口接管法兰(靠近焊缝处),检查腐蚀减薄情况;

③ 必要时对叶轮、转子、主轴和曲轴做着色和磁粉探伤检查。

15. 如何描述和记录腐蚀现象?

腐蚀现象包括腐蚀形态、腐蚀范围和腐蚀程度。腐蚀形态根据腐蚀破坏的类型记录;腐蚀范围根据腐蚀破坏的大小和分布记录;均匀腐蚀的腐蚀程度用腐蚀速度表示,对点蚀一般用点蚀度、最大腐蚀深度和全面腐蚀的腐蚀速度表示,对其他局部腐蚀程度主要用金相分析结果、机械性能的变化来表示。如可用表 10.1 记录腐蚀现象。

表 10.1　腐蚀现象表

腐蚀形态	腐蚀范围	腐蚀程度
全面腐蚀		
局部腐蚀		
点蚀		
腐蚀破裂		

16. 加工劣质原油常减压蒸馏装置重点部位如何检查?

(1) 管道

① 低温轻油 H_2S+H_2O+HCl 腐蚀、H_2S+H_2O 腐蚀:

三顶挥发线及冷凝系统管道测厚、抽查 50%的管段、管件,若发现腐蚀较严重,则提高抽查比例。

蒸馏塔侧线温度小于240℃的管道测厚,抽查 10%管段、管件。

② 高温硫腐蚀:

240~288℃物料管道测厚,抽查 20%管段、管件;

288~340℃物料管道测厚,抽查 50%管段、管件;

340℃以上物料管道全面测厚。

③ 合金钢(铬钼钢)管道材质鉴定,材质不符,立即更换。

（2）设备

① 三顶冷凝部位的设备（冷凝器、空冷器、回流罐）进行湿硫化氢和 HCl 腐蚀检查；

② 常压塔、减压塔的高温部位的内件、筒体、连接管线检查；

③ 高温塔底泵、阀门检查；

④ 渣油换热器检查；

⑤ 常、减压加热炉检查。

17. 加工劣质原油延迟焦化装置重点部位如何检查？

（1）管道

① 低温物料管线测厚，抽查 10% 管段、管件；

② 240～290℃ 物料管道测厚，抽查 20% 管段、管件；

③ 290～340℃ 物料管道测厚，抽查 50% 管段、管件；

④ 340℃ 以上物料管道全面测厚；

⑤ 合金钢管道材质鉴定；

⑥ 高温渣油线、分馏塔底热重油线、热蜡油线、分馏塔顶挥发线弯头、焦炭塔顶挥发线属严重腐蚀区，应重点检查。

（2）设备

① 分馏塔中下部内件和塔体进行腐蚀检查。

② 焦炭塔顶部腐蚀减薄，塔体鼓胀变形、焊缝裂纹，开口接管焊缝裂纹及裙座与塔体焊缝裂纹，塔体母材组织变化、塔体弯曲等的检查；

③ 加热炉：检查炉管外表氧化和鼓泡，测量外径以及炉管内结焦情况，对炉管弯头 100% 测厚，直管中间和两端部位根据实际情况抽查，筒体每层板测厚抽查至少 4 个点。

④ 高温重油泵重点检查受高温硫腐蚀的部位（温度大于

310

240℃)以及出口管线上的阀门等。

18. 加工劣质原油催化裂化装置重点部位如何检查?

(1)反应再生系统

① 主要检查反应、再生器的旋风分离器及内部件。包括翼阀、料腿的冲刷,焊缝裂纹;

② 检查烟道管的焊缝裂纹、膨胀节裂纹、滑阀内件冲刷腐蚀;

③ 检查外取热器、三旋内件的冲刷腐蚀;

④ 检查再生烟气系统设备及管道的焊缝应力腐蚀裂纹;

⑤ 检查三旋至烟机奥氏体不锈钢管道的蠕变裂纹,低点冷凝酸性水腐蚀;

⑥ 检查反应器至分馏塔大油气管的蠕变裂纹,必要时做金相检查;

⑦ 检查余热锅炉省煤段的露点腐蚀及过热段的冲刷腐蚀。

(2)分馏系统

分馏系统应重点检查高温油浆系统设备管线,分馏塔顶部位系统管线,分馏塔进料段管线和分馏塔中下部。

设备接管应全部测厚检查。

(3)稳定吸收系统

重点检查设备、管道湿硫化氢应力腐蚀的情况。

19. 加工劣质原油加氢裂化装置和加氢精制装置重点部位如何检查?

(1)加热炉

① 进料加热炉辐射炉管蠕变测量;

② 分馏加热炉炉管及进出管测厚;

③ 奥氏体不锈钢炉管焊缝裂纹检查。

（2）反应器

① 检查堆焊层裂纹和剥离，支持圈裂纹；

② 检查主焊缝和接管焊缝；

③ 检查法兰梯形密封槽底部拐角处裂纹。

（3）高压换热器

① 外壳检查与反应器相同；

② 检查管束管板焊口裂纹；

③ 管壁内外检查：测厚，管内涡流探伤或管内充水超声波探伤，内窥镜检查；

④ 密封面检查。

（4）高低压分离器

① 热高分检查要求与反应器相同；

② 冷高低压分离器检查内壁湿硫化氢环境下的裂纹；

③ 底排水管和管线、阀门的冲刷腐蚀检查。

（5）高压空冷器

① 翅片管壁外观检查；

② 翅片管内壁涡流探伤或管内充水超声波探伤、内窥镜检查；

③ 高压空冷器注水管附近，出入口连接管弯头的冲刷腐蚀检查。

（6）管道

① 检查奥氏体不锈钢材质管道焊缝及阀门的裂纹；

② 铬-钼钢材质鉴定、测厚。

20. 湿硫化氢环境下氢损伤的检查范围是什么？

① 曾经开裂和鼓泡的部位。

② 需焊后热处理而未热处理的容器。

③ 有可能导致水相冷凝、喷溅或集聚的塔和容器。

④ 工艺环境比较苛刻、操作温度在常温至150℃，且

a. H_2S 浓度>2000ppm 和 pH>7.8；

b. H_2S 浓度>50ppm 和 pH<5.0；

c. 存在氢氰酸（HCN）的部位。

21. 主要装置的湿硫化氢环境下氢损伤重点检查部位是什么？

① 常减压蒸馏：三顶冷凝器、回流罐；

② 延迟焦化：分馏塔顶冷却器、回流罐；

③ 催化重整：汽提塔顶回流罐，预加氢产物分离器；

④ 汽油、煤油、柴油加氢精制：汽提塔顶回流罐；

⑤ 加氢裂化：高分、低分、脱丁烷塔顶冷却器、回流罐，脱乙烷塔顶冷却器、回流罐。

⑥ 渣油加氢：冷高分、冷低分，分馏塔顶冷却器、回流罐；

⑦ 催化裂化：分馏塔顶冷却器、回流罐，吸收稳定系统没有内衬的设备；

⑧ 脱硫：脱硫塔、再生塔及塔顶冷凝冷却器系统及容器；

⑨ 减粘裂化：分馏塔顶回流罐；

⑩ 液态烃球罐；

⑪ 脱硫前液态烃分液罐；

⑫ 丙烷罐。

22. 湿硫化氢环境下氢损伤检查项目是什么？

① 管板测厚/超声波检查，检查鼓泡钢板内裂纹与分层；

② 焊缝及热影响区硬度检查（HB 应小于200）；

③ 焊缝湿荧光粉（WFMT）/磁粉/着色/射线检查。

23. 现场测厚的目的是什么？都有什么测试方法？

现场测厚是了解设备腐蚀情况的一个重要方面，通过测厚可算出设备的腐蚀速率，以便及时修补或替换设备。

常用的测厚方法有：

① 超声波测厚，包括有共振型和脉冲反射型。②机械法测厚，包括有锤击法测厚、试验孔和钻孔测厚、腐蚀测量点法测厚、试验标样法测厚、重锤平行线法测厚、内外径测厚。③其他测试方法如电阻法、涡流法、放射线法等。

24. 为什么要进行腐蚀监检测？一般有哪些腐蚀监检测方法？

通过各种腐蚀监测设备和方法，快速、准确地了解设备的腐蚀情况和存在的隐患，制定出有效的处理方法，可减缓设备的腐蚀，避免事故的发生。因此，腐蚀监检测是防腐的重要环节。

常用的腐蚀监检测方法包含两个部分，一是当设备运行到一定时期后检测剩余壁厚以及探测是否有发生裂纹的倾向，这主要是控制危险性和突发性的事故。二是监测腐蚀介质作用于设备时所产生的腐蚀速度。因此，腐蚀监检测方法可分以下几种：

① 肉眼观察，利用一些低倍数的放大镜或小手锤等，观察腐蚀现象或作简单测试，得到一些腐蚀现象的初步概念。

② 利用简单仪器进行无损检测，如利用超声波进行定点测厚，推测设备腐蚀速率或设备有无裂纹；利用射线检测法检查焊口情况，其他还有涡流试验法、红外照像法、染色检测法、声发生法等。

③ 在线监测法，在设备的正常运行下，了解介质的腐蚀作用和设备的腐蚀情况，如利用监测孔法观查腐蚀现象；利用工业挂片失重法了解腐蚀速率；利用电阻探针测试探针电阻值的变化从而计算出试样被腐蚀的速率；利用极化探针测试极化电阻值的变化及利用挂片探针测试挂片腐蚀失重情况；利用磁感法可测定几分钟内的腐蚀变化量。

④ 腐蚀产物和运行介质分析法。

25. 腐蚀测试的目的是什么？测试的任务又是什么？

腐蚀测试的目的是：确定设备的使用、检修和更换的时间；防止设备因腐蚀而造成事故；提高现有防蚀技术；研制新的防蚀措施。

腐蚀测试的任务是：定期检查测定设备的腐蚀状况；调查设备腐蚀和腐蚀事故的原因；考察现有防腐措施的效果；研究新的防腐蚀方法。

26. 怎样做好防腐工作？

金属腐蚀对国民经济和人民生命财产造成如此大的危害，现已引起人们极大的关注。因此，做好防腐工作已是各企业的一项重要任务。

为做好防腐工作，从企业集团—各职能部门—生产车间—班组应有一套相应的防腐管理机构，以便在生产的工艺设计、设备选材、工艺操作、防腐监检测及分析、新工艺新技术的应用等的实施中均能充分考虑到设备的腐蚀与防腐问题。

各企业应有一套完整的设备腐蚀与防腐的管理规定，如各设备选材规则、设备及管线防腐涂料管理规定、各设备防腐蚀技术管理规定、各设备腐蚀检查的管理规定、各设备工艺防腐监检测规定、各设备工艺生产参数控制范围的规定、各设备腐蚀试验、现场防腐监检测数据库及相关的分析软件应用、设备生产安全管理规定等，并对上述规定的执行情况随时进行检查。

举办各种类型的防腐蚀学习班，使每个员工都对金属的腐蚀和防护有一个正确的认识，从而能自觉地按规定进行操作。

27. 常用的腐蚀控制方法是什么？

① 合理选用耐蚀材料；

② 正确的结构设计；

③ 合理设计材料强度；

④ 特殊的加工方法；

⑤ 腐蚀裕度的正确选取；

⑥ 工艺条件的合理设计；

⑦ 脱除腐蚀介质或降低腐蚀介质浓度；

⑧ 改善物流的流动状态；

⑨ 添加缓蚀剂、中和剂、调节 pH 值；

⑩ 减少流体固体夹带量；

⑪ 电化学保护；

⑫ 表面保护；

⑬ 科学的防腐蚀管理。

28. 防腐蚀设计的基本要求是什么？

防腐蚀设计必须符合有关规范、规程和标准。应综合考虑各种防腐蚀技术措施（如工艺防腐蚀、添加防腐蚀药剂、电化学保护、防腐蚀涂料、耐蚀材料、防腐蚀衬里等），对所选择的方案应进行技术经济评价，达到经济、合理、有效、可行的目的。

29. 工艺防腐蚀管理有哪些内容？

为减轻和防止工艺介质对设备的腐蚀，企业应积极采取工艺防腐蚀措施。这里包括以下内容：脱除引起设备腐蚀的某些介质组分，如炼油生产中的脱盐、脱硫，蒸汽生产中的中除氧等；加入减轻或抑制腐蚀的缓蚀剂、中和剂，加入能减轻或抑制腐蚀的第三组分，如尿素合成中适量注氧；选择并维持能减轻或防止腐蚀发生的工艺条件，即适宜的温度、压力、组分比例、pH 值、流速等；其他能减缓和抑制腐蚀的工艺技术。

30. 工艺防腐蚀管理要求是什么？

① 各企业要制定工艺防腐蚀管理制度，健全管理体系和责任制。企业的生产技术管理部门与设备管理部门、防腐蚀药剂的采购（供应）部门、使用单位、检测单位等共同形成完善的管理网络。

② 生产技术管理部门应根据有关规定及本企业具体情况制定工艺防腐蚀的部位、操作参数和技术控制指标，各相关单位必须按要求严格执行。工艺防腐蚀的主要控制指标应纳入生产工艺平稳率考核。

③ 应加强对各种进厂化工原材料中腐蚀介质的检测分析，对原油应进行含硫量、含盐量、酸值、含氮量和重金属含量等指标的检测分析，以便及时调整工艺防腐蚀方案。

④ 生产技术管理部门应定期检查工艺技术规程、岗位操作法、工艺卡片等技术文件中有关防腐蚀措施的执行情况，加强工艺防腐蚀的日常管理，及时解决工艺防腐蚀措施在操作过程中产生的问题。工艺防腐蚀措施必须与装置

开停工同步运行。

⑤ 企业应根据规定选用能满足工艺防腐蚀技术要求的工艺防腐蚀药剂(破乳剂、缓蚀剂、中和剂等),制定相应的质量检验标准,有关单位应按标准严格进行药剂质量检验工作,防止不合格药剂进入生产装置。

⑥ 设备管理部门必须对工艺防腐蚀措施的实施效果进行跟踪检查和考核,并将检查结果及时反馈给生产技术部门,为改善工艺防腐蚀效果、筛选防腐蚀药剂提供可靠依据。

⑦ 生产技术管理部门应定期对工艺防腐蚀设施及防腐蚀药剂使用的情况进行检查,并根据设备管理部门提供的信息,及时调整工艺操作指标或防腐蚀药剂。

31. 企业设备管理部门对防腐蚀管理应担负的职责是什么?

① 负责本企业设备防腐蚀工作归口管理,贯彻执行国家有关法律、法规和有关管理制度、规定、规程及标准,并结合本企业情况制定设备防腐蚀管理规定,实行全过程管理。

② 负责编制设备防腐蚀工作规划和计划,建立健全防腐蚀技术档案,配备专业技术人员,负责设备防腐蚀日常管理工作。

③ 组织防腐蚀设备、设施的日常维护保养和检修工作,组织编制并审定设备防腐蚀检修方案、施工方案、检测方案并检查实施情况;参与新、改、扩建项目中有关设备防腐蚀措施的设计审查、施工质量验收。

④ 针对设备腐蚀问题,积极组织有关部门、使用单位

和科研单位进行研究、攻关。推广应用新技术、新工艺、新设备、新材料，不断提高设备防腐蚀技术水平。

⑤ 负责对工艺防腐蚀措施的实施效果进行检查和考核。

⑥ 负责本企业设备防腐蚀管理工作的检查、考核和评比。

32. 防腐蚀施工前必须做好哪些施工准备工作？

① 应完成设计技术交底，组织施工图审查。

② 施工单位应按要求认真编制施工方案，在方案中必须包括在异常气候环境下施工时，应采取的施工技术措施。

③ 施工管理人员和施工人员必须经过专业技术培训，满足现场施工技术及安全要求。

④ 施工机具和检测仪器必须符合现场施工要求。

⑤ 检查确认用于防腐蚀施工的材料满足设计要求，质量达到国家或有关行业标准。对新材料、新产品除必须进行入厂质量检验外，还应查验其是否具有相关部门的技术鉴定证书。

33. 凡采用防腐蚀措施的设备，使用单位必须注意什么？

① 必须严格按照操作规程进行操作。当工艺条件发生变化时，应采取相应措施，防止设备防腐蚀措施失效。

② 对于已有的工艺防腐措施，不得随意变更，确需变更的，应由使用单位提出方案，经生产技术、设备管理等有关部门审核同意后方可修改。

③ 在工艺操作过程中，应严格控制工艺技术指标，特别是物料中腐蚀性介质的含量，不得超过规定值，防止由于生产工艺波动造成设备腐蚀加剧。

④ 在装置停工时，应严格按照工艺技术规程，对含腐

蚀性介质的设备进行必要的清洗、中和、钝化等处理，以防止设备腐蚀；在检修及开停工过程中，应对已有的设备防腐蚀措施(如衬里、涂料等)采取妥善的保护措施，防止造成损坏。

⑤ 设备非金属防腐蚀衬里的维护检修，应执行 SHS 03058《化工设备非金属防腐蚀衬里维护检修规程》。

⑥ 重视和加强设备外表面的防腐蚀工作，应根据设备的腐蚀状况，按 SHS 01034《设备及管道油漆检修规程》要求进行外表面的防腐蚀处理。

⑦ 对长期停用的装置应根据其特点采取相应的防腐蚀措施进行保护。

参 考 文 献

［1］张德义主编．含硫原油加工技术，北京：中国石化出版社，2003

［2］章日让编著．石化工艺管道安装设计实用技术问答(第二版)．北京：中国石化出版社，2007

［3］小若正伦著，陈家福等译．装置材料的寿命预测入门．大连：大连理工大学出版社，1991

［4］吴荫顺主编．金属腐蚀研究方法．北京：冶金工业出版社，1993

［5］朱日彰等编．金属腐蚀学．北京：冶金工业出版社，1993

［6］中石化股份有限公司科技开发部编．高硫原油加工工艺、设备及安全，北京：中国石化出版社，2001

［7］中国石油化工设备管理协会设备防腐专业组编著．石油化工装置设备腐蚀与防护手册．北京：中国石化出版社，1996

［8］谷其发，李文戈编著．炼油厂设备腐蚀与防护图解．北京：中国石化出版社，2000

［9］陈匡民主编．过程装备腐蚀与防护．北京：化学工业出版社，2001

［10］罗艳红．炼油装置腐蚀数据库模型的构造．石油化工腐蚀与防护，1993年第1期，18~21

［11］李挺芳．腐蚀检测方法综述(上)．石油化工腐蚀与防护，1993年第2期，53~60

［12］李挺芳．腐蚀检测方法综述(下)．石油化工腐蚀与防护，1993年第3期，49~51

［13］杨武．参加"95"腐蚀设备寿命预测国际会议有感．腐蚀与防护，1995，16(6)：283~284

［14］梁建中等．在役煤气动力管网剩余寿命评估(上)．石油化工腐蚀与防护，1997，14(2)：44~47

［15］关家锟．裂解炉对流段预热器失效分析及寿命预测．石油化工腐蚀与防护，1997，14(3)：40~42

321

[16] 李长荣等．多因子加权综合评价法在埋地管道腐蚀状况预测中的应用．石油化工腐蚀与防护，1998，15(1)：55~56

[17] 李晓刚等．加氢反应器堆焊层剥离超声检测的计算机分析．石油化工腐蚀与防护，1998，15(3)：54~57

[18] 潘灵等．建立石化腐蚀与防护计算机辅助设计及诊断系统的设想．石油化工腐蚀与防护，1998，15(3)：58~60

[19] 梁建中等．在役煤气动力管网剩余寿命评估(下)．石油化工腐蚀与防护，1998，15(2)：51~60

[20] 宁朝辉等．炼油厂设备腐蚀与防护管理的规范化．石油化工腐蚀与防护，1998，15(4)：55~59

[21] 王日中等．炼油设备硫腐蚀数据库的基本构造．石油化工腐蚀与防护，1998，15(4)：53~54

[22] 丛海涛．辽化关键设备腐蚀监测与防护决策系统的开发研制．石油化工腐蚀与防护，1998，15(4)：42~45

[23] 宁朝辉等．关于建立石油化工设备腐蚀与防护数据信息网的设想．石油化工腐蚀与防护，1999，16(1)：51~53

[24] 仲跻生．红外热像技术应用于石化设备的检测诊断，石油化工腐蚀与防护．1999，16(2)：59~60

[25] 任有才等．炼油装置主要设备及管道定点测厚研究及数据处理．石油化工腐蚀与防护，2000，17(1)：47~56

[26] 李晓刚．石化设备在线安全评定技术进展．石油化工腐蚀与防护，1999，16(3)：1~4

[27] 李晓刚等．加热炉管规范管理与在线剩余寿命评估系统．石油化工腐蚀与防护，1999，16(2)：53~58

[28] 林守江．埋地钢质管道腐蚀检测方法及管理模式．石油化工腐蚀与防护，2000，17(2)：51~54

[29] 宁朝辉等．"炼油厂设备腐蚀与防护管理的规范化"单机版数据库软件的开发．石油化工腐蚀与防护，2000，17(2)：57~62

[30] 梁成浩等．石油化工装置材料腐蚀寿命预测系统．石油化工腐蚀与防护，2000，17(4)：51~54

[31] 刘东宁.用概率极值统计法预测分馏塔最大点蚀深度及寿命.腐蚀与防护,1995,16(5):262~264

[32] 张忠文等.核电站结构部件环境敏感断裂的系统检测和寿命预测.腐蚀与防护,1998,19(5):199~201

[33] 吕战鹏.局部腐蚀作用下设备的寿命预测.腐蚀与防护,1999,20(5):206~211

[34] 燕秀发等.高温炉管寿命预测系统的设计.抚顺石油学院学报,2000,20(3):41~43

[35] 王世圣等.E202A换热器剩余寿命的评估.石化技术,2000,7(3):170~172

[36] 汪申等.含硫原油腐蚀评价研究的进展.炼油设计,2000,30(7):23~25

[37] 刘小辉,郑文龙等.渣油加氢冷高分底排污水管大小头开裂分析.腐蚀与防护,2002,23(1):30~32

[38] 刘小辉.炼油装置设备的腐蚀监测.石油化工腐蚀与防护,2002,19(4):8~10

[39] 杨火生等.国家热壁加氢反应器运行安全性评估.炼油设计,2000,30(4):33~35

[40] 裴峻峰等.石化装置的运行可靠性及维修性评估.石油化工高等学校学报,2000,13(2):61~65

[41] 严伟丽等.炼油装置和管线的器壁在线测厚.石油炼制与化工,2000,31(7):63~65

[42] 乔宁等.大型石化企业设备防腐信息管理系统.腐蚀科学与防护技术,2001,13(3):177~179

[43] 孔德英等.常用金属海水腐蚀数据管理及预测系统.腐蚀科学与防护技术,2000,12(1):16~19

[44] 李志强.炼油设备中的环烷酸腐蚀.腐蚀科学与防护技术,1991,3(4)

[45] 郑浩.我国加工高酸值原油的技术状况.石油化工腐蚀与防护,1993年第1期:1~8

[46] Russell C. Strong 等著.用基本腐蚀控制方法解决不同的腐蚀问题.石油化工腐蚀与防护,1993 年第 2 期:36~42

[47] 顾望平等.加工进口高硫原油的腐蚀环境分析与防护(1).石油化工腐蚀与防护,1994 年第 2 期

[48] 顾望平等.加工进口高硫原油的腐蚀环境分析与防护(2).石油化工腐蚀与防护,1994 年第 2 期

[49] 刘小辉.茂名石化公司炼油厂加工进口原油的设备腐蚀与防护(1).石油化工腐蚀与防护,1994 年第 3 期

[50] 刘小辉.茂名石化公司炼油厂加工进口原油的设备腐蚀与防护(2).石油化工腐蚀与防护,1994 年第 4 期

[51] 毛力之.炼制高硫原油的腐蚀与防护.石油化工腐蚀与防护,1995 年第 2 期:1~8

[52] 刘小辉,庄晓冬等.新型硫化亚铁钝化清洗剂 NH-02Z 研制及应用.石油化工腐蚀与防护,2005,22(3):41~43

[53] 黄靖国,刘小辉.常减压蒸馏装置的硫腐蚀问题及对策.石油化工腐蚀与防护,2002,19(3):1~5

[54] 翁端.硫腐蚀研究中的几个基本问题.石油化工腐蚀与防护,1997,14(1):5~8

[55] 柯伟等.炼油工业中腐蚀研究的进展.石油化工腐蚀与防护,1997,14(2):1~11

[56] 刘小辉.加工进口轻质高含硫原油的蒸馏装置腐蚀防护技术探讨.石油化工腐蚀与防护,1997,14(4):7~12

[57] 崔思贤等.国内炼油厂设备腐蚀与防护现状及应引起重视的问题.石油化工腐蚀与防护,1998,15(1):15~20

[58] 许适群.加工高硫原油可能出现的腐蚀问题.石油化工腐蚀与防护,1998,15(1):1~6

[59] 王正则等.加工高硫(含硫)原油过程设备用金属材料.石油化工腐蚀与防护,1998,15(1):7~14

[60] 王志彬等.二套催化再生系统设备失效分析.石油化工腐蚀与防护,1998,15(1):37~41

[61] 刘同格. 腐蚀是企业提高经济效益的大敌. 石油化工腐蚀与防护, 1998, 15(2): 56~57

[62] 王日中. 国外炼油厂加工高硫原油的腐蚀状况及选材准则. 石油化工腐蚀与防护, 1998, 15(2): 22~23

[63] 吴孟周等. 加工高含硫中东原油的设备腐蚀和防护对策. 石油化工腐蚀与防护, 1998, 15(4):

[64] 敬和民等. 环烷酸腐蚀及其控制. 石油化工腐蚀与防护, 1999, 16(1): 1~5, 7

[65] 龚宏等. 应力腐蚀开裂及其对策. 石油化工腐蚀与防护, 1999, 16(1): 17~22

[66] 贾鹏林. 炼制高硫原油防腐蚀新技术. 石油化工腐蚀与防护, 1999, 16(1): 54~60

[67] 闫铁伦等. 炼油装置设备腐蚀与防护概况(一). 石油化工腐蚀与防护, 1999, 16(4): 21~23

[68] 李志强. 炼油厂环烷酸腐蚀研究进展. 腐蚀科学与防护技术, 1999, 16(2): 1~5

[69] 杜本军. 常减压"一脱三注"防腐蚀工艺的改进. 石油化工腐蚀与防护, 1999, 16(2): 45~47

[70] 饶兴鹤. 国内炼油防腐蚀技术的新进展. 石油化工腐蚀与防护, 1999, 16(4): 1~4

[71] 吴一均. 炼油厂设备腐蚀与防护状况浅析. 石油化工腐蚀与防护, 1999, 16(4): 5~8

[72] 许适群. 关于露点用钢的综述. 石油化工腐蚀与防护, 2000, 17(1): 1~4

[73] 高恃. 二套常减压装置加工混合原油设备腐蚀和防护. 石油化工腐蚀与防护, 2000, 17(1): 5~7, 36

[74] 闫铁伦等. 炼油装置设备腐蚀与防护概况(二). 石油化工腐蚀与防护, 2000, 17(1): 13~16

[75] 任世杰. 余热露点腐蚀及防治. 石油化工腐蚀与防护, 2000, 17(1): 54~55

[76] 林志江等. 常减压装置塔顶冷凝系统的腐蚀与防护. 石油化工腐蚀与防护, 2000, 17(1): 56~60

[77] 李晓刚等. 高温高压氢腐蚀研究回顾与展望. 石油化工腐蚀与防护, 2000, 17(2): 1~5

[78] 高延敏. 环烷酸腐蚀研究现状和防护对策. 石油化工腐蚀与防护, 2000, 17(2): 6~11

[79] 许适群. 关于露点用钢的综述(二). 石油化工腐蚀与防护, 2000, 17(3)

[80] 郭天明. 国内炼油装置防腐蚀现状与差距. 石油化工腐蚀与防护, 2000, 17(3)

[81] 许少民. 催化裂化装置设备腐蚀浅析. 石油化工腐蚀与防护, 2000, 17(3)

[82] 金文房等. I套蒸馏减压塔腐蚀原因及对策. 石油化工腐蚀与防护, 2000, 17(4): 37~38

[83] 司兆平. 316L 钢在减压塔中的应用. 石油化工腐蚀与防护, 2000, 17(4): 29~33

[84] 李祖贻. 湿硫化氢环境下炼油设备的腐蚀与防护. 石油化工腐蚀与防护, 2001, 18(3): 1~5

[85] 唐怀清等. 常压塔顶的腐蚀情况及防护措施. 石油化工腐蚀与防护, 2001, 18(3): 12~13

[86] 丛海涛. 加热炉余热回收设备烟气露点腐蚀及其控制. 石油化工腐蚀与防护, 2001, 18(3): 14~15

[87] 孙爱军等. 脱硫装置气提塔无损检测与评估. 石油化工腐蚀与防护, 2001, 18(3): 54~56

[88] 李秀菊. 重沸器壳体开裂原因及预防. 石油化工腐蚀与防护, 2001, 18(3): 25~27

[89] 张振海. 旧重整反应器的修复. 石油炼制与化工, 2000, 31(5): 16~19

[90] 郦建立. 炼油工业中 H2S 的腐蚀. 腐蚀科学与防护技术, 2000, 12(6): 345~349

[91] 高延敏等．环烷酸和硫化氢腐蚀体系的热力学分析．腐蚀科学与防护技术，2000，12(2)：90~92

[92] 孙亮．炼油厂焦化装置的腐蚀与防护．腐蚀与防护，1998，19(2)：83~84

[93] 陈秀丽．重整装置设备的腐蚀防护．腐蚀与防护，1998，19(6)：269~275

[94] 关晓珍等．催化裂化系统设备腐蚀原因探讨．腐蚀与防护，2000，21(3)：137~139

[95] 吕华．常减压蒸馏装置工艺防腐蚀技术进展．腐蚀与防护，2000，21(7)：313~314

[96] 刘立林．重油催化裂化再生器应力腐蚀开裂分析及处理．腐蚀与防护，2000，21(3)：133~136

[97] 刘小辉，林国能等．重质润滑油装置腐蚀初探．石油化工腐蚀与防护，1999，16(3)：5~7

[98] 顾望平，刘小辉．加工进口高硫原油生产装置腐蚀防护技术．石油化工腐蚀与防护，2001，18(4)：1~5

[99] 黄靖国，刘小辉．常压塔条阀塔盘开裂分析．炼油设计，2002，32(9)：29~32

[100] 刘小辉．加工高硫原油的腐蚀与防护对策．石油化工设备技术，2005，26(5)：49~52

[101] 莫广文，刘小辉等．加氢裂化装置炼制高含硫原油腐蚀状况及对策．石油化工腐蚀与防护，2002，19(2)：2~6

石油化工设备技术问答丛书

书名	定价/元	书名	定价/元
管式加热炉技术问答(第二版)	12	石化工艺管道安装设计实用技术问答(第二版)	30
带压堵漏技术问答	10	石化工艺及系统设计实用技术问答(第二版)	30
塔设备技术问答	8	炼油厂电工技术问答	14
油罐技术问答	9	设备状态监测技术问答	12
球形储罐技术问答	9	实用机械密封技术问答(第三版)	28
转鼓过滤机技术问答	8	泵操作与维修技术问答(第二版)	15
焦化装置焦炭塔技术问答	8	离心式压缩机技术问答(第二版)	15
连续重整反应再生设备技术问答	8	往复式压缩机技术问答(第二版)	10
电站锅炉技术问答	15	汽轮机技术问答(第三版)	18
空冷器技术问答	10	催化烟机主风机技术问答	8
换热器技术问答	12	电站汽轮发电机技术问答	18
金属焊接技术问答	48	电站汽轮机技术问答	18
压力容器技术问答	12	设备润滑技术问答	12
压力容器制造技术问答	8	炼化动设备基础知识与技术问答	39
无损检测技术问答	28	炼化静设备基础知识与技术问答	38
设备腐蚀与防护技术问答	30